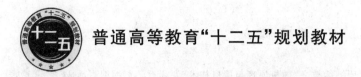

普通高等教育"十二五"规划教材

微机原理与接口技术
（第 2 版）

王晓军　徐志宏　编

U0304083

北京邮电大学出版社
www.buptpress.com

内 容 简 介

本书根据北京邮电大学高等学历继续教育"微机原理与接口技术"课程教学大纲编写而成。

全书共分 8 章：第 1 章基础知识，第 2 章微机组成原理，第 3 章 8086 指令系统，第 4 章汇编语言程序设计，第 5 章存储器系统，第 6 章微机接口技术基础，第 7 章中断技术，第 8 章接口技术。

本书可用作成人高等教育计算机及相关专业本科教材，可用作微机原理及应用、汇编语言程序设计等培训教材，还可用作从事微型计算机硬件或软件工作的工程技术人员的参考用书。

图书在版编目(CIP)数据

微机原理与接口技术/王晓军,徐志宏编. --2 版. --北京：北京邮电大学出版社,2016.8
ISBN 978-7-5635-4786-9

Ⅰ. ①微… Ⅱ. ①王…②徐… Ⅲ. ①微型计算机—理论②微型计算机—接口技术 Ⅳ. ①TP36

中国版本图书馆 CIP 数据核字（2016）第 127314 号

书　　　名：微机原理与接口技术(第 2 版)
著作责任者：王晓军　徐志宏　编
责 任 编 辑：刘　颖
出 版 发 行：北京邮电大学出版社
社　　　址：北京市海淀区西土城路 10 号(100876)
发 行 部：电话：010-62282185　传真：010-62283578
E-mail：publish@bupt.edu.cn
经　　　销：各地新华书店
印　　　刷：北京通州皇家印刷厂
开　　　本：787 mm×1 092 mm　1/16
印　　　张：19.5
字　　　数：458 千字
印　　　数：1—3 000 册
版　　　次：2001 年 5 月第 1 版　2016 年 8 月第 2 版　2016 年 8 月第 1 次印刷

ISBN 978-7-5635-4786-9　　　　　　　　　　　　　　　　　　定价：42.00 元

前　言

本书以 Intel 8086/8088 系列微型计算机为背景,把握高性能微型计算机的技术发展,全面系统地阐述了微型计算机的基本概念和基本原理。

为了抓住关键技术、适应教学要求,本书全面系统地介绍微机原理与接口技术,重点讨论微机系统组成、工作过程及运算基础,微处理器结构与技术,指令系统和汇编语言程序设计,存储系统,总线技术,输入输出控制技术和接口技术等。本书着重解决微机的结构、汇编语言程序设计、外部设备与主机之间的衔接问题。其中,微机结构部分主要介绍了微机的基本组成和计算机的基础知识,这是学习本书内容的基础。学习汇编语言的难度相对大些,但它是学习微机原理不可缺少的一部分。通过学习汇编语言可以掌握微机的工作过程和原理,同时解决一些高级语言无法解决的问题。接口部分以接口技术为主线介绍了各种接口技术,再辅之以应用实例,这样可以使读者较系统地掌握接口技术本身,以便应用于各种实际工作。

本书根据北京邮电大学高等学历继续教育"微机原理与接口技术"课程教学大纲编写而成。本书是编者多年教学实践经验的结晶。本书的编写以理论联系实际为原则,力求由浅入深、循序渐进,以使读者通过本书的学习,掌握微型计算机系统的组成原理和工作原理,并具有一定的应用能力。在实际教学中应加强实践环节,多上机实践,培养学生用微机作为工具进行实验研究的能力和软硬件方面的实际开发能力。

全书共分 8 章:第 1 章基础知识,第 2 章微机组成原理,第 3 章 8086 指令系统,第 4 章汇编语言程序设计,第 5 章存储器系统,第 6 章微机接口技术基础,第 7 章中断技术,第 8 章接口技术。其中,第 1～5 章由徐志宏编写,第 6～8 章由王晓军编写。

由于编者水平有限,书中难免存在缺点与错误,敬请专家和读者指正。

编　者

2016 年 5 月

目　录

第 1 章 基础知识

自 学 指 导

本章主要讲授计算机的基础知识,这是学习计算机技术不可缺少的内容。

在这一章中,简要介绍了微型计算机的发展和现状、微型计算机系统层次,微型计算机接口的概念和分类。重点介绍了计算机的数制、码制以及信息的编码。通过本章的学习,应该掌握数制和各种数制之间的转换方法和补码的运算,了解微型计算机的概况和信息的编码方法。

1.1 微型计算机概况

1.1.1 微型计算机的发展与现状

电子计算机是由各种电子器件组成的,能够自动、高速、精确地进行逻辑控制和信息处理的现代化设备。从第一台电子计算机出现至今,已大致经历了电子管式计算机、晶体管式计算机、集成电路式(中、小规模)计算机、大规模集成电路计算机四个时代。现在世界上许多国家正在研制以人工智能、神经网络为主要特征的新一代计算机。

电子计算机按其功能来分,有巨型、中型、小型和微型计算机。微型计算机的核心部分是微处理器或微处理机,它是指由一片或几片大规模集成电路组成的,具有运算器和控制器功能的中央处理器(CPU)。

自从微处理器和微型计算机问世以来,按 CPU 字长和功能划分,它已经经历了五代的转变:

第一代(1971—1973 年)是 4 位和低档 8 位微机。代表产品是美国 Intel 公司的 4004 微处理机及由它组成的 MCS-4 微型计算机。

第二代(1974—1978 年)是中高档 8 位微机。代表产品是以 Intel 公司的 8080 和 8085,Motorola 公司的 MC6800,美国 Zilog 公司的 Z80 等为 CPU 的微型机。

第三代(1978—1981 年)是 16 位微机。代表产品是以 8086、Z8000 和 MC68000 为 CPU 的微型计算机。

第四代(1981—1992 年)是 32 位微机。典型的 CPU 产品有 80386、MC68020。后来 Intel 公司又推出了 80486 微处理器。

第五代(1993 年以后)是 64 位微机。1993 年 3 月 Intel 公司推出了微处理器芯片——64 位的 Pentium。该芯片采用了新的体系结构,其性能大大高于以前 Intel 系列的其他微处理器,为处理器体系结构和 PC 的性能引入了全新的概念。从 1995 年以后,Intel公司又先后推出了 Pentium Pro(高能奔腾)、MMX Pentium(多能奔腾)、Pentium Ⅱ处理器、Pentium Ⅲ 处理器。2000 年,Intel 公司推出了比 Pentium Ⅲ 微处理器功能更为强大的 Pentium 4 微处理器,这是 Intel 微处理器技术的又一个里程碑。2005 年 3 月,Intel官方正式宣布将双核 Pentium 4 处理器命名为 Pentium D,这是 Intel 公司为数字家庭打造的第一款芯片。

下一代处理器的真正亮点是"多内核"处理器。多内核处理器可以在很大程度上提高 PC 的性能,尤其是对多媒体用户而言。

1.1.2　微型计算机系统的层次

1. 微处理器

微型计算机的产生与发展主要表现在其核心部件——微处理器(Microprocessor,μP)的发展上,每当一种新的微处理器出现后,都能带动微型计算机其他部件的发展。

微处理器不包含微型计算机硬件的全部功能,但它是微型计算机控制、处理的核心。目前主流的微处理器采用单片 VLSI 电路,其体系结构技术、工作频率已达空前高的水平。

主流微处理器具有通用性,不仅用于微型机也用于工作站及超级计算机。

微处理器一般由算术逻辑部件(ALU)、寄存器、控制部件及内部总线组成,如图 1.1 所示。

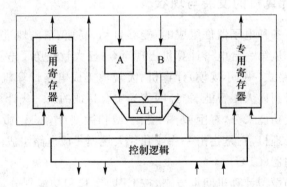

图 1.1　微处理器结构框图

2. 微型计算机

微型计算机(Microcomputer,μC)是指以微处理器为核心,配以存储器、输入输出接口和相应的辅助电路所构成的裸机。把微型计算机集成在一个芯片上就构成了单片微型计算机(单片机)。

微处理器是执行指令的核心,它的性能决定了整个微型计算机的性能。存储器用于指令代码、操作数和运行结果的存储。输入输出接口电路用于微处理器与外围设备的连接,主要包括:并口、串口、外存接口、显示器接口、网络接口、声音接口等。系统总线将上述模块连接起来,作为各种信息的通路,按信息类别分为数据、地址、控制三类总线。图 1.2所示为微型计算机的基本结构。

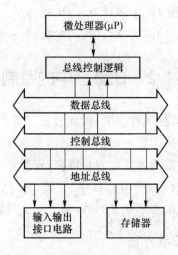

图 1.2 微型计算机基本结构

3. 微型计算机系统

微型计算机系统(Microcomputer System)是指以微型计算机为主体,配以相应的外围设备及其他专用电路、电源、面板、机箱以及软件系统所构成的系统。图 1.3 所示为微处理器、微型计算机、微型计算机系统三者的关系。

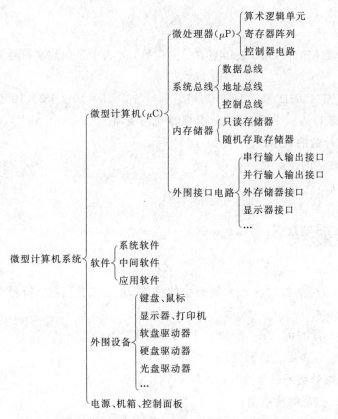

图 1.3 微处理器、微型计算机、微型计算机系统三者的关系

软件系统主要包括:系统软件、中间软件、应用软件。

外围设备主要包括:软驱、硬驱、光驱、键盘、鼠标、显示器。

1.2 计算机中的数制

计算机的基本功能是对数据进行加工,因此要加工的数据必须送入计算机中。人们习惯用十进制数,而计算机却采用二进制数,这是因为制作具有 10 个物理状态的器件很困难,而制作具有两个物理状态的器件却容易得多,省器件,且有成熟的逻辑处理工具,运算、处理也方便,所以在计算机中,所用的数字、字符、指令、状态都是用二进制数来表示的。为了书写方便,计算机还采用其他进制数,如十六进制数和八进制数等。

1.2.1 无符号数的表示方法

1. 十进制计数的表示法

十进制计数法的特点如下:

- 以 10 为底,逢 10 进位;
- 需要 10 个数字符号 $0,1,2,3,4,5,6,7,8,9$。

任何一个十进制数 N_D 都可以表示为

$$N_D = \sum_{i=-m}^{n-1} D_i \times 10^i \tag{1.2.1}$$

其中,m 表示小数位的位数,n 表示整数位的位数,D_i 为十进制数字符号 $0\sim9$。

【例 1.1】
$$374.53D = 3 \times 10^2 + 7 \times 10^1 + 4 \times 10^0 + 5 \times 10^{-1} + 3 \times 10^{-2}$$

上式中后缀 D 表示十进制数,标识符 D 也可省略。

2. 二进制计数的表示法

二进制计数法的特点是:

- 以 2 为底,逢 2 进位;
- 需要两个数字符号 $0,1$。

任何一个二进制数 N_B 可以表示为

$$N_B = \sum_{i=-m}^{n-1} B_i \times 2^i \tag{1.2.2}$$

其中,m 表示小数位的位数,n 表示整数位的位数,B_i 为二进制数字符号 0 或 1。

【例 1.2】
$$1101.1B = 1 \times 2^3 + 1 \times 2^2 + 0 \times 2^1 + 1 \times 2^0 + 1 \times 2^{-1}$$

上式中后缀 B 表示二进制数。

3. 十六进制计数的表示法

十六进制计数法的特点是:

- 以 16 为底,逢 16 进位;

- 需要 16 个数字符号 0,1,2,3,4,5,6,7,8,9,A,B,C,D,E,F。其中 A~F 依次表示 10~15。

任何一个十六进制数 N_H 可以表示为

$$N_H = \sum_{i=-m}^{n-1} H_i \times 16^i \qquad (1.2.3)$$

其中,m 表示小数位的位数,n 表示整数位的位数,H_i 为十六进制数字符号 0~F。

【例 1.3】

$$E5AD.BFH = 14 \times 16^3 + 5 \times 16^2 + 10 \times 16^1 + 13 \times 16^0 + 11 \times 16^{-1} + 15 \times 16^{-2}$$

上式中后缀 H 表示十六进制数。

一般来说,对于基数为 X 的任一数可以用多项式表示为

$$N_X = \sum_{i=-m}^{n-1} K_i X^i \qquad (1.2.4)$$

其中,X 为基数,表示 X 进位制;i 为位序号;K_i 为第 i 位的系数,可以为 $0,1,2,\cdots,X-1$ 共 X 个数字符号中任一数字符号;m 为小数部分位数,n 为整数部分位数;X^i 为第 i 位的权。

1.2.2 各种数制之间的转换

1. 任意进制数转换为十进制数

二进制、十六进制以至任意进制的数转换为十进制数的方法简单,可按式(1.2.2)~(1.2.4)展开求和即可。

2. 十进制数转换为二进制数

由于整数部分与小数部分转换的规则不同,故整数部分与小数部分分别进行转换。

(1) 十进制整数转换为二进制整数

任何一个十进制数转换为二进制数后,都可以表示成为式(1.2.2)的形式。问题的核心在于求出 n 及 B_i。

下面通过一个简单的例子分析一下转换的方法。

【例 1.4】 已知

$$13D = 1101B = 1 \times 2^3 + 1 \times 2^2 + 0 \times 2^1 + 1 \times 2^0$$
$$\qquad\qquad B_3 \qquad B_2 \qquad B_1 \qquad B_0$$

上式也可以表示为

$$13D = 1101B = (1 \times 2^2 + 1 \times 2) \times 2 + 0 \times 2^1 + 1 \times 2^0$$
$$= [(1 \times 2 + 1) \times 2 + 0] \times 2 + 1$$
$$\qquad B_3 \qquad B_2 \qquad B_1 \qquad B_0$$

可见,要确定 13D 对应的二进制数,只需从右到左分别确定 B_0,B_1,B_2 和 B_3 即可。显然,从上式可以归纳出以下转换方法,即用 2 连续去除十进制数,直至商等于零为止。逆序排列余数便是与该十进制数相应的二进制数各位的系数值。过程如下:

$$
\begin{array}{r l}
2 & \underline{|\ 13} \\
2 & \underline{|\ 6} \qquad\qquad 1\ (\text{商}6\text{余}1) —— B_0 \\
2 & \underline{|\ 3} \qquad\qquad 0\ (\text{商}3\text{余}0) —— B_1 \\
2 & \underline{|\ 1} \qquad\qquad 1\ (\text{商}1\text{余}1) —— B_2 \\
& \ \ 0 \qquad\qquad\quad 1\ (\text{商}0\text{余}1) —— B_3
\end{array}
$$

所以 13D＝1101B。

用与此类似的方法也可以完成十进制数至十六进制数的转换,不同的是用 16 连续去除而已。

(2) 十进制小数转换为二进制小数

根据式(1.2.2)得

$$0.8125D = B_{-1}\times2^{-1}+B_{-2}\times2^{-2}+B_{-3}\times2^{-3}+B_{-4}\times2^{-4}$$
$$=2^{-1}(B_{-1}+2^{-1}(B_{-2}+2^{-1}(B_{-3}+2^{-1}\times B_{-4})))$$

由上式可以看出,十进制小数转换为二进制小数的方法是,连续用 2 去乘十进制小数,直至乘积的小数部分等于 0。顺序排列每次乘积的整数部分,便得到二进制小数的各位的系数 $B_{-1}, B_{-2}, B_{-3}, \cdots$。若乘积的小数部分永不为 0,则根据精度的要求截取一定的位数即可。0.8125D 的转换过程如下:

$$0.8125D\times2=1.625 \qquad\quad \text{得出}\ B_{-1}=1$$
$$0.625D\times2=1.25 \qquad\quad \text{得出}\ B_{-2}=1$$
$$0.25D\times2=0.5 \qquad\quad\ \text{得出}\ B_{-3}=0$$
$$0.50D\times2=1.0 \qquad\quad\ \text{得出}\ B_{-4}=1$$

所以 0.8125D＝0.1101B。可见 13.8125D＝1101.1101B。

(3) 二进制数与十六进制数之间的转换

因为 $2^4=16$,故二进制数转换为十六进制数只需以小数点为起点,向两端每 4 位(不足 4 位者补 0)二进制数用 1 位十六进制数表示即可。

【例 1.5】　十六进制数转换为二进制数时,将每 1 位十六进制数转换为相应的 4 位二进制数即可。

$$1101110.01011B=01101110.01011000B=6E.58H$$

1.2.3　二进制数的计算

1. 二进制数的算术运算

(1) 二进制加法

二进制加法运算规则如下:

$$0+0=0$$
$$0+1=1$$
$$1+0=1$$
$$1+1=0(\text{有进位}1)$$

（2）二进制减法

二进制减法运算规则如下：

$$0-0=0$$
$$1-1=0$$
$$1-0=1$$
$$0-1=1(有借位 1)$$

（3）二进制乘法

二进制乘法运算规则如下：

$$0\times0=0$$
$$1\times0=0$$
$$0\times1=0$$
$$1\times1=1$$

（4）二进制除法

二进制除法是乘法的逆运算。

2．二进制数的逻辑运算

（1）"与"运算（AND）

"与"运算又称为逻辑乘，可用符号"·"或"∧"表示。A,B 两个逻辑变量进行"与"运算规则如下：

A	B	$A\wedge B$
0	0	0
0	1	0
1	0	0
1	1	1

由上可知，只有当 A,B 变量皆为"1"时，"与"的结果才为"1"。

（2）"或"运算（OR）

"或"运算又称为逻辑加，可用符号"＋"或"∨"表示。A,B 两个逻辑变量进行"或"运算规则如下：

A	B	$A\vee B$
0	0	0
0	1	1
1	0	1
1	1	1

由上可知,A,B 两变量中,只要有一个为"1","或"运算的结果就是"1"。

(3)"非"运算(NOT)

变量 A 的"非"运算的结果用 $\overline{A}$ 表示,"非"运算规则如下:

A	$\overline{A}$
0	1
1	0

(4)"异或"运算(XOR)

"异或"运算用"⊕"表示,逻辑变量 A,B 进行"异或"运算的规则如下:

A	B	$A \oplus B$
0	0	0
0	1	1
1	0	1
1	1	0

由上可知,A,B 两变量只要不同,"异或"运算的结果就是 1。

1.2.4　定点数和浮点数

计算机中根据小数点的位置是否固定,将数的表示分为定点数表示和浮点数表示。

1. 定点数

定点数是指小数点位置固定不变的数。小数点的位置通常只有两种约定,小数点约定在最低数位右面的称为定点整数,可用来表示一个纯整数。小数点约定在符号位右面,最高数位左面的数称为定点小数,可用来表示一个纯小数。

无符号定点整数,即正整数,不需要设符号位,所有各数位都用来表示数值大小,并约定小数点在最低数位的右面。

在定点整数或定点小数的表示法中,参加运算的数以及运算的结果必须在该定点数所能表示的数值范围之内,否则"溢出"。当发生溢出时,CPU 中的状态标志寄存器中的溢出标志 OF 置 1。

2. 浮点数

定点数的表示比较单一,要么纯整数,要么纯小数,表示数的范围比较小,运算过程中也很容易发生溢出。计算机中也引入了类似于十进制的科学标识法来表示二进制实数,这种方法用来表示值很大或很小的数,也可以用来表示既有整数又有小数的数。这种方法称为浮点表示法,其小数点的实际位置随指数的大小而浮动。

浮点数由两部分组成:阶码 E 和尾数 M。浮点数表示的数值为 $M \times R^E$。若尾数 M

为 m 位,阶码 E 为 e 位,则典型的浮点数格式如图 1.4 所示。

M_S	E_S	E_{e-2}	...	E_0	M_{m-2}	...	M_0
数符	阶符		阶码E			尾数M	

图 1.4 浮点数格式

图 1.4 中,E 是阶码,即指数,为带符号定点整数,可用补码表示。E_S 为阶符,表示阶的正负。阶为正,小数点实际位置向右浮动,阶为负,小数点实际位置向左浮动。

M 是尾数,是带符号的定点小数,常用补码表示。M_S 是尾数的符号位,安排在最高位,表示该浮点数的正负。

小数点的位置约定在阶码最低位的右面,尾数最高数值位的左面,如图 1.4 所示。

R 是阶码的底,也就是尾数 M 的基,一般为 2,它是隐含约定的。

浮点数的表示范围主要由阶码的位数决定。精度则主要由尾数的位数决定。

1.3 计算机中的码制

1.3.1 带符号数的表示

日常生活中遇到的数除无符号数外,还有带符号数。数的符号在计算机中也用二进制数表示,通常用二进制的最高位表示数的符号。把一个数及其符号在机器中的表示加以数值化,这样的数称为机器数,而机器数所代表的数成为该机器数的真值。机器数可以用不同方法表示,常用的有原码、反码和补码表示法。

1. 原码

数 x 的原码记作 $[x]_原$,如果机器字长为 n,则原码的定义如下:

$$[x]_原 = \begin{cases} x, & 0 \leqslant x \leqslant 2^{n-1}-1 \\ 2^{n-1}+|x|, & -(2^{n-1}-1) \leqslant x \leqslant 0 \end{cases}$$

【例 1.6】 当机器字长 $n=8$ 时:

$[+0]_原 = 00000000$ $[-0]_原 = 10000000$

$[+1]_原 = 00000001$ $[-1]_原 = 10000001$

$[+127]_原 = 01111111$ $[-127]_原 = 11111111$

由此可以看出,在原码表示中,最高位为符号位,正数为 0,负数为 1,其余 $n-1$ 位表示数的绝对值。原码表示的整数范围是 $-(2^{n-1}-1) \sim +(2^{n-1}-1)$。8 位二进制原码表示的整数范围是 $-127 \sim +127$。原码表示法简单直观,但不便于进行加减运算,不能把减法转变成加法运算。

2. 反码

数 x 的反码记作 $[x]_反$,如果机器字长为 n,反码定义如下:

$$[x]_反 = \begin{cases} x, & 0 \leqslant x \leqslant 2^{n-1}-1 \\ (2^{n-1}-1)-|x|, & -(2^{n-1}-1) \leqslant x \leqslant 0 \end{cases}$$

【例 1.7】 当机器字长 $n=8$ 时：

$$[+0]_{反}=00000000 \qquad [-0]_{反}=11111111$$

$$[+1]_{反}=00000001 \qquad [-1]_{反}=11111110$$

$$[+127]_{反}=01111111 \qquad [-127]_{反}=10000000$$

从反码表示法中可以看出，最高位仍为符号位，正数为 0，负数为 1。反码表示整数的范围是 $-(2^{n-1}-1)\sim+(2^{n-1}-1)$。8 位二进制数反码表示整数的范围是 $-127\sim+127$，与原码相同。

从上例可以看出，正数的反码与原码相同，负数的反码只需将其除符号位外其余各位按位求反即可得到。

3. 补码

数 x 的补码记作 $[x]_{补}$，当机器字长为 n 时，补码定义如下：

$$[x]_{补}=\begin{cases} x, & 0\leqslant x<2^{n-1}-1 \\ 2^n-|x|, & -2^{n-1}\leqslant x<0 \end{cases}$$

【例 1.8】 当机器字长 $n=8$ 时：

$$[+0]_{补}=00000000 \qquad [-0]_{补}=00000000$$

$$[+1]_{补}=00000001 \qquad [-1]_{补}=11111111$$

$$[+127]_{补}=01111111 \qquad [-127]_{补}=10000001$$

补码表示法中，最高位仍为符号位，正数为 0，负数为 1。补码表示的整数范围为 $-2^{n-1}\sim 2^{n-1}-1$。8 位二进制补码表示的整数范围为 $-128\sim+127$。从上例可以看出，正数的补码与它的原码、反码均相同，负数的补码等于它的反码末位加 1，也就是说负数的补码等于其对应正数的补码按位求反(包括符号位)再末位加 1。补码可以将减法运算转变为加法运算。

1.3.2 补码的运算

1. 补码加法

补码的加法规则如下：

$$[X+Y]_{补}=[X]_{补}+[Y]_{补}$$

其中，X、Y 为正负数皆可。

【例 1.9】 下面用 4 个例子来验证这个公式的正确性。已知：

$$[+51]_{补}=00110011 \qquad [+66]_{补}=01000010$$

$$[-51]_{补}=11001101 \qquad [-66]_{补}=10111110$$

则：

	十进制加法	二进制(补码)加法
①	$+66$	$01000010 \ =[+66]_{补}$
	$+)\quad +51$	$+)\quad 00110011 \ =[+51]_{补}$
	$+117$	$01110101 \ =[+117]_{补}$

②　　　+66　　　　　　　01000010　＝[+66]补
　+)　 −51　　　　　+) 11001101　＝[−51]补
　　　　+15　　　　　　1 00001111　＝[+15]补

③　　　−66　　　　　　　10111110　＝[−66]补
　+)　 +51　　　　　+) 00110011　＝[+51]补
　　　　−15　　　　　　11110001　＝[−15]补

④　　　−66　　　　　　　10111110　＝[−66]补
　+)　 −51　　　　　+) 11001101　＝[−51]补
　　　−117　　　　　　1 10001011　＝[−117]补

2. 补码减法

补码的减法规则如下：

$$[X-Y]_补=[X]_补+[-Y]_补$$

其中，X、Y 为正负数皆可。

【例 1.10】 下面仍用四个例子来验证这个公式的正确性。

十进制减法　　　　　　　　二进制(补码)减法

①　　　+66　　　　　　　01000010　＝[+66]补
　−)　 +51　　　　　+) 11001101　＝[−51]补
　　　　+15　　　　　　1 00001111　＝[+15]补

②　　　+66　　　　　　　01000010　＝[+66]补
　−)　 −51　　　　　+) 00110011　＝[+51]补
　　　+117　　　　　　01110101　＝[+117]补

③　　　+51　　　　　　　00110011　＝[+51]补
　−)　 +66　　　　　+) 10111110　＝[−66]补
　　　　−15　　　　　　11110001　＝[−15]补

④　　　−51　　　　　　　11001101　＝[−51]补
　−)　 −66　　　　　+) 01000010　＝[+66]补
　　　　+15　　　　　　1 00001111　＝[+15]补

1.4　微机接口基本概念

输入和输出设备指的是 CPU 与外界联系所用的装置。人们是通过外部设备来使用计算机的，而大多数外部设备往往不能直接与 CPU 相连，它们之间的信息交换需要加一个中间环节的电子系统——接口电路。

1.4.1　接口的定义

所谓微机接口就是 CPU 与外部设备连接的中间部件(电路),是 CPU 与外界进行信息交换的电子系统。比如,微机中的源程序要通过微机接口从输入设备送进去,运算结果要通过微机接口送到输出设备输出。微机接口技术采用软件与硬件相结合的方法,微机接口技术是研究 CPU 如何与外部设备进行最佳耦合与匹配,以实现双方高效、可靠地进行信息交换的一门技术。

1.4.2　接口的分类

所谓计算机中各部件的性能不同,主要是指这些部件内的信息类型、形式,或者对它们的处理方法、速度的不同。而各部件之所以要通过接口实现互连,仅仅因为各种接口总是以解决不同信息之间的交换为目的,所以可以用不同信息形式来对接口进行分类。即以外设输入/输出的信息特性作为基准。

1. 数字接口与模拟接口

自然界中很多信息都是以模拟量表示的,即在任何两个值之间总可以找出其中间值的量。比如,模拟的电压或电流,甚至非电量(如温度、压力、流量等)都是这类例子。在数字计算机的环境下,模拟量无法直接进入计算机,也无法直接为计算机所识别和处理。需经传感器转换成连续变化的电信号,再经 A/D 转换器变成数字量形式传输。

所谓数字接口是指以二进制形式表示的信息所用的接口技术,目前绝大部分外设都可以输出或输入二进制数据或控制信息。

2. 串行接口与并行接口

串行接口与并行接口的划分是根据信息传输方式不同而区分的接口类型。从8086CPU 引脚来看,它的数据信息是以并行方式传送的。外设的数字信息若以同样方式传送,这种接口处理起来要方便一些,我们称它为并行接口。但是有一些外部设备适合以串行方式传输数据,比如主机与终端之间的信息传输就是这种方式,尤其在远距离传输数据时,更是必须以串行方式工作。这样,在信息进入系统总线之前必须进行形式上的变换,即将串行信息变换为并行信息,这种接口称为串行接口。

3. 高速接口与低速接口

这是根据传输速度而分类的。所谓的高、低速是相对于 CPU 读写速度而言的,如果传输速度比 CPU 读写速度快,称为高速,反之则称为中速或低速传输。对高速传输的数据常常采用 DMA 直接存储器访问方式,即不要 CPU 介入,让外设与存储器之间直接传输数据。

1.5　信息的编码

计算机只能处理二进制数,因此,凡是要送入计算机中处理的信息(如数据、字母、符号等),均应以二进制编码来表示,这就是信息的编码。信息的编码分为两大类:十进制数的二进制数编码与字符信息的编码。

1.5.1 十进制数的二进制数编码

虽然二进制数对计算机来说是最佳的数制,但是,人们却不习惯使用它,因此,在计算机输入和输出时,还使用十进制数。当然,此时的十进制数应用二进制数来编码。1 位十进制数至少应用 4 位二进制数来表示。由于 4 位二进制数有 16 种状态,而 1 位十进制数仅需 10 种状态。从 16 种状态中选择 10 种状态来表示十进制数码 0~9,我们称这种用二进制数来编码的十进制数为 BCD 码。BCD 码有两种形式,即压缩 BCD 码和非压缩 BCD 码。

1. 压缩 BCD 码

压缩 BCD 码的每一位用 4 位二进制数表示,一个字节表示两位十进制数。

2. 非压缩 BCD 码

非压缩 BCD 码用一个字节表示一位十进制数,只用低 4 位的 0000~1001 表示 0~9。

BCD 编码中常使用的是 8421BCD 码,即从高位至低位的每位的权分别为 8、4、2、1 的一种编码方案。其编码表如表 1.1 所示。

表 1.1 BCD 编码表

十进制数	8421BCD 码	十进制数	8421BCD 码
0	0000	8	1000
1	0001	9	1001
2	0010	10	0001 0000
3	0011	11	0001 0001
4	0100	12	0001 0010
5	0101	13	0001 0011
6	0110	14	0001 0100
7	0111	15	0001 0101

1.5.2 字符的编码

所谓字符是指数字、字母以及其他的一些符号的总称。显然,输入到计算机中的字符也应按某种规则,用二进制数码 0、1 来编码,计算机才能够接受。输出则是相反的过程。

目前,国际上在微型计算机中普遍采用的是美国标准信息交换代码,即 ASCII 码。ASCII 码用一个字节来表示一个字符,采用 7 位二进制代码来对字符进行编码,最高位一般用作校验位。

小　结

本章主要介绍了有关电子计算机的一些基础知识,为今后学习微型计算机的结构、原理和编程技术打下良好基础。

首先,本章简要介绍了微型计算机技术的发展简史,介绍了微型计算机系统的层次。

其次,计算机处理一切信息,都是以处理"数据"为手段来完成的。那么计算机中被处理的数据有些什么特点呢?二进制数最适合于由电子器件组成的计算装置,计算装置包括运算器和控制器。因此,本章接着详细介绍了二进制计数系统。但二进制数使用起来不方便,主要是位数太多、阅读不便,因而计算机常采用十六进制数来写二进制数,并用二进制数编码其他信息。人们常使用十进制数,因此十进制数与二进制数、十六进制数之间的转换就非常重要了。对于本章详细介绍的数制之间转换的一切细节,读者应熟练掌握。二进制数的加、减、乘、除四则运算方法与十进制相似,而运算的规则却要简单得多。

为了扩大数的表示范围,在介绍定点数的基础上,引出了浮点数的概念。定点数的小数点位置固定,运算起来十分简单,但表示的数的范围较小,精度差。浮点数的小数点位置不作规定,因而在加、减法运算时较复杂,但它所表示的数的范围大,精度高。

为了简化计算机运算器的结构,将减法转化为加法运算,引进了二进制数在机器中的表现形式,即原码、反码和补码。正数的原码、反码、补码均与机器数同形,而负数的补码等于反码加1;反码等于原码除符号位外,按位求反;原码与机器数同形。用最高位来表示二进制数的正负号(0为正,1为负)的二进制数就是机器数。

最后,本章讲述了微机接口的基本概念和信息的编码。所谓微机接口就是 CPU 与外部设备连接的中间部件(电路),是 CPU 与外界进行信息交换的电子系统。因为各种接口总是以解决不同信息之间的交换为目的,所以可以用不同信息形式来对接口进行分类。而输入计算机中的各种信息,均应以二进制数码的形式出现,这样才能够被计算机所接受,这就是信息的编码。目前常用的是 8421BCD 码以及 ASCII 码。

习　题

1.1 将下列十进制数分别转换成二进制、八进制、十六进制数和 BCD 数。

(1) 113.812 5　　(2) 351.518　　(3) 957.843 75　　(4) 538.375

1.2 将下列二进制数分别转换为十进制、八进制、十六进制数和 BCD 数。

(1) 10110110.0011　　　　　　(2) 101.101101

(3) 1001.01011　　　　　　　　(4) 10011001.101

1.3 将下列十六进制数分别转换成二进制、八进制、十进制数和 BCD 数。

(1) 5D.BA　　(2) 12.C1　　(3) 93D.5D　　(4) E4B.7C

1.4 写出下列十进制数的原码、反码和补码(8 位二进制数表示,最高位为符号位)。

(1) 13　　(2) −0　　(3) −127　　(4) +127

(5) +0

1.5 选择题。

(1) 下列数中最小的数是(　　)。

A. (01A5)$_H$　　B. (110110101)$_B$　　C. (259)$_D$　　D. (3764)$_O$

(2) 下列数中最大的数是(　　)。

A. (10010101)$_B$　　B. (227)$_O$　　C. (96)$_H$　　D. (143)$_D$

（3）在机器数（　　）中，零的表示形式是唯一的。

A. 补码　　　　　　B. 原码　　　　　　C. 补码和反码　　　D. 原码和反码

（4）计算机中人们为便于读写广泛采用（　　）进制数。

A. 二　　　　　　　B. 八　　　　　　　C. 十　　　　　　　D. 八或十六

（5）定点 8 位字长的字，采用 2 的补码形式时，一个字所能表示的整数范围为（　　）。

A. $-128 \sim +127$　　　　　　　　　B. $-127 \sim +127$

C. $-129 \sim +128$　　　　　　　　　D. $-128 \sim +128$

1.6 已知 x、y，求 $[x-y]_补$，$x-y$，$[x+y]_补$，$x+y$。

（1）$X = -38D$　　　　　　　　　　$Y = -64D$

（2）$X = +42D$　　　　　　　　　　$Y = -64D$

（3）$X = -101\ 0111B$　　　　　　　$Y = +101\ 0101B$

（4）$X = +101\ 1101B$　　　　　　　$Y = +101\ 0101B$

第 2 章　微机组成原理

自 学 指 导

本章主要讲述了微型计算机的组成原理。

通过这一章的学习,应该掌握计算机的经典结构——冯·诺依曼结构,同时需要掌握微机的三总线结构。对于 8086 微处理器主要了解 CPU 的结构和寄存器的应用以及存储器的组织,因为寄存器在程序设计时要经常用到,所以要重点掌握。还应该了解 8086CPU 引脚的功能、工作模式和 CPU 工作的时序。对于 80386CPU 主要了解其内部结构、寄存器结构和引脚功能。

2.1　微型计算机的结构

1. 冯·诺依曼型计算机结构

计算机的体系结构是指其主要部件的总体布局、部件的主要性能以及这些部件之间相互连接的方式。虽然计算机的结构有多种类型和形式,但从本质上来说,大多属于计算机的经典结构——冯·诺依曼结构。其要点如下:

- 计算机由运算器、控制器、存储器、输入设备和输出设备五大部分组成。
- 数据和程序以二进制代码形式不加区别地存放在存储器中,存放位置由地址指定,数制为二进制。
- 控制器是根据存放在存储器中的指令序列(即程序)来操作的,并由一个程序计数器控制指令的执行。控制器具有逻辑判断能力,并能根据计算结果,选择执行不同的指令序列,即实现程序分支转移。

图 2.1 示例了冯·诺依曼型计算机结构的基本组成框图。计算机以运算器为中心,输入/输出设备与存储器之间的数据传送都需要经过运算器。运算器、存储器、输入/输出设备的操作以及它们之间的联系都由控制器集中控制。其中,运算器和控制器又称为中央处理器(CPU)。控制器是根据存放在存储器中的程序来工作的,即计算机的工作过程就是运行程序的过程。显然,程序必须预先存放在存储器中,所以这种结构是按存储程序控制的原理工作的。

运算器是对信息进行处理和运算的部件,就好像一个"电子算盘",用来完成算术运算和逻辑运算。运算器的核心部件是算术逻辑运算单元,简称 ALU。

控制器是整个计算机的指挥中心,它按照人们预先确定的操作步骤,控制计算机的各部件有条不紊地进行工作。控制器的主要任务是从主存中逐条地取出指令进行分析,根据指令的不同来安排操作顺序,然后向各部件发出相应的操作信号,控制它们执行指令所规定的任务。控制器主要包括指令寄存器、指令译码器和时序控制器等部件。

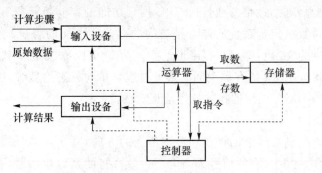

图 2.1   计算机的基本结构

存储器是计算机的主要组成部分,它是一个记忆装置,既可用来存储数据,也可用来存储计算机的运算程序。存储器是计算机能够实现存储程序控制的基础。

输入设备的任务是把人们编好的程序和原始数据输入到计算机中去,并且将它们转化成计算机内部所能接受和识别的二进制信息形式。

输出设备的任务是将计算机的处理结果以人或其他设备所能接受的形式输出计算机。

2. 微型计算机系统结构

微型计算机的系统结构与冯·诺依曼型计算机的结构无本质上的区别,差别仅在于在微型计算机中由运算器和控制器组成的 CPU 已集成在单片微处理器芯片上。此外,由于大规模集成电路工艺的原因,微处理器芯片的引脚数总是有一定的限制,所以微型计算机在结构形式上采用总线结构,如图 2.2 所示。微处理器模块和存储器、I/O 接口电路之间通过一组公共信号线相互连接,这组信号线被称为系统总线。微型计算机采用总线结构形式具有系统结构简单、易更新和扩充系统、可靠性高等优点,但在各部件之间的分时数据传送操作降低了系统的工作速度。

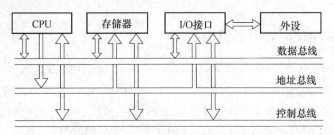

图 2.2   微型计算机的系统结构

根据传送的信息类型,系统总线可以分为三类。

(1) 数据总线

数据总线是双向三态的信号线,用于实现在微处理器、I/O 接口电路之间的数据传送,以及在 DMA 控制器控制下存储器与 I/O 接口电路之间的数据传送。8 位微机系统的数据总线宽度为 8 位,16 位微机系统的数据总线宽度为 16 位,32 位微机系统的总线宽度则为 32 位。它决定了处理器的字长。

(2) 地址总线

在 CPU 控制总线时,地址总线传送 CPU 所要访问的存储单元或 I/O 端口的地址信息。地址总线的位数决定了系统所能直接访问的存储器空间的容量。例如,8 位微机系统的地址总线宽度为 16 位,即可直接寻址的空间为 64 KB,8086 微型机的地址总线宽度为 20 位,可直接寻址 1 MB 的存储空间。地址总线是单向三态信号线,这样在 DMA 控制器控制总线时可由 DMA 控制器控制使用地址总线。

(3) 控制总线

控制总线用来控制总线上的操作和数据传送的方向,并实现微处理器与外部逻辑部件之间的同步操作。其中,有的信号为高电平有效。有的是输出信号,有的是输入信号。有的为三态信号线,有的则不能为高阻抗状态。此外,控制线的命令信号的名称、类型、功能、有效电平、定时等随处理器而异。

2.2 8086/8088 微处理器

Intel 8086 微处理器是由美国 Intel 公司 1987 年推出的一种高性能的 16 位微处理器,是第三代微处理器的代表。它有 20 条地址线,直接寻址能力达 1 MB,具有 16 条数据总线,内部总线和 ALU 均为 16 位,可进行 8 位和 16 位操作。

Intel 8086 微处理器具有丰富的指令系统,采用多级中断技术、多重寻址方式、多重数据处理形式、段式存储器结构、硬件乘除法运算电路,增加了预先存取指令的队列寄存器等,一问世就显示出了强大的生命力,以它为核心组成的微机系统性能已经达到中、高档小型计算机的水平。8086 的一个突出特点是多重处理能力,用 8086CPU 与 8087 协处理器以及 8089 I/O 处理器组成的多处理器系统,可大大提高其数据处理和输入输出能力。另外,与 8086 配套的各种外围接口芯片非常丰富,从而方便用户开发各种系统。

2.2.1 8086CPU 的内部结构

8086 CPU 采用不同于第二代微处理器的一种全新结构形式,内部由两大独立的功能部件组成,分别为总线接口部件(Bus Interface Unit,BIU)和执行部件(Execute Unit,EU)。在执行指令的过程中,两个部件形成了两级流水线:执行部件执行指令的同时,总线接口部件完成从主存中预先取后继指令的工作,使指令的读取与执行可以部分重叠,从而提高了总线的利用率。Intel 8086CPU 内部结构如图 2.3 所示。

1. 执行部件

EU 由一个 16 位的 ALU、8 个 16 位通用寄存器、一个 16 位标志寄存器 FLAGS、一个数据暂存寄存器和执行单元的控制电路组成。EU 负责进行所有指令的解释和执行,

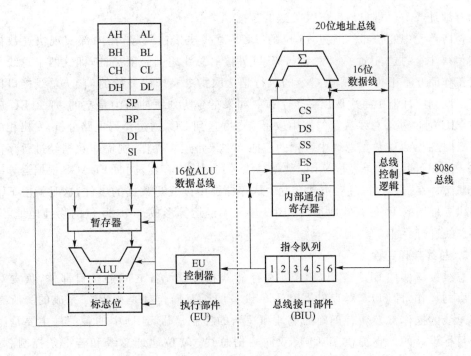

图 2.3　8086 的内部结构

同时管理上述有关的寄存器。

（1）EU 的组成

① 算术逻辑运算单元

它是一个 16 位的运算器，可用于 8 位、16 位二进制算术和逻辑单元，也可按指令的寻址方式计算寻址存储器所需的 16 位偏移量。

② 通用寄存器

它包括 4 个 16 位的数据寄存器 AX、BX、CX、DX 和 4 个 16 位指针与变址寄存器 SP、BP 与 SI、DI。

③ 标志寄存器

它是一个 16 位的寄存器，用来反映 CPU 运算的状态特征和存放某些控制标志。

④ 数据暂存寄存器

它协助 ALU 完成运算，暂存参加运算的数据。

⑤ EU 控制电路

它负责从 BIU 的指令队列缓冲器中取指令，并对指令译码，根据指令要求向 EU 内部各部件发出控制命令，以完成各条指令规定的功能。

（2）EU 的主要功能

① 从指令队列中取出指令代码，由 EU 控制器进行译码后控制各部件完成指令规定的操作。

② 对操作数进行算术和逻辑运算，并将运算结果的特征状态存放在标志寄存器中。

③ 当需要与主存储器或 I/O 端口传送数据时，EU 向 BIU 发出命令，并提供要访问

的内存地址或 I/O 端口地址以及传送的数据。

执行单元中的各部件通过 16 位的 ALU 总线连接在一起,在内部实现快速数据传输。值得注意的是,这个内部总线与 CPU 外接的总线之间是隔离的,即这两个总线可以同时工作而互不干扰。EU 对指令的执行是从取指令操作码开始的,它从总线接口单元的指令队列缓冲器中每次取出一个字节。如果指令队列缓冲器中是空的,那么 EU 就要等待 BIU 通过外部总线从存储器中取得指令并送到 EU,通过译码电路分析,发出相应控制命令,控制 ALU 数据总线中数据的流向。如果是运算操作,则操作数据经过暂存寄存器送入 ALU,运算结果经过 ALU 数据总线送到相应寄存器,同时 FLAGS 根据运算结果改变状态。在指令执行过程中常会发生从存储器中读或写数据的事件,这时就由 EU 单元提供寻址用的 16 位有效地址,在 BIU 单元中经运算形成一个 20 位的物理地址,送到外部总线进行寻址。

2. 总线接口部件

总线接口部件 BIU 是 8086CPU 在存储器和 I/O 设备之间的接口部件,负责对全部引脚的操作,即 8086 对存储器和 I/O 设备的所有操作都是由 BIU 完成的。所有对外部总线的操作都必须有正确的地址和适当的控制信号,BIU 中的各部件主要是围绕这个目标设计的。它提供了 16 位双向数据总线、20 位地址总线和若干条控制总线。其具体任务是:负责从内存单元中预先取出指令,并将它们送到指令队列缓冲器暂存。CPU 执行指令时,总线接口单元要配合执行单元,从指定的内存单元或 I/O 端口中取出数据传送给执行单元,或者把执行单元的处理结果传送到指定的内存单元或 I/O 端口中。

(1) BIU 的组成

总线接口单元 BIU 由一个 20 位地址加法器、4 个 16 位段寄存器、一个 16 位指令指针 IP、指令队列缓冲器和总线控制逻辑电路等组成。8086 的指令队列由 6 个字节构成。

① 地址加法器和段寄存器

地址加法器将 16 位的段寄存器内容左移 4 位,与 16 位偏移地址相加,形成 20 位的物理地址。

② 16 位指令指针 IP

指令指针 IP 用来存放下一条要执行的指令在代码段中的偏移地址。

③ 指令队列缓冲器

当 EU 正在执行指令,且不需占用总线时,BIU 会自动地进行预先取指令操作,将所取得的指令按先后次序存入一个 6 字节的指令队列寄存器,该队列寄存器按"先进先出"的方式工作,并按顺序取到 EU 中执行。其操作遵循下列原则:

- 每当指令队列缓冲器中存满一条指令后,EU 就立即开始执行。
- 每当 BIU 发现队列中空了两个字节时,就会自动地寻找空闲的总线周期进行预先取指令操作,直到填满为止。
- 每当 EU 执行一条转移、调用或返回指令后,则要清除指令队列缓冲器,并要求 BIU 从新的地址开始取指令,新取的第一条指令将要直接经指令队列缓冲器送到 EU 去执行,并在新地址基础上再作预先取指令操作,实现程序段的转移。

BIU 和 EU 是各自独立工作的,在 EU 执行指令的同时,BIU 可预先取下一条或下几条指令。因此,一般情况下,CPU 执行完一条指令后,就可立即执行存放在指令队列中的下一条指令,而不需要像以往的 8 位 CPU 那样,采取先取指令,后执行指令的串行操作方式。

④ 总线控制逻辑电路

总线控制逻辑电路将 8086CPU 的内部总线和外部总线相连,是 8086CPU 与内存单元或 I/O 端口进行数据交换的必经之路。它包括 16 条数据总线、20 条地址总线和若干条控制总线,CPU 通过这些总线与外部取得联系,从而构成各种规模的 8086 微型计算机系统。

(2) BIU 的主要功能

BIU 完成 CPU 与主存储器或 I/O 端口之间的信息传送,其主要功能如下:

① 预先取指令,存放在指令队列中。每当 8086CPU 的指令队列中有两个空字节,并且 EU 没有要求 BIU 进入存取操作数的总线周期时,BIU 就自动从主存中顺序取出指令字节放入指令队列中。当执行转移指令时,BIU 清空指令队列,从转移后的当前地址取出指令送 EU 执行,然后从主存中取出后继指令字节送指令队列排队,从而实现 EU 和 BIU 的并行操作。

② 将访问主存的逻辑地址转换成实际的物理地址。

2.2.2 8086CPU 寄存器结构

8086 微处理器内部共有 14 个 16 位寄存器。这 14 个寄存器按其用途可分为数据寄存器、段寄存器、地址指针与变址寄存器和控制寄存器。8086CPU 内部寄存器如图 2.4 所示。

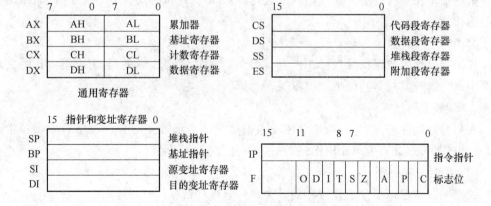

图 2.4 8086 的寄存器和标志位

(1) 数据寄存器

数据寄存器包括累加器(AX)、基址寄存器(BX)、计数器(CX)和数据寄存器(DX)。这 4 个 16 位寄存器又可分别分成高 8 位(AH、BH、CH、DH)和低 8 位(AL、BL、CL、

DL)。因此，它们既可作为 4 个 16 位数据寄存器使用，也可作为 8 个 8 位数据寄存器使用，在编程时可存放源操作数、目的操作数或运算结果。

(2) 段寄存器

在 8086 系统中，访问存储器的物理地址由段地址和段内偏移地址两部分组成。段寄存器用来存放各分段的逻辑段基值，并指示当前正在使用的 4 个逻辑段，包括代码段寄存器(CS)、数据段寄存器(DS)、堆栈段寄存器(SS)和附加段数据寄存器(ES)。

① CS

存放当前正在运行的程序代码所在段的段基值，表示当前使用的指令代码可以从该段寄存器指定的存储器段中取得，相应的偏移地址则由 IP 提供。

② DS

指出当前程序使用的数据所存放的段的最低地址，即存放数据段的段基值。

③ SS

指出当前堆栈的底部地址，即存放堆栈段的段基值。

④ ES

指出当前程序使用附加数据段的段基值，该段是串操作指令中目的串所在的段。

(3) 地址指针和变址寄存器

地址指针与变址寄存器一般用来存放主存地址的偏移量(即相对于段起始地址的距离)，用于参与地址运算。在 BIU 的地址寄存器中，与左移 4 位后的段寄存器内容相加产生 20 位的物理地址。另外它们也可作为 16 位通用寄存器存放操作数或结果。

地址指针与变址寄存器包括堆栈指针寄存器(SP)、基址指针寄存器(BP)、源变址寄存器(SI)和目的变址寄存器(DI)。

① SP

用以指出在堆栈段中当前栈顶的地址，入栈(PUSH)和出栈(POP)指令由 SP 给出栈顶的偏移地址。

② BP

指出要处理的数据在堆栈段中的起始地址。特别值得注意的是，凡包含 BP 的寻址方式中，如无特别说明，其段地址由段寄存器提供。

③ SI 和 DI

在某些间接寻址方式中，用来存放段内偏移量的全部或一部分。在字符串操作指令中，SI 用作源变址寄存器，DI 用作目的变址寄存器。

(4) 控制寄存器

控制寄存器包括指令指针寄存器(IP)和标志寄存器(FLAGS)。

① IP

用来存放下一条要执行指令在代码段中的偏移地址，程序员不可以直接使用，但程序控制类指令会用到。它具有自动加 1 功能，每当执行一次取指令操作，它将自动加 1，总是指向下一条要取的指令在现行代码段中的偏移地址。它和 CS 相结合，形成指向指令存放单元的物理地址。注意，每取一个字节后 IP 内容加 1，但取一个字后 IP 内容加 2。

② FLAGS

它是 16 位的寄存器,但实际上 8086 只用到 9 位,其中的 6 位是状态标志位,3 位为控制标志位,如图 2.5 所示。状态标志位是当一些指令执行后,所产生数据的一些特征的表征。而控制标志位则可以由程序写入,以达到控制处理机状态或程序执行方式的表征。

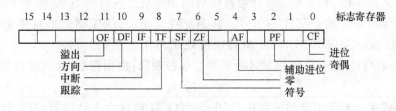

图 2.5　FLAGS

状态标志反映了当前运算和操作结果的状态条件,可作为程序控制转移与否的依据。它们分别是 CF、PF、AF、ZF、SF 和 OF。

a. CF 是进位标志位。算术运算指令执行后,若运算结果最高位(字节运算时为 D_7 位,字运算时为 D_{15} 位)产生进位或借位,则 CF=1;否则 CF=0。

b. PF 是奇偶标志位。反映运算结果中 1 的个数是偶数还是奇数。运算指令执行后,若运算结果的低 8 位中含有偶数个 1,则 PF=1;否则 PF=0。

c. AF 是辅助进位标志位。算术运算指令执行后,若运算结果的低 4 位向高 4 位(即 D_3 位向 D_4 位)产生进位或借位,则 AF=1;否则 AF=0。

d. ZF 是零标志位。若指令运算结果为 0,则 ZF=1;否则 ZF=0。

e. SF 是符号标志位。它与运算结果的最高位相同。若字节运算时 D_7 位为 1 或字运算时 D_{15} 位为 1,则 SF=1;否则 SF=0。用补码运算时,它能反映结果的符号特征。

f. OF 是溢出标志位。当补码运算有溢出时(字节运算时为 −128∼+127,字运算时为 −32 768∼+32 767),OF=1;否则 OF=0。

控制标志位用来控制 CPU 的操作,由指令进行置位和复位,它包括 DF、IF、TF。

a. DF 是方向标志位。用于串操作指令,指定字符串处理时的方向。如设置 DF=0 时,那么每执行一次串操作指令,地址指针内容将自动递增;设置 DF=1 时,地址指针内容将自动递减。可用指令设置或清除 DF 位。

b. IF 是中断允许标志位。用来控制 8086 是否允许接收外部中断请求。如设置 IF=1,则允许响应可屏蔽中断请求;设置 IF=0 时,禁止响应可屏蔽中断请求。可用指令设置或清除 IF 位。注意,IF 的状态不影响非屏蔽中断请求(NMI)和 CPU 内部中断请求。

c. TF 是单步标志位。它是为调试程序而设定的陷阱控制位。如设置 TF=1,使 CPU 进入单步执行指令工作方式,则此时 CPU 每执行完一条指令就自动产生一次内部中断。当该位复位后,CPU 恢复正常工作。可用指令设置或清除 TF 位。

2.2.3 8086CPU 引脚功能

1. 工作模式

为提高系统性能、耐用性及适应性,8086CPU 设计为可工作在两种模式下,即最小模式和最大模式。

最小模式用于由 8086 单一微处理器构成的小系统。在这种方式下,由 8086CPU 直接产生小系统所需要的全部控制信号。其系统特点是:总线控制逻辑直接由 8086CPU 产生和控制。若有 8086CPU 以外的其他模块想占用总线,则可向 CPU 提出请求,在 CPU 允许并响应的情况下,该模块才可获得总线控制权,使用完后,又将总线控制权交还给 CPU。

最大模式用于实现多处理机系统,其中 8086CPU 被称为主处理器,其他处理器被称为协处理器。在这种方式下,8086CPU 不直接提供用于存储器或 I/O 读写的读写命令等控制信号,而是将当前要执行的传送操作类型编码为 3 个状态位输出,由总线控制器 8288 对状态信息进行译码产生相应控制信号。最大模式系统的特点是:总线控制逻辑由总线控制器 8288 产生和控制,即 8288 将主处理器的状态与信号转换成系统总线命令和控制信号。协处理器只是协助主处理器完成某些辅助工作,即被动地接收并执行来自主处理器的命令。和 8086 配套使用的协处理器有两个:一个是专用于数值计算的协处理器 8087;另一个是专用于输入输出操作的协处理器 8089。8087 通过硬件实现高精度整数浮点运算。8089 有其自身的一套专门用于输入输出操作的指令系统,还可以带局部存储器,可以直接为输入输出设备服务。增加协处理器,使得浮点运算和输入输出操作不再占用 8086 时间,从而大大提高了系统的运行效率。

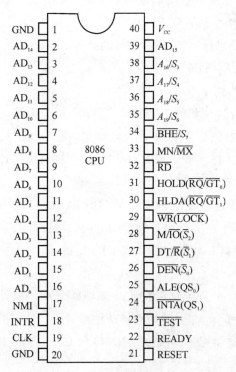

图 2.6　8086CPU 引脚信号图

2. 8086 微处理器基本引脚

8086CPU 是 Intel 公司的第三代微处理器,它采用双列直插式封装,具有 40 条引脚,使用 +5 V 电源供电。时钟频率有 3 种:5 MHz(8086)、8 MHz(8086-1) 和 10 MHz(8086-2)。8086CPU 的数据总线为 16 位,一次可传输 16 位数据信息,因此是 16 位微处理器。其引脚信号图如图 2.6 所示,括号内为最大模式时的引脚名。它的引脚信号定义如表 2.1 所示。

表 2.1　8086 引脚信号定义

	名称	功能	引脚号	类型
公用信号	$AD_{15} \sim AD_0$	地址/数据总线	$2 \sim 16, 39$	双向、三态
	$A_{19}/S_6 \sim A_{16}/S_3$	地址/状态总线	$35 \sim 38$	输出、三态
	$\overline{BHE}/S_7$	总线高允许/状态	34	输出、三态
	$MN/\overline{MX}$	最小/最大模式控制	33	输入
	RD	读控制	32	输出、三态
	$\overline{TEST}$	等待测试控制	23	输入
	READY	等待状态控制	22	输入
	RESET	系统复位	21	输入
	NMI	不可屏蔽中断请求	17	输入
	INTR	可屏蔽中断请求	18	输入
	CLK	系统时钟	19	输入
	V_{CC}	+15 V 电源	40	输入
	GND	接地	1,20	
最小模式信号 $(MN/\overline{MX}=V_{cc})$	HOLD	保持请求	31	输入
	HLDA	保持响应	30	输出
	$\overline{WR}$	写控制	29	输出、三态
	$M/\overline{IO}$	存储器输入输出控制	28	输出、三态
	$DT/\overline{R}$	数据发送/接收	27	输出、三态
	$\overline{DEN}$	数据允许	26	输出、三态
	ALE	地址锁存允许	25	输出
	$\overline{INTA}$	中断响应	24	输出
最大模式信号 $(MN/\overline{MX}=GND)$	$\overline{RQ}\backslash\overline{GT}_{1,0}$	请求/允许总线访问控制	30,31	双向
	$\overline{LOCK}$	总线优先权锁定控制	29	输出、三态
	$\overline{S_2} \, \overline{S_1} \, \overline{S_0}$	总线周期状态	$26 \sim 28$	输出、三态
	QS_1, QS_0	指令队列状态	24,25	输出

　　8086CPU 的对外结构就是 3 组总线,因此它的 40 条引脚信号按功能可分为 4 部分——地址总线、数据总线、控制总线以及其他信号(时钟与电源)。

　　为了用有限的 40 个引脚实现地址、数据、控制信号的传输,部分 8086CPU 的外部引脚采用了复用技术。复用引脚分为按时序复用和按模式复用两种情况,对按时序复用的引脚,CPU 工作在不同的 T 周期,这些引脚传送不同的信息;按模式复用的引脚,则当 CPU 处于不同的工作模式时,这些引脚具有不同的功能含义。

　　(1) 两种模式下公用的引脚信号

　　下面介绍两种模式下功能含义相同的引脚。按其功能,可分为电源类、地址/数据类、状态类和控制类。

　　① 地址总线和数据总线

　　数据总线用来在 CPU 与内存储器或 I/O 设备之间交换信息,为双向、三态信号。地址总线由 CPU 发出,用来确定 CPU 要访问的内存单元或 I/O 端口的地址信号,为输出、三态信号。

a. $AD_{15} \sim AD_0$ 地址/数据复用引脚

在总线周期中,由于地址信息和数据信息在时间上不重叠,因此部分地址线与数据线共用一组引脚。$AD_{15} \sim AD_0$ 这 16 条信号线是分时复用的双重功能总线,数据总线 $D_{15} \sim D_0$ 与地址总线的低 16 位 $A_{15} \sim A_0$ 复用。在每个总线周期的第一个时钟 T_1 用作地址总线的低 16 位($A_{15} \sim A_0$),给出内存单元或 I/O 端口的地址;在其他时间($T_2 \sim T_3$)为数据总线,用于数据传输。

b. $A_{19}/S_6 \sim A_{16}/S_3$ 地址/状态复用引脚

这 4 条信号线也是分时复用的双重功能总线。在每个总线周期的 T_1 状态用作地址总线的高 4 位($A_{19} \sim A_{16}$),在存储器操作中为高 4 位地址,在 I/O 操作中,这 4 位置"0"(低电平)。在总线周期的其余时间(T_2、T_3、T_w 和 T_4 状态),这 4 条信号线指示 CPU 的状态信息 $S_6 \sim S_3$。其中 S_6 恒为低电平,表明 8086 当前正与总线相连;S_5 反映标志寄存器中中断允许标志 IF 的当前值;而 S_4 和 S_3 组合起来指示当前正在使用的是哪个段寄存器,其编码如表 2.2 所示。

表 2.2 S_4、S_3 代码组合与当前段寄存器的关系

S_4	S_3	当前使用的段寄存器
0	0	ES
0	1	SS
1	0	存储器寻址时,使用 CS;对 I/O 端口或中断向量寻址时,不需要用段寄存器
1	1	DS

c. $\overline{BHE}/S_7$ 高 8 位数据总线允许/状态复用引脚

在总线周期的 T_1 状态,作为高 8 位数据总线允许信号,低电平有效。当 $\overline{BHE}=0$ 时,表示高 8 位数据总线 $AD_{15} \sim AD_8$ 上的数据有效;当 $\overline{BHE}=1$ 时,表示高 8 位数据总线 $AD_{15} \sim AD_8$ 上的数据无效,当前仅在数据总线 $AD_7 \sim AD_0$ 上传送 8 位数据。而在 T_2、T_3、T_w 和 T_4 状态,此引脚输出状态信息 S_7,在 8086 微处理机系统中 S_7 没有定义。

② 控制总线

a. $\overline{RD}$ 读引脚(输出、三态)

$\overline{RD}$ 为高电平有效信号。$\overline{RD}=0$ 时,表明 CPU 要进行一次内存或 I/O 端口的读操作,具体是对内存还是 I/O 端口进行读操作,决定于 M/$\overline{IO}$ 信号。

b. READY 准备就绪引脚(输入)

READY 是所访问的存储器或 I/O 端口发来的响应信号,高电平有效。当 READY=1 时,表示内存或 I/O 端口准备就绪,马上可进行一次数据传输。CPU 在每个总线周期的 T_3 时钟周期开始处对 READY 信号采样,若检测到 READY 信号为低电平,则在 T_3 后插入一个 T_w 等待周期,在 T_w 时钟周期,CPU 再对 READY 信号采样,若仍为低电平,就继续插入 T_w 等待周期,直到 READY 信号变为高电平,才进入 T_4 时钟周期,完成数据传送。

c. $\overline{\text{TEST}}$测试引脚(输入)

$\overline{\text{TEST}}$为低电平有效信号,和 WAIT 指令结合使用,是 WAIT 指令结束与否的条件。当 CPU 执行 WAIT 指令时,CPU 每隔 3 个时钟周期就对此引脚进行测试。若测试到该引脚为高电平,则 CPU 处于空转状态进行等待;若测试为低电平,则 CPU 结束等待状态,继续执行下一条指令。此引脚用于多处理器系统中,实现 8086CPU 与其他协处理器的同步协调功能。

d. INTR 可屏蔽中断请求信号引脚(输入)

INTR 为高电平有效信号。CPU 在每条指令的最后时刻检测 INTR 引脚,若为高电平,则表明有中断请求发生,若当前 CPU 允许中断(中断允许标志 IF=1),那么 CPU 就会在结束当前执行的指令后,响应中断请求,进入中断处理子程序。

e. NMI 非屏蔽中断引脚(输入)

当 NMI 引脚产生一个由低到高的上升沿时,CPU 就会在结束当前执行的指令后,进入非屏蔽中断处理子程序。

f. RESET 复位信号引脚(输入)

RESET 为高电平有效信号。在 RESET 信号来到后,CPU 结束当前操作,并将处理器中的寄存器 FLAGS、IP、DS、SS、ES 及指令队列清零,而将 CS 设置为 FFFFH。当复位信号变为低电平时,CPU 从 FFFF0H 开始执行程序,实现系统的再启动过程。

g. MN/$\overline{\text{MX}}$最小/最大模式控制信号引脚(输入)

最小模式及最大模式的选择控制端。此引脚固定为+5 V 时,CPU 处于最小模式,接地时,CPU 处于最大模式。

③ 其他信号

a. CLK 时钟引脚(输入)

CLK 时钟引脚为处理器提供基本的定时脉冲和内部的工作频率。8086CPU 要求时钟信号的占空比(正脉冲与整个周期的比值)为 33%,即 1/3 周期高电平,2/3 周期低电平。

b. V_{cc}电源(输入)

要求接正电压(+5±0.5)V。

c. GND 地线

8086CPU 有两条接地线。

(2) 两种模式下含义不同的引脚信号

8086CPU 的第 24~31 引脚为按模式复用引脚,当 CPU 工作在最小模式或最大模式时,这些引脚具有不同的功能含义。

① 最小模式下的引脚信号

8086CPU 的 MN/$\overline{\text{MX}}$引脚接+5V 时,CPU 处于最小工作模式,此时,它的第 24~31 号引脚的功能含义如下。

a. $\overline{\text{INTA}}$中断响应信号(输出)

$\overline{\text{INTA}}$是中断响应信号,低电平有效。对于 8086 系统来说,当 CPU 响应由 INTR 引脚送入的可屏蔽中断请求时,CPU 用两个连续的总线周期发出两个$\overline{\text{INTA}}$低电平有效信号,第一个低电平用来通知外设和 CPU,准备响应它的中断请求,在第二个低电平期间,外设通过数据总线送入它的中断类型码,并由 CPU 读取,以便取得相应中断服务程序的入口地址。

b. ALE 地址锁存允许信号(输出)

ALE 是 8086CPU 发出地址锁存器进行地址锁存的控制信号,高电平有效。8086CPU 的地址、数据、状态引脚采用复用技术,在总线周期的 T_1 状态传送地址信息,而在其他时钟周期传送数据、状态信息,为避免丢失地址信息,需要在地址撤销前使用地址锁存器将其锁存。通常使用的锁存器为 Intel8282/8283,它利用 ALE 的下降沿锁存总线上的地址信息。ALE 不能浮空。

c. $\overline{\text{DEN}}$ 数据允许信号(输出,三态)

$\overline{\text{DEN}}$ 是低电平有效信号。在微机系统处于最小模式时,通常设置总线收发器来增加数据总线的驱动能力。8086 系统通常使用 8286/8287 作为总线收发器。$\overline{\text{DEN}}$ 信号就是 8286/8287 的选通控制信号,总线收发器将 $\overline{\text{DEN}}$ 作为输出允许信号。

d. DT/$\overline{R}$ 数据发送/接收信号(输出、三态)

DT/$\overline{R}$ 是控制总线收发器 8286/8287 数据传送方向的信号。当 CPU 输出数据到存储器或 I/O 端口时,输出 DT/$\overline{R}$ 高电平;当 CPU 输入数据时,输出 DT/$\overline{R}$ 低电平信号。

e. $M/\overline{\text{IO}}$ 存储器/输入、输出控制信号(输出)

$M/\overline{\text{IO}}$ 用以区别访问存储器或 I/O 端口。当该引脚为高电平时,表明 CPU 是与存储器进行数据传送;若为低电平,则表明 CPU 是与 I/O 端口进行数据传送。

f. $\overline{\text{WR}}$ 是低电平有效信号。$\overline{\text{WR}}=0$ 时,表明 CPU 进行写操作,由 $M/\overline{\text{IO}}$ 引脚决定写的对象(存储器或 I/O 端口)。

g. HOLD 总线保持请求信号(输入)。

HOLD 是系统中其他模块向 CPU 提出总线保持请求的输入信号,高电平有效。

h. HLDA 总线保持响应信号(输出)

HLDA 是 CPU 发给总线请求部件的响应信号,高电平有效。

② 最大模式下的引脚信号

当 8086CPU 的 MN/$\overline{\text{MX}}$ 引脚接地时,系统处于最大工作模式。由于最大模式是以 8086CPU 为中心的多处理器控制系统,各处理器公用一组外部总线,因而需要增加总线控制器和总线仲裁控制器来完成多处理器对总线使用的分时控制。和 8086CPU 配套使用的总线控制器和总线仲裁控制器通常是 Intel 公司的 8288 和 8289。8288 将 8086CPU 的总线状态信号进行译码后,产生总线命令和控制信号,对存储器和 I/O 端口进行读写控制。8289 和 8288 相配合确定总线使用权的分配。

最大模式下第 24～31 号引脚的功能含义如下。

a. $\overline{S_2}$、$\overline{S_1}$、$\overline{S_0}$ 总线周期状态信号(三态、输出)

它们表示 8086 外部总线周期的操作类型。这 3 个引脚信号经总线控制器 8288 译码后,产生相应的存储器读/写命令、I/O 端口读/写命令以及中断响应信号。$\overline{S_2}$、$\overline{S_1}$、$\overline{S_0}$ 的代码组合对应的总线操作类型如表 2.3 所示。

表 2.3 $\overline{S_2}$、$\overline{S_1}$、$\overline{S_0}$ 译码表

总线状态信号			CPU 状态	8288 命令输出
$\overline{S_2}$	$\overline{S_1}$	$\overline{S_0}$		
0	0	0	中断状态	$\overline{\text{INTA}}$
0	0	1	读 I/O 端口	$\overline{\text{IORC}}$
0	1	0	写 I/O 端口,超前写 I/O 端口	$\overline{\text{IOWC}}$,$\overline{\text{AIOWC}}$
0	1	1	暂停	无
1	0	0	取指令	$\overline{\text{MRDC}}$
1	0	1	读存储器	$\overline{\text{MRDC}}$
1	1	0	写存储器,超前写存储器	$\overline{\text{MWTC}}$,$\overline{\text{AMWC}}$
1	1	1	无效	无

当 $\overline{S_2}$、$\overline{S_1}$、$\overline{S_0}$ 中任何一个为低电平时,都对应某一种总线操作,此时称为有源状态。而当一个总线周期即将结束(T_3 期间或 T_w 周期),另一个总线周期尚未开始,并且 READY 信号也为高电平时,$\overline{S_2}$、$\overline{S_1}$、$\overline{S_0}$ 都变为高电平,此时称为无源状态。在前一个总线周期的 T_4 时钟周期时,只要 $\overline{S_2}$、$\overline{S_1}$、$\overline{S_0}$ 中有一个变为低电平,就意味着即将开始一个新的总线周期。

在总线周期的 T_4 期间,$\overline{S_2}$、$\overline{S_1}$、$\overline{S_0}$ 的任何变化,都指示一个总线周期的开始,而在 T_3 (或 T_w——等待周期)期间返回无效状态,则表示一个总线周期的结束。在 DMA 方式下,$\overline{S_2}$、$\overline{S_1}$、$\overline{S_0}$ 处于高阻状态。

b. QS_1、QS_0 指令队列状态信号(输出)

QS_1、QS_0 信号用于指示 8086 内部 BIU 中指令队列的状态,以便外部协处理器进行跟踪,QS_1 和 QS_0 的组合功能如表 2.4 所示。

表 2.4 QS_1、QS_0 组合与指令队列的状态

QS_1	QS_0	队列状态信号的含义
0	0	无操作,未从队列中取指令
0	1	从队列中取出当前指令的第一字节
1	0	队列空,由于执行转移指令,队列重新装填
1	1	从队列中取出指令的后继字节

c. $\overline{\text{RQ}}/\overline{\text{GT}_0}$、$\overline{\text{RQ}}/\overline{\text{GT}_1}$ 总线请求信号/总线请求响应信号(双向)

这两个信号是为多处理机应用而设计的,用于对总线控制权的请求和应答,其特点是请求和允许功能用一根信号线来实现,每一个引脚都可代替最小模式下 HOLD/HLDA 两个引脚的功能。这两个引脚可同时接两个协处理器,$\overline{\text{RQ}}/\overline{\text{GT}_0}$ 的优先级高于 $\overline{\text{RQ}}/\overline{\text{GT}_1}$。

总线访问的请求/允许时序分为 3 个阶段——请求、允许和释放。首先是协处理器向 8086 输出 $\overline{\text{RQ}}$ 请求使用总线,然后在 8086CPU 的 T_4 或下一总线周期的 T_1 期间,CPU 输

出一个宽度为一个时钟周期的脉冲信号$\overline{GT}$给请求总线的协处理器,作为总线响应信号,从下一个时钟周期开始,CPU 释放总线。当协处理器使用总线结束时,再给出一个宽度为一个时钟周期的脉冲信号 $\overline{RQ}$给 CPU,表示总线使用结束,从下一个时钟周期开始,CPU 又控制总线。

d. $\overline{LOCK}$总线封锁信号(输出、三态)

$\overline{LOCK}$是低电平有效信号。当 $\overline{LOCK}=0$ 时,表明 CPU 不允许其他总线主控部件占用总线。$\overline{LOCK}$信号可通过软件设置。

2.2.4　8086CPU 的工作时序

1. 8086 总线的工作周期

执行指令的一系列操作都是在时钟脉冲 CLK 的统一控制下逐步进行的,一个时钟脉冲时间称为一个时钟周期。时钟周期由计算机的主频决定,是 CPU 的定时基准,例如,8086 的主频为 5 MHz,则 1 个时钟为 200 ns。

8086CPU 与外部交换信息总是通过总线进行的。CPU 从存储器或外设存取一个字节或字所需的时间称为总线周期。一个基本的总线周期由 4 个时钟周期组成,分别称为T_1、T_2、T_3 和 T_4 时钟周期或 T 状态。

一个总线周期完成一次数据传输,至少要有传送地址和传送数据两个过程。在第一个时钟周期 T_1 期间由 CPU 输出地址,在随后的 3 个 T 周期(T_2、T_3 和 T_4)期间用以传送数据。换言之,数据传送必须在 $T_2 \sim T_4$ 这 3 个周期内完成,否则在 T_4 周期后,总线将进行另一次操作,开始下一个总线周期。

在实际应用中,当一些慢速设备在 3 个 T 周期内无法完成数据读写时,在 T_4 后总线就不能为它们所用,这会造成系统读写出错。为此,在总线周期中允许插入等待周期 T_w。当被选中进行数据读写的存储器或外设无法在 3 个 T 周期内完成数据读写时,就由其发出一个请求延长总线周期的信号到 8086CPU 的 READY 引脚,8086CPU 收到该请求后,就在 T_3 与 T_4 之间插入一个等待周期 T_w,加入 T_w 的个数与外部请求信号的持续时间长短有关,延长的时间 T_w 也以时钟周期 T 为单位,在 T_w 期间,总线上的状态一直保持不变。

如果在一个总线周期后不立即执行下一个总线周期,即总线上无数据传输操作,系统总线处于空闲状态,则这时执行空闲周期 T_i,T_i 也以时钟周期 T 为单位,两个总线周期之间插入几个 T_i 与 8086CPU 执行的指令有关,例如在执行一条乘法指令时,需用 124 个时钟周期,而其中可能使用总线的时间极少,而且预取队列的填充也不用太多的时间,加入的 T_i 可能达到 100 多个。

总线周期时序如图 2.7 所示。

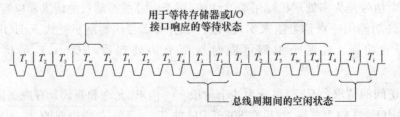

图 2.7　总线周期

一条指令的执行包括取指令、分析指令和执行指令。一条指令从开始取指令到最后执行完毕所需的时间称为一个指令周期。不同的指令因其操作性质不同,执行的时间的长短可能不同,所以指令周期也就不同。一个指令周期由一个或若干个总线周期组成。

CPU 执行某一程序之前,先要把编译后的目标程序放到存储器的某个区域。在启动执行后,CPU 就发出读指令的命令;存储器接到这个命令后,根据 CS 和 IP 指定的地址,把它送至 CPU 的指令寄存器中;CPU 对读出指令经过译码器分析之后,发出一系列控制信号,以执行指令规定的全部操作,控制各种信息在系统各部件之间传送。每条指令的执行由取指令、译码和执行等操作组成。

2. 8086 微处理器的时序

时序,顾名思义,就是时间的先后顺序。系统为完成某一项操作,必将涉及一系列部件的协调动作,并且每一部件动作的时间长短也有严格的限制,这就必须采用一定的方法对它们进行定时控制,这就是时序的问题。在微机系统中,通常有三级时序,分别为时钟周期、总线周期和指令周期。

(1) 系统的复位与启动

8086CPU 的 RESET 引脚用来启动或再启动系统。当 8086 在 RESET 引脚上检测到一个脉冲的上升沿时,它将停止正在进行的所有操作,处于初始化状态,直到 RESET 信号变低。

因此,通过在 CPU 的 RESET 引脚上加正脉冲,可完成系统的启动和再启动。8086CPU 要求加在 RESET 引脚上的复位正脉冲信号,宽度至少为 4 个时钟周期,如果是初次加电启动,则要求宽度不少于 $50~\mu s$。其时序如图 2.8 所示。

当外部的复位信号到来时,经 8284 同步,在 RESET 输入信号到来后的 CLK 第一个上升沿形成内部 RESET 信号给 CPU,CPU 就进入内部 RESET 过程。到本次时钟周期的下降沿,所有的三态输出线都被设置为无效状态,再到下一个时钟周期的上升沿,所有的三态输出线都被设置为高阻状态,直到 RESET 信号恢复低电平。

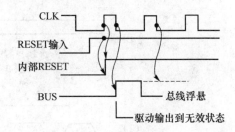

图 2.8 复位操作时序

三态输出线包括 $AD_{15} \sim AD_0$、$A_{19}/S_6 \sim A_{16}/S_3$、$\overline{BHE}/S_7$、$M/\overline{IO}(S_2)$、$DT/\overline{R}(S_1)$、$\overline{DEN}(S_0)$、$\overline{WR}(LOCK)$、$\overline{RD}$、$\overline{INTA}$。其他输出线包括最小模式时的 ALE、HLDA 及最大模式时的 RQ/DT、QS_1、QS_0 只被设置为无效,而不设置高阻。

8086CPU 复位时,结束原有的操作和状态,维持在复位状态,各内部寄存器及指令队列被设置为初始值,如表 2.5 所示。

表 2.5 复位时 CPU 的初始化状态

寄存器	内容	寄存器	内容
FLAGS	清零	SS	0000H
IP	0000H	ES	0000H
CS	FFFFH	指令队列	空
DS	0000H	其他寄存器	0000H

由表 2.5 可以看出,CPU 复位时,CS 被初始化为 FFFFH,而 IP 被始化为 0000H,所以当 CPU 复位完成,再重新启动时,就会从主存地址为 FFFF0H 的地方开始执行指令。通常在这个地址单元存放着一条无条件转移指令,将程序转移到系统程序的入口处。这样,一旦系统复位或重新启动,就会重新引导系统程序。

复位信号(RESET)从高到低的跳变会触发 CPU 内部的一个复位逻辑电路,经过 7 个时钟周期后,CPU 就被重新启动而恢复正常工作。

(2) 最小模式系统总线周期时序

① 读/写总线周期

读/写总线周期指 CPU 通过外部总线完成从存储器或外设端口读/写一次数据所需要的时钟周期数。

8086CPU 读/写总线周期时序如图 2.9(a)和(b)所示。

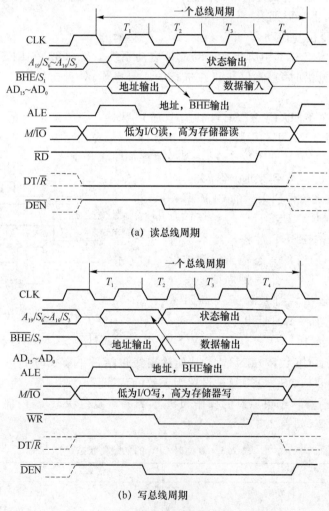

(a) 读总线周期

(b) 写总线周期

图 2.9 最小模式系统总线读/写操作时序

各状态所完成的操作描述如下。

a. T_1 状态

$M/\overline{IO}$信号在 T_1 状态变为有效。若为高电平,则表明是从存储器读取;若为低电平,则表明是从 I/O 端口读取。并且这个有效电平一直持续到本次总线周期结束,即 T_4 状态。

同时,CPU 在 T_1 状态通过 $A_{19}/S_6 \sim A_{16}/S_3$ 和 $AD_{15} \sim AD_0$ 发出访问外设或存储器的 20 位地址信息。由于高 8 位数据允许/状态复用引脚$\overline{BHE}/S_7$ 也参与地址选择,因此在 T_1 状态,CPU 输出$\overline{BHE}$有效信号。

总线上的地址信息在 T_1 状态结束之前必须进行锁存,地址锁存器将 ALE 作为它的锁存允许信号,所以在 T_1 状态,CPU 发出一个 ALE 正脉冲信号,地址锁存器利用 ALE 的下降沿锁存地址信息。

如果系统中接有数据总线收发器,就要用到 $DT/\overline{R}$ 和 $\overline{DEN}$ 控制信号,$\overline{DEN}$ 用来选通收发器,而 $DT/\overline{R}$ 用来决定收发器的数据传送方向。在 T_1 状态 $DT/\overline{R}$ 变为低电平有效,表明本次总线周期让数据总线收发器接收数据;否则,由数据总线收发器发送数据。

b. T_2 状态

总线上撤销地址信息 $A_{19}/S_6 \sim A_{16}/S_3$,引脚输出状态信息 $S_6 \sim S_3$。$AD_{15} \sim AD_0$ 呈高阻状态,为传送数据做准备。

若进行读操作,则 CPU 在 T_2 状态输出$\overline{RD}$低电平有效信号,否则,进行写操作,CPU在 T_2 状态输出$\overline{WR}$低电平有效信号,并立即往数据总线 $AD_{15} \sim AD_0$ 上发出向外设或存储器写入的数据。$\overline{DEN}$信号也在 T_2 状态变为低电平有效状态,选通总线收发器工作。

c. T_3 状态

CPU 继续提供状态信息,并维持$\overline{RD}$或$\overline{WR}$、$M/\overline{IO}$、$DT/\overline{R}$ 及 $\overline{DEN}$ 为有效电平。如果外设或存储器速度较快,则应在 T_3 状态往数据总线 $AD_{15} \sim AD_0$ 上送入 CPU 读取的数据信息。

d. T_w 状态

如果所用外设或存储器速度较慢,不能配合 CPU 的工作,就要利用系统中专门设置的 READY 电路在 T_3 状态后生成 READY 信号,并经 8284 系统时钟电路同步后加到 CPU 的 READY 引脚上,从而使 CPU 能在 T_3 和 T_4 间插入一个或几个 T_w 等待状态。CPU 在 T_3 状态开始时采样 READY 信号,若为低电平,则表明外设或存储器没有准备好,那么,就在 T_3 后插入一个或多个 T_w 状态,而且在每个 T_w 状态的上升沿,CPU 都将检测 READY 信号,直到检测到 READY 高电平信号后,才结束 T_w 状态。在最后一个 T_w 状态中,CPU 读取的数据已经稳定在数据总线上。

e. T_4 状态

若为读总线周期,则在 T_4 状态和前一个状态交界的下降沿处,CPU 读入已经稳定出现在数据总线上的数据,各控制信号和状态信号变为无效,$\overline{DEN}$信号进入高电平,关闭总线收发器 8288,若为写周期,则 CPU 认为外设或存储器已取走了数据,从而撤销数据信息。

② 总线保持

在最小模式系统中,如果 CPU 以外的其他模块(如 DMA 控制器)需要占用总线,就会向 CPU 提出请求。CPU 接收到请求后,如果同意让出总线使用权,就会向请求模块发出响应信号,由请求模块占用总线,请求模块使用完总线后,再将总线的控制权还给 CPU,这一过程称为总线保持。8086CPU 为此专门设置了一组控制线 HOLD 和 HLDA。

CPU 在每个时钟的上升沿处,都会检测 HOLD 信号。如果检测到高电平,就表明有模块提出总线保持请求,如果此时 CPU 允许相应,就会在本次总线周期的 T_4 周期或空闲周期 T_1 的下一个时钟周期发出 HLDA 响应信号,并使所有三态输出线都变为高阻状态(包括地址/数据线、地址/状态线及控制线 $\overline{RD}$、$\overline{WR}$、$\overline{INTA}$、$M/\overline{IO}$、$\overline{DEN}$、$DT/\overline{R}$),让出总线控制权,进入总线保持阶段。直到该模块使用完总线,使 HOLD 恢复低电平状态,CPU 随之将 HLDA 也变为低电平,才又收回总线控制权,其时序如图 2.10 所示。

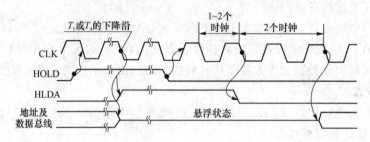

图 2.10　最小模式系统中总线保持请求与响应时序

在总线保持期间,CPU 继续执行已取到指令队列中的指令(与 DMA 并行操作),直到指令需要使用总线或指令队列为空为止。

(3) 最大模式系统总线周期时序

在最大模式系统中,8086CPU 所有的对总线进行读/写操作的控制信号和命令信号都由总线控制器 8288 提供。

① 读总线周期

最大模式系统读总线周期时序如图 2.11 所示。

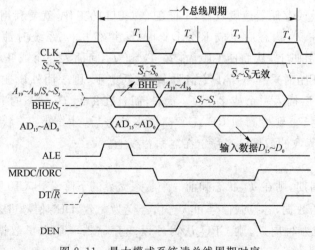

图 2.11　最大模式系统读总线周期时序

在总线读周期中,8288 提供的总线操作命令信号有:ALE(地址锁存器允许信号);DT/$\overline{R}$、DEN(数据总线收发器控制信号,其中 DEN 为高电平有效);$\overline{MRDC}$(存储器读命令);$\overline{IORC}$(I/O 端口读命令)。8288 对存储器和 I/O 端口的数据读取用两个不同的命令加以区别,不同于最小工作模式用的 M/$\overline{IO}$的不同状态区分。

各状态所完成的操作描述如下。

a. T_1 状态

CPU 送出 20 位地址信息,从 $\overline{BHE}/S_7$ 引脚送出$\overline{BHE}$低电平有效信号。8288 送出 ALE 地址锁存允许的正脉冲信号;提供给数据总线收发器方向控制信号 DT/$\overline{R}$,使其为低电平有效。

b. T_2 状态

CPU 撤销地址信息,使地址/数据线成为高阻状态,为传输数据做准备,而$\overline{BHE}/S_7$和地址/状态线送出总线状态信息 $S_7 \sim S_3$,并将该状态信息保持到 T_4 状态。8288 在 T_2 状态期间送出存储器或 I/O 端口读命令$\overline{MRDC}/\overline{IORC}$,使其变为低电平有效,并且 8288 还在 T_2 上升沿给数据总线收发器发出高电平有效的选通信号 DEN,允许数据通过总线收发器。

c. T_3 状态

如果所访问的存储器或外设的存取速度较快,能在时序上满足基本总线周期的时序要求,就不必在 T_3 状态后插入 T_w 等待状态。这时总线状态信息$\overline{S_2}$、$\overline{S_1}$、$\overline{S_0}$都转变为高电平,进入无源状态,并将这个无源状态从 T_3 状态一直持续到 T_4 状态。一旦进入无源状态,就意味着不久就可以启动下一个新的总线周期。若存储器或外设存取速度较慢,不能满足定时要求,则与最小模式系统时一样,就要在 T_3 和 T_4 之间插入一个或几个 T_w 状态。

d. T_4 状态

总线上的数据信息消失,状态信号 $S_7 \sim S_3$ 变为高阻。$\overline{S_2}$、$\overline{S_1}$、$\overline{S_0}$ 则按下一个总线周期的操作类型,产生相应的电平变化。

② 写总线周期

最大模式系统总线写周期时序如图 2.12 所示。

在总线写周期中,8288 提供的总线操作命令信号有:ALE(地址锁存器允许信号);DT/$\overline{R}$、DEN(数据总线收发器控制信号,其中,DEN 为高电平有效);$\overline{MWTC}$(存储器写命令);$\overline{IOWC}$、I/O(端口写命令)。8288 提供的存储器写命令和 I/O 端口写命令比 8086CPU 的$\overline{WR}$命令晚一个时钟周期,因为要保证 CPU 输出的数据稳定出现在数据总线上后,8288 才可以发出存储器或 I/O 端口写命令。当$\overline{MWTC}$或$\overline{IOWC}$不能满足定时要求时,可使用 8288 提供的另两个写命令$\overline{AMWC}$和$\overline{AIOWC}$为超前写存储器命令,AIOWC 为超前写 I/O 端口命令,它们比 $\overline{MWTC}$ 和 $\overline{IOWC}$ 提前一个时钟周期,但当$\overline{AMWC}$或$\overline{AIOWC}$出现时,不能保证总线上出现稳定数据信息。其操作过程与读周期相似。

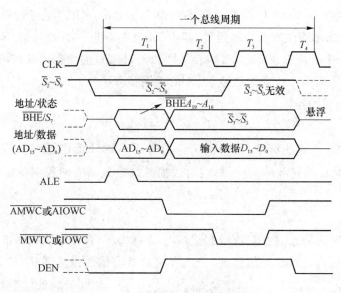

图 2.12 最大模式系统写总线周期时序

③ 总线保持

8086、8087 和 8089 都设有两个双重功能引脚 $\overline{RQ}/\overline{GT_1}$ 和 $\overline{RQ}/\overline{GT_0}$,其中的任一个都既可用来传送总线保持请求,也可发总线保持响应信号和总线释放脉冲。但 $\overline{RQ}/\overline{GT_0}$ 的优先级高于 $\overline{RQ}/\overline{GT_1}$。

CPU 在每个时钟周期的上升沿检测 $\overline{RQ}/\overline{GT_1}$ 和 $\overline{RQ}/\overline{GT_0}$ 引脚,若采样到其中一个有 $\overline{RQ}$ 低电平有效信号,就表明有处理器提出总线保持请求。若 CPU 满足响应条件,就会在本次总线周期的 T_4 状态或空闲周期的 T_1 的下降沿利用同一引脚发出授予信号,从而使 $\overline{GT}$ 低电平有效,并使系统总线处于高阻状态,CPU 让出总线控制权,处于保持状态。同样,交出总线使用权的 CPU 仍将继续执行指令队列中已经预取的指令,直至遇到存取总线的指令或指令队列为空为止。请求使用总线的处理器使用完总线后,又利用同一 $\overline{RQ}/\overline{GT}$ 引脚向 CPU 发出负脉冲(释放脉冲),将总线控制权交还给 CPU。CPU 检测到释放脉冲后,又可控制对总线的操作。其中,从总线请求产生($\overline{RQ}$ 有效)到获得总线授予信号($\overline{GT}$ 有效)之间的时间延迟范围可以是 3～39 个时钟周期。最大模式系统中总线保持与响应时序如图 2.13 所示。

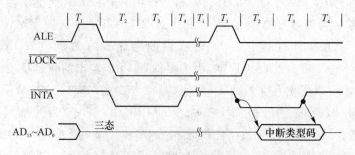

图 2.13 最大模式系统总线保持与响应时序

2.2.5 8086CPU 的存储器组织

现在我们来看看 8086CPU 中存储器的具体组织及存数取数的情况。8086CPU 存储器为 1 MB 容量,使用 20 根地址线对存储器单元进行访问(存数或取数)。我们称一个存储器单元中存放的信息为该存储器单元的内容。例如,12345H 单元中存放有数据 5FH,则称该单元的内容为 5FH,并用下面的记号来表示:$(12345H)=5FH$。另外,如果两个连续的单元存放的数据为一个字(等于 2 个字节,并规定低字节放入低地址单元,高字节放入高地址单元),则只要指出地址小的那个地址即可。例如,12345H 和 12346H 单元中存放有数据 789AH,则可用下面的记号来表示:$(12345H)=789AH$。存放字的存储单元可以从偶数开始,也可以从奇数开始。前者的存放方式较后者为佳,因为机器访问存储器是以偶地址进行的。

1. 8086CPU 中存储器的结构

8086CPU 具有 1 MB 的寻址能力,使用 20 根地址线 $A_{19} \sim A_0$,数据总线为 16 位 $D_{15} \sim D_0$。系统的 1 MB 存储器分为两个 512 KB 的存储体。其中一个存储体由奇数地址的存储单元(高字节)组成;另一个则由偶数地址的存储单元(低字节)组成。前者称为奇地址存储体,后者称为偶地址存储体。如图 2.14 所示。偶地址存储体的数据线和 16 位数据总线的低 8 位 $D_7 \sim D_0$ 连接,奇地址存储体的数据线与 16 位数据总线的高 8 位 $D_{15} \sim D_8$ 连接。20 位地址总线中的 19 条线 $A_{19} \sim A_1$ 同时寻址这两个存储体,而地址线 A_0 只与偶地址存储体相连接(接至存储体选择信号 SEL 端),只对偶地址单元进行读写(即 $A_0 = 0$ 时,选择偶地址单元;$A_0 = 1$ 时,不选择偶地址单元)。另外,奇地址存储体的 SEL 端则和 CPU 的 $\overline{BHE}$ 相连接。表 2.12 为 A_0 和 $\overline{BHE}$ 配合对存储体选择的情况。由表中可知,当进行 16 位数据字操作时,若这个数据的低 8 位放在偶地址存储体中,而高 8 位放在奇地址存储体中,则在一个总线周期内可同时访问奇偶两个存储体,进而完成 16 位数据的存取操作。显然,如果一个 16 位数据在存储体中存放位置与上述的格式相反(低 8 位在奇存储体中,高 8 位在偶地址存储体中),则需要两个总线周期才能完成该数据的传送。第一个总线周期完成奇地址存储体中低 8 位字节数据传送任务,然后地址自动加 1,在第二个总线周期中完成偶数地址存储体中高 8 位字节的传送任务。上述奇地址开始的 16 位字数据的两步操作过程是由 CPU 自动完成的。

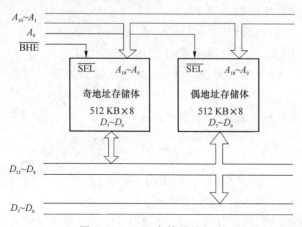

图 2.14 8086 存储器的组成

表 2.6　　8086 存储体选择

BHE	A_0	操作
0	0	奇偶两个字节同时传送
0	1	从奇地址传送 1 个字节
1	0	从偶地址传送 1 个字节
1	1	无操作

若处理的是 8 位字节数据传送,则每个总线周期可在奇地址或偶地址存储体中完成一个字节数据的传送操作。

2. 8086CPU 中存储器的地址表示

8086CPU 可寻址空间为 1 MB,因此应具有 20 根地址线,即 20 位地址码。而存储器单元的地址有时需要放在一个寄存器之中,这样,寄存器必然应为 20 位才行。另一方面 8086CPU 处理的数据是 16 位,相应地存放这些数据的寄存器也应为 16 位。由此可见,地址与寄存器的位数发生了矛盾。解决的方法可以是:地址和数据分别使用满足自己要求的寄存器。但是,这样做必然会使系统的结构复杂得多;不仅如此,当需要把地址当作数据或把数据当作地址时,其间的传送就会不方便。

8086CPU 采用了将 20 位地址码分成两部分来表示的所谓"段结构"方式,来处理对存储单元的访问。

在 8086 系统中,我们将某一个存储单元唯一的 20 位地址,称为该存储单元的物理地址。即物理地址是确定某一存储单元的唯一地址,只有知道了物理地址,CPU 才能对存储器进行存取操作。基于以上原因,我们将物理地址分成两个部分:段地址与偏移地址,并规定段地址为某一基础物理地址,而偏移地址是一个地址增量。于是,物理地址就可表示成:

$$物理地址＝基础物理地址＋地址增量$$

显然,基础物理地址可以任选,但它仍然是 20 位,不过我们可以规定:该基础物理地址必须选在 20 位地址码中最低 4 位为 0 的那些物理地址上。最低 4 位为 0 的那些物理地址中,其高 16 位地址非常重要,它是基础物理地址中唯一的信息。为此,我们将基础物理地址中的高 16 位用 16 位的段寄存器存放,并命名该 16 位地址为段地址。另外,对于上述地址增量,我们规定它为 16 位地址值,也用 16 位寄存器加以存放,并称之为偏移地址。

存储单元的物理地址可表示如下:

$$物理地址＝(段地址)左移 4 位＋偏移地址$$

如此一来,就可用 16 位寄存器来存储 20 位地址了。

【例 2.1】　设某单元的段地址为 2000H,偏移地址为 3000H,则物理地址如下:

$$2000H 左移 4 位＋3000H＝23000H$$

上述物理地址也可用下面记号来表示:

$$2000:3000(即　段地址:偏移地址)$$

2.3　80386 微处理器

1985 年 10 月,Intel 公司推出了与 8088/8086/80286 相兼容的高性能的 32 位微处理器 80386,它是为满足高性能的应用领域与多用户、多任务操作系统的需要而设计的。它的发布标志着微处理器自此从 16 位迈入了 32 位时代。

与上一代微处理器相比,80386 主要具有以下几个特性:

- 采用全 32 位结构,其内部寄存器、ALU 和操作均是 32 位的,数据线和地址线均为 32 位。故能寻址的物理空间为 $2^{32}=4$ GB。
- 提供 32 位外部总线接口,最大数据传输率为 32 Mbit/s,具有自动切换数据总线宽度的功能。CPU 读写数据的宽度可以在 32 位到 16 位之间自由进行切换。
- 具有片内集成的存储器管理部件 MMU,可支持虚拟存储和特权保护,虚拟存储器空间可达 64TB(2^{64}B)。存储器按段组织。每段最长 4 000 MB,因此 64TB 虚拟存储空间允许每个任务可拥有多达 16 384 个段。存储保护机构采用四级特权层,可选择片内分页单元。内部具有多任务机构,能快速完成任务的切换。
- 具有 3 种工作方式:实地址方式、保护方式和虚拟 8086 方式。实地址方式和虚拟 8086 方式与 8086 相同,已有的 8088/8086 软件不加修改就能在 80386 的这两种方式下运行;保护方式可支持虚拟存储、保护和多任务,包括了 80286 的保护方式功能。
- 采用了比 8086 更先进的流水线结构,使其能高效、并行地完成取指令、译码、执行和存储管理功能。它具有增强的指令预取队列,能预先取指令并进行内部指令排队。取指令和译码操作均由流水线承担,处理器执行指令不需要等待。其指令队列从 8086 的 6 B 增加到 16 B 长。

2.3.1 80386 的内部结构

80386 内部结构如图 2.15 所示。它由 3 部分组成:总线接口部件(BIU)、中央处理器部件(CPU)和存储器管理部件(MMU)。

1. 总线接口部件

总线接口部件负责与存储器和 I/O 接口进行数据传送,其功能是产生访问存储器和 I/O 端口所必需的地址、数据和命令信号。与 8088/8086 中的 BIU 作用相当。由于总线数据传送与总线地址形成可同时进行,所以 80386 的总线周期只用 2 个时钟。平常没有其他总线请求时,BIU 将下条指令自动送到指令预取队列。

2. 中央处理部件

中央处理器部件(CPU)包括指令预取单元(IPU)、指令译码单元(IDU)和执行单元(EU)三部分。

① 指令预取单元

IPU 负责从存储器取出指令,放入 16 字节的指令队列中。它管理一个线性地址指针和一个段预取界限,负责段预取界限的检验,并将预取总线周期通过分页部件发给总线接口。每当预取队列不满或发生控制转移时,就向 BIU 发一个取指令请求。指令预取的优先级别低于数据传送等总线操作。因此,绝大部分情况下是利用总线空闲时间预取指令。指令预取队列存放着从存储器取出的未经译码的指令。

② 指令译码单元

IDU 负责从 IPU 中取出指令、进行译码、形成可执行指令,然后放入已译码指令队列,以备执行部件执行。每当已译码指令队列中有空间时,就从预取队列中取出指令并译码。

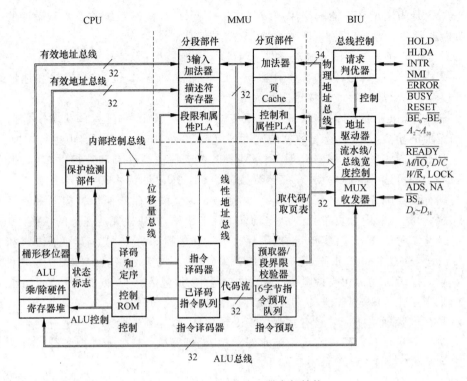

图 2.15　80386 微处理器内部结构

③ 执行单元

执行单元包括 8 个 32 位的寄存器组,1 个 32 位的算术逻辑单元 ALU,1 个 64 位桶形移位寄存器和一个乘法除法器。桶形移位器用来有效地实现移位、循环移位和位操作,被广泛地用于乘法及其他操作中。它可以在一个时钟周期内实现 64 位同时移位,也可对任何一种数据类型移任意移位位数。桶形移位器与 ALU 并行操作,可加速乘法、除法、位操作、移位和循环移位操作。

3. 存储器管理部件

存储器管理部件(MMU)由分段部件和分页机构组成。

① 分段部件

分段部件的作用是根据执行部件的请求,把逻辑地址转换成线性地址。在完成地址转换的同时还要执行总线周期的分段合法性检验。该部件可以实现任务之间的隔离,也可以实现指令和数据区的再定位。

② 分页机构

分页机构的作用是把由分段部件和代码预取单元产生的线性地址转换成物理地址,并且要检验访问是否与页属性相符合。为了加快线性地址到物理地址的转换速度,80386内设有一个页描述符高速缓冲存储器(TLB),其中可以存储 32 项页描述符,使得在地址转换期间,大多数情况下不需要到内存中查页目录表和页表。试验证明,TLB 的命中率可达 98%。对于在 TLB 内没有命中的地址转换,80386 设有硬件查表功能,从而缓解了因查表引起的速度下降问题。

2.3.2 80386 的寄存器结构

80386 共有 34 个寄存器,可分为 7 类,如图 2.16 所示。它们分别是通用寄存器、指令指针和标志寄存器、段寄存器、系统地址寄存器、控制寄存器、调试和测试寄存器。

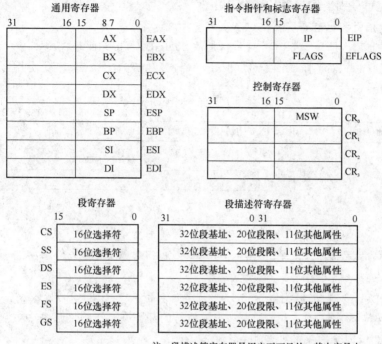

注: 段描述符寄存器是用户不可见的,其内容是由系统用选择符作为索引从描述符表中装入。

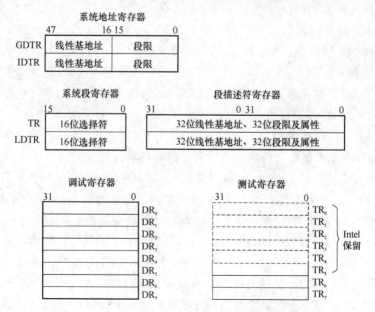

图 2.16 80386 微处理器的寄存器结构

1. 通用寄存器

80386 有 8 个 32 位的通用寄存器,都是由 8088/8086 相应的 16 位通用寄存器扩展而成,分别是:EAX、EBX、ECX、EDX、ESI、EDI、EBP、ESP。每个寄存器的低 16 位可单独使用,与 8088/8086 相应 16 位通用寄存器作用相同。同时,AX、BX、CX、DX 寄存器的高、低 8 位也可分别当作 8 位寄存器使用。

2. 指令指针和标志寄存器

指令指针 EIP 是一个 32 位寄存器,是从 8086 的 IP 扩充而来。

80386 的标志寄存器 EFLAGS 也是一个 32 位寄存器,其中只使用了 15 位,如图 2.17 所示。

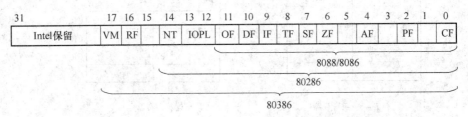

图 2.17 80386 的标志寄存器 EFLAGS

32 位标志寄存器中,除保留 8088/8086CPU 的 9 个标志外,另外新增加了 4 个标志,其含义如下。

- IOPL:I/O 特权级,用以指定 I/O 操作处于 0~3 特权层中的哪一层。
- NT:嵌套任务,若 NT=1,表示当前执行的任务嵌套于另一任务中,执行完该任务后,要返回到原来的任务中;否则 NT=0。
- VM:虚拟 8086 方式,若 VM=1,处理器工作于虚拟 8086 方式;若 VM=0,处理器工作于一般的保护方式。
- RF:恢复标志,RF 标志用于 DEBUG 调试。若 RF=0,调试故障被接受;若 RF=1,则遇到断点或调试故障时不产生异常中断。每执行完一条指令,RF 自动置 0。

3. 段寄存器

80386 有 6 个段寄存器,分别是 CS、DS、SS、ES、FS 和 GS。前 4 个段寄存器的名称与 8088/8086 相同,在实地址方式下其使用方式也和 8088/8086 相同。增加 FS 与 GS 主要是为了减轻对 DS 段和 ES 段的压力。

80386 内存单元的地址仍由段基地址和段内偏移地址组成。段内偏移地址为 32 位,由各种寻址方式确定。段基址也是 32 位,但除了在实地址方式外,不能像 8086/8088 那样直接由 16 位段寄存器左移 4 位而得,而是根据段寄存器的内容,通过一定的转换得出。因此,为了描述每个段的性质,80386 内部的每一个段寄存器都对应着一个与之相联系的段描述符寄存器,用来描述一个段的段基地址、段界限和段的属性。每个段描述符寄存器有 64 位,其中 32 位为段基地址,另外 32 位为段界限和必要的属性。段描述符寄存器对程序员是不可见的。程序员通过 6 个段寄存器间接地对段描述符寄存器进行控制。在保护方式(多任务方式)下,6 个 16 位的段寄存器也称为段选择符。即段寄存器中存放的是某一个段的选择符。当用户将某一选择符装入一个段寄存器时,80386 中的硬件会自动用段寄存器中的值作为索引从段描述符表中取出一个 8 个字节的描述符,装入与该段寄存器相应的 64 位描述符寄存器中。这个过程由 80386CPU 硬件自动完成。

一旦段描述符被装入段描述符寄存器中,在以后访问寄存器时,就可使用与所指定的段寄存器相应的段描述符寄存器中的段基地址来计算线性地址,而不必每次访问时都去查找段描述符。

4. 控制寄存器

80386 有 4 个 32 位控制寄存器(CR_0、CR_1、CR_2 和 CR_3),作用是保存全局性的机器状态,其中 CR_0 的格式如图 2.18 所示。

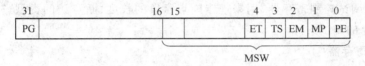

图 2.18　控制寄存器 CR_0 的结构

CR_0 的低 16 位称为机器状态字 MSW,具体如下。

- PE:保护允许位。进入保护方式时 PE=1。除复位外,不能被清除。实方式时 PE=0。
- MP:监视协处理器位。当协处理器工作时 MP=1,否则 MP=0。
- EM:仿真协处理器位。当 MP=0,且 EM=1 时,表示要用软件来仿真协处理器功能。
- TS:任务转换位。当两任务切换时,使 TS=1,此时不允许协处理器工作,当两任务之间切换完成后,TS=0。
- ET:协处理器类型位。系统配接 80387 时,ET=1;配接 80287 时,ET=0。
- PG:页式管理允许位。PG=1 表示启用芯片内部的页式管理系统,否则 PG=0。

CR_1 由 Intel 公司保留;CR_2 存放引起页故障的线性地址,只有当 CR_0 的 PG=1 时,才使用 CR_2;CR_3 存放当前任务的页目录基地址,同样,仅当 CR_0 的 PG=1 时,才使用 CR_3。

5. 系统地址寄存器

系统地址寄存器有 4 个,用来存储操作系统需要的保护信息和地址转换表信息,定义目前正在执行任务的环境、地址空间和中断向量空间。

- GDTR:48 位全局描述符表寄存器,用于保存全局描述符表的 32 位基地址和全局描述符表的 16 位界限(全局描述符表最大为 2^{16} 字节,共 $2^{16}/8$=8K 个全局描述符)。
- IDTR:48 位中断描述符表寄存器,用于保存中断描述符表的 32 位基地址和中断描述符表的 16 位界限(中断描述符表最大为 2^{16} 字节,共 $2^{16}/8$=8K 个中断描述符)。
- LDTR:16 位局部描述符表寄存器,用于保存局部描述符表的选择符。一旦 16 位的选择符放入 LDTR,CPU 会自动将选择符所指定的局部描述符装入 64 位的局部描述符寄存器中。
- TR:16 位任务状态寄存器,用于保存任务状态段(TSS)的 16 位选择符。与 LDTR 相同,一旦 16 位的选择符放入 TR,CPU 会自动将该选择符所指定的任务描述符装入 64 位的任务描述符寄存器中。

LDTR 和 TR 寄存器由 16 位选择字段和 64 位描述符寄存器组成,用来指定局部描述符表和任务状态段 TSS 在物理存储器中的位置和大小。64 位描述符寄存器是自动装入的,程序员不可见。LDTR 与 TR 只能在保护方式下使用,程序只能访问 16 位选择符寄存器。

6. 调试寄存器

80386 设有 8 个 32 位测试寄存器 $DR_0 \sim DR_7$,它们为调试提供了硬件支持。其中,$DR_0 \sim DR_3$ 是 4 个保存线性断点地址的寄存器;DR_4、DR_5 为备用寄存器;DR_6 为调试状态寄存器,通过该寄存器的内容可以检测异常,并进入异常处理程序或禁止进入异常处理程序;DR_7 为调试控制寄存器,用来规定断点字段的长度、断点访问类型、"允许"断点和"允许"所选择的调试条件。

7. 测试寄存器

80386 有 8 个 32 位的测试寄存器 $TR_0 \sim TR_7$,其中 $TR_0 \sim TR_5$ 由 Intel 公司保留,用户只能访问 TR_6、TR_7。它们用于控制对 TLB 中的 RAM 和 CAM 相联存储器的测试。TR_6 是测试控制寄存器,TR_7 是测试状态寄存器,保留测试结果的状态。

2.3.3　80386 的引脚功能

80386 共有 132 条引脚,使用 PGA 封装技术,如图 2.19 所示。它对外直接提供了独立的 32 位地址总线和 32 位数据总线,能在 2 个时钟周期内完成 32 位数据传送,在 33 MHz 工作频率下,其传送速率为 66 Mbit/s。

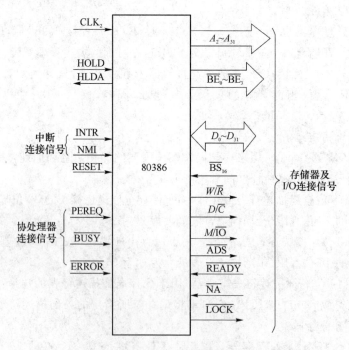

图 2.19　80386 的引脚信号图

其主要引脚信号如下。

- CLK_2：两倍时钟输入信号。该信号与 80384 时钟信号同步输入，在 80386 内部二分频后产生指令执行时钟 CLK。每个 CLK 由两个 CLK_2 时钟周期组成，分别称其为相 1 和相 2。

- $D_0 \sim D_{31}$：数据总线信号，双向三态。一次可传送 8、16、32 位数据。

- $A_2 \sim A_{31}$：地址总线信号输出，三态。与 $\overline{BE_0} \sim \overline{BE_3}$ 相结合可起到 32 位地址作用。

- $\overline{BE_0} \sim \overline{BE_3}$：字节选通输出，每条线控制选通一个字节；其状态根据内部地址信号 A_0，A_1 产生。$\overline{BE_0} \sim \overline{BE_3}$ 分别对应选通 $D_0 \sim D_7$、$D_8 \sim D_{15}$、$D_{16} \sim D_{23}$ 与 $D_{24} \sim D_{31}$，相当于存储器分为 4 个存储体，与 $A_2 \sim A_{31}$ 结合可寻址 $2^{30} \times 2^2 = 4G$ 个内存单元。

- $W/\overline{R}$：读/写控制，输出信号。

- $D/\overline{C}$：数据/控制，输出信号，表示是数据传送周期还是控制周期。

- $M/\overline{IO}$：存储器与 I/O 选择信号，输出信号。

- LOCK：总线锁定，输出信号。

- $\overline{ADS}$：地址状态，三态输出信号，表示总线周期中地址信号有效。

- $\overline{NA}$：下一地址请求，输入信号。允许地址流水线操作，即当前周期发下一总线周期地址的状态信号。

- $\overline{BS_{16}}$：总线宽度为 16 的输入信号。

- $\overline{READY}$：准备就绪，输入信号。表示当前总线周期已完成。

- HOLD：总线请求保持，输入信号。

- HLDA：总线响应保持，输出信号。

- PEREQ：处理器扩展请求，输入信号。表示 80387 要求 80386 控制它们与存储器之间的信息传送。

- $\overline{BUSY}$：协处理器忙，输入信号。

- $\overline{ERROR}$：协处理器出错，输入信号。

- NMI：不可屏蔽中断请求信号，输入信号。

- INTR：可屏蔽中断请求信号，输入信号。

- RESET：复位信号。

2.3.4 80386 的总线周期和内部时序

CPU 使用总线周期来完成对存储器和 I/O 接口的读写操作以及中断响应，每个总线周期与三级信号有关，即：

- $M/\overline{IO}$、$W/\overline{R}$、$D/\overline{C}$ 为周期定义信号，它们决定了总线周期的操作类型和操作对象。

- $A_2 \sim A_{31}$、$\overline{BE_0} \sim \overline{BE_3}$ 为地址信号。

- $\overline{ADS}$ 为地址状态信号，它决定 CPU 什么时候启动新的总线周期并使地址信号有效。

当地址在总线上有效，总线周期定义信号指明了对应的总线周期类型，且 $\overline{ADS}$ 信号为低电平时，一个总线周期就开始了。

80386 中,一个 CLK_2 时钟周期称为一个总线状态,最快的 80386 总线周期需要两个总线状态。如果外设或存储器足够快,便可用两个总线状态作为一个总线周期实现对 I/O 接口或存储器的访问。

80386 的总线周期按照 CPU 工作状态可分为读写总线周期、中断响应周期、暂停和停机周期。

1. 读写总线周期

读写总线周期有两种定时方式,一种为流水线方式的地址定时,另一种为非流水线方式的地址定时,这两种方式通过 NA(下一个地址)信号选择。当 NA 为 0 时,为流水线方式的地址定时;当 NA 为 1 时,为非流水线方式的地址定时。

在流水线方式地址定时情况下,总线周期一个接一个地执行,在前一个总线周期结束前,下一个总线周期的地址信号 $\overline{BE_0} \sim \overline{BE_3}$、$A_2 \sim A_{31}$ 以及和总线周期有关的控制信号 $M/\overline{IO}$、$W/\overline{R}$、$D/\overline{C}$ 都处于有效状态。此外,为了使新的地址可用,地址状态信号 $\overline{ADS}$ 也有效。流水线方式地址定时用在带有地址锁存部件的系统中,在当前总线周期结束前,下一个地址一旦进入锁存器,地址就成为有效,再通过地址译码电路就能得到片选信号以及其他有关信号,这样,一进入下一个总线周期,就可立即访问所选的端口或存储器。因此,这种方式中,当前总线周期的 T_2 状态和下一个总线周期的地址译码时间是重叠的。

2. 中断响应周期

当外部中断请求信号从 INTR 进入时,如中断允许标志 IF 为 1,则 80386 就会进入两个中断响应周期,这两个周期类似于由总线周期定义信号所定义的读周期,每个周期都要持续到 READY 信号有效才终止。

两个中断响应周期由 A_2 信号来区分。在第一个周期,A_2 为高电平,$\overline{BE_1} \sim \overline{BE_3}$ 为高电平,$\overline{BE_0}$ 为低电平,而 $A_3 \sim A_{31}$ 为低电平,使此时字节地址为 4。在第二个周期,A_2 为低电平,$\overline{BE_1} \sim \overline{BE_3}$ 为高电平,$\overline{BE_0}$ 为低电平,$A_3 \sim A_{31}$ 为低电平,此时字节地址为 0。

在这两个中断响应周期中,封锁信号 $\overline{LOCK}$ 一直为低电平,即有效电平,在两个中断响应周期之间插入了 4 个空闲状态 T_i,这样做的目的是为了在 80386 速度进一步提高时,使 CPU 和速度较慢的 8259A 兼容。在这两个响应周期中,数据线 $D_0 \sim D_{31}$ 处于浮空状态,直到第二个中断响应周期结束时,CPU 才从 $D_0 \sim D_7$ 上读取一个处于 0~255 之间的中断类型号。

3. 暂停周期和停机周期

CPU 在执行 HALT 指令时,则处于暂停状态,进入总线暂停周期;而当 CPU 处理故障时,则进入停机周期。暂停周期和停机周期从信号上的区别就是 $\overline{BE_0}$ 和 $\overline{BE_2}$ 的值不同。当 $\overline{BE_0}=1$,$\overline{BE_2}=0$,即字节地址为 2 时,为暂停周期;当 $\overline{BE_0}=0$,$\overline{BE_2}=0$,即字节地址为 0 时,为停机周期。在这两种周期中,数据总线上的数据没有意义。

当 NMI 或 RESET 处于有效电平,即有非屏蔽中断请求或者复位时,会使 CPU 脱离暂停周期或停机周期而进入执行状态。在 IF=1 时,外部可屏蔽中断请求也可使 CPU 从暂停周期或停机周期进入执行状态。

小 结

本章主要介绍微型计算机的硬件结构。

首先,介绍了由五个部分组成的冯·诺依曼型计算机的结构,还阐述了微型计算机的三总线结构。总线在计算机硬件中是十分重要的技术。它节省了部件间的连接线,更重要的是它将计算机的结构模块化了。

其次,介绍了 8086CPU。CPU 的核心部件是运算器和控制器,前者对数据进行处理,后者协调并控制系统的工作过程。8086CPU 主要由两部分组成:总线接口部件(BIU)和执行部件(EU)。

另外,还介绍了寄存器,对其常见用法应该掌握,为后面的程序设计打好基础。8086CPU 可组成最小和最大两种系统,其引脚功能在两种工作模式下有所不同。CPU 的引脚说明,在很大程度上阐述了微型计算机的工作原理。本章还简要介绍了 8086 的总线周期。总线周期时序图定量地说明了众多控制信号的控制作用,时序图能进一步说明微型计算机的工作原理。

最后,介绍了 80386CPU。对 80386CPU 的结构应该系统掌握。

习 题

2.1 8086/8088CPU 的地址总线有多少位?其寻址范围是多少?

2.2 8086/8088CPU 分为哪两个部分?各部分主要由什么核心部件组成?

2.3 什么叫队列?8086/8088CPU 中指令队列有什么作用?其长度分别是多少字节?

2.4 8086/8088CPU 中有几个通用寄存器?有几个变址寄存器?有几个指针寄存器?

2.5 8086 存储系统分为哪两个存储体?它们如何与地址、数据总线连接?

2.6 已知某微机控制系统中的 RAM 容量为 4 KB,首地址为 4800H,求最后一个单元的地址。

2.7 什么是逻辑地址?8086 系统中的物理地址是怎样形成的?假如 CS＝4000H,IP＝2200H,其物理地址是多少?

2.8 什么是最小工作模式?什么是最大工作模式?

第3章 8086 指令系统

自学指导

本章主要介绍两方面的内容:8086 的寻址方式和 8086 指令系统。

对 8086 的寻址方式要求给定一条指令能够知道操作数的寻址方式,熟练掌握数据寻址操作数的物理地址的计算方法和地址寻址的所要寻找的指令所在单元的物理地址的计算方法。对两种端口寻址方式应理解其与数据寻址的不同。

对 8086 指令系统要求能够熟练掌握一些常用指令的用法,会用常用的指令编制完成特定功能的简短程序段,为汇编语言程序设计的学习打下良好的基础。

3.1 8086 的寻址方式

8086 的寻址方式可分为对数据的寻址方式、对程序转移目标的寻址方式和对端口的寻址方式。对数据的寻址方式包括立即寻址、寄存器寻址、直接寻址、间接寻址、直接变址寻址、基址变址寻址和相对基址变址寻址。对程序转移目标的寻址方式包括段内直接寻址、段内间接寻址、段间直接寻址和段间间接寻址。对端口的寻址方式包括直接寻址和间接寻址。

3.1.1 数据的寻址方式

在计算机中数据信息都以操作数的形式存放在存储器或寄存器中。因此,执行指令时就要从存储器或寄存器中去取出操作数。通常称这种寻找操作数的方法为数据的寻址方式。

1. 立即寻址

如果操作数(8 位或 16 位)直接存放在指令之中(也就是位于操作码之后),那么该操作数在指令执行时便可立即获得。这种数据寻址方式称为立即寻址。

【例 3.1】 MOV BL,08H

本例的指令采用的是立即寻址,指令执行之后,立即数 08H 便存入寄存器 BL 中。

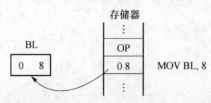

图 3.1 立即寻址示意图

2. 寄存器寻址

在这种寻址方式中,指令所需的操作数在 CPU 中的某个寄存器中。

【例 3.2】 MOV AL,BL

本例指令采用的是寄存器寻址,指令是把 BL 中的源操作数送到 AL 之中。

如果在指令执行之前,(AL)＝00H 和(BL)＝24H,则执行指令之后有:(AL)＝24H,(BL)保持不变。

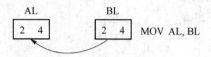

图 3.2 寄存器寻址示意图

3. 有效地址

以下要介绍的 5 种寻址方式的共同特点是操作数均在存储器中,因此找操作数就变成了找存储单元地址。

指令中用如下形式表示存储单元的地址:

段地址:偏移地址

其中,段地址应预先存放在某个寄存器中,这部分也称为段跨越前缀。偏移地址又称为有效地址,它可由 CPU 计算出来。

有效地址中有 3 个地址分量。

(1) 位移量

此地址分量是指令中的一个常数,可为负值,占 1 个字节或 2 个字节。

(2) 基址

此地址分量可存放于基址寄存器 BX 或基址指针寄存器 BP 中。

(3) 变址

此地址分量可存放于源变址寄存器 SI 或目的变址寄存器 DI 中。

4. 直接寻址

在这种寻址方式中,操作数的有效地址只包含位移量(此时不能为负值)。

$$EA＝位移量$$

在一般情况下,操作数总是存放在数据段寄存器 DS 所指示的数据段内。操作数所在存储单元的物理地址如下:

$$PA＝(DS)左移 4 位＋位移量$$

如果操作数存放在数据段之外的其他段,就应当在指令中使用段跨越前缀。这时,操作数所在存储单元的物理地址如下:

$$PA＝(段寄存器)左移 4 位＋位移量$$

【例 3.3】 MOV BX,[1000H]

本例指令采用的是直接寻址,指令是将存储器中某个字单元中的内容送入 BX 寄存器之中。

如果(DS)＝3000H,则

$$EA = 1000H$$
$$PA = 30000H + 1000H = 31000H$$

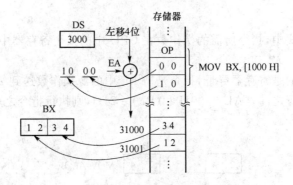

图 3.3　直接寻址示意图

5. 间接寻址

在这种寻址方式中,有效地址从基址寄存器(BX 或 BP)中得到,或者从变址寄存器(SI 或 DI)中得到。间接寻址方式的有效地址可表示为

$$EA = \begin{cases} (BX) \\ (BP) \\ (SI) \\ (DI) \end{cases}$$

除了有段跨越前缀的情况外,当用寄存器 BX、SI 或 DI 作间址寄存器时,操作数存放在 DS 指示的数据段中。这样,操作数的物理地址为

$$PA = (DS)左移 4 位 + \begin{cases} (BX) \\ (SI) \\ (DI) \end{cases}$$

当用寄存器 BP 作间址寄存器时,操作数存放在 SS 指示的堆栈段中。这样,操作数的物理地址为

$$PA = (SS)左移 4 位 + (BP)$$

【例 3.4】　MOV　AL,[BX]

本指令采用的是间接寻址,指令是把存储单元中的数送入 AL 中。

设(DS)=1000H,(BX)=20H,则

$$EA = 20H$$
$$PA = 10000H + 20H = 10020H$$

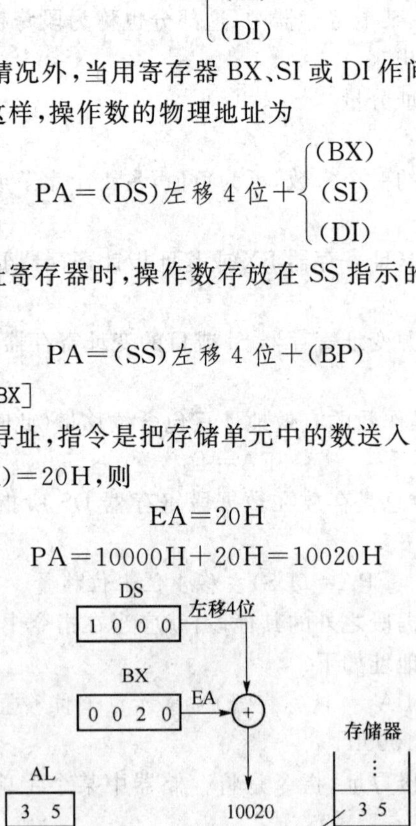

```
        DS      左移4位
      ┌─────┐
      │1 0 0 0│
      └─────┘
        BX       EA
      ┌─────┐    ┌─┐
      │0 0 2 0│──▶│+│
      └─────┘    └─┘        存储器
                             ┊
        AL                  ┌───┐
      ┌───┐                 │3 5│
      │3 5│      10020      └───┘
      └───┘                  ┊

            MOV AL, [BX]
```

图 3.4　间接寻址示意图

6. 直接变址寻址

在这种寻址方式中,操作数的有效地址为一个基址寄存器的内容或一个变址寄存器的内容与位移量之和。直接变址寻址的有效地址为

$$EA=\begin{cases}(BX)\\(BP)\\(SI)\\(DI)\end{cases}+位移量$$

操作数物理地址的计算与间接寻址方式相似。这样,操作数的物理地址分别为

$$PA=(DS)左移4位+\begin{cases}(BX)\\(SI)\\(DI)\end{cases}+位移量$$

$$PA=(SS)左移4位+(BP)+位移量$$

【例3.5】 MOV AX,DATA[SI]

本例指令采用的是直接变址寻址。

设(DS)=2000H,(SI)=1000H,DATA=3000H,则

$$EA=3000H+1000H=4000H$$

$$PA=20000H+4000H=24000H$$

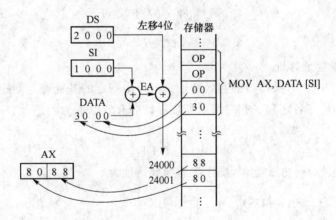

图3.5 直接变址寻址示意图

7. 基址变址寻址

在这种寻址方式中,操作数的有效地址为一个基址寄存器的内容和一个变址寄存器的内容之和。基址变址寻址的有效地址为

$$EA=\begin{cases}(BX)\\(BP)\end{cases}+\begin{cases}(SI)\\(DI)\end{cases}$$

操作数物理地址的计算与间接寻址方式相似。这样,操作数的物理地址分别为

$$PA = (DS) \text{左移 4 位} + (BX) + \begin{cases} (SI) \\ (DI) \end{cases}$$

$$PA = (SS) \text{左移 4 位} + (BP) + \begin{cases} (SI) \\ (DI) \end{cases}$$

【例 3.6】 MOV AX,[BX][SI]

本例指令采用的是直接变址寻址。

设(DS)=3000H,(BX)=2000H,(SI)=5000H,则

$$EA = 2000H + 50000H = 7000H$$

$$PA = 30000H + 7000H = 37000H$$

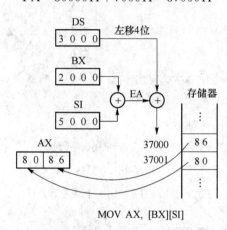

图 3.6 基址变址寻址示意图

8. 相对基址变址寻址

在这种寻址方式中,操作数的有效地址是指令中指定的基址寄存器的内容、变址寄存器的内容与位移量三者之和。相对基址变址寻址的有效地址为

$$EA = \begin{cases} (BX) \\ (BP) \end{cases} + \begin{cases} (SI) \\ (DI) \end{cases} + \text{位移量}$$

和前述的几种寻址方式类似,操作数的物理地址为

$$PA = (DS) \text{左移 4 位} + (BX) + \begin{cases} (SI) \\ (DI) \end{cases} + \text{位移量}$$

$$PA = (SS) \text{左移 4 位} + (BP) + \begin{cases} (SI) \\ (DI) \end{cases} + \text{位移量}$$

【例 3.7】 MOV AX,TABLE[BX][SI]

本例指令采用的是相对基址变址寻址。

设(DS)=2000H,(BX)=1000H,(SI)=1000H,TABLE=4000H,则

$$EA = 1000H + 1000H + 4000H = 6000H$$

$$PA = 20000H + 6000H = 26000H$$

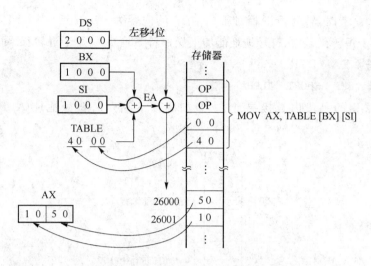

图 3.7 相对基址变址寻址示意图

3.1.2 地址的寻址方式

由于程序并非都是顺序执行的,经常会出现分支、循环或调用子程序等情况,即出现程序的转移。为了实现这种转移,就必须提供转移的地址,程序才能从这个新的地址开始执行。因此,对于需要完成程序转移操作的指令,其操作数就是地址,要转移去执行的那条指令就存放在这个地址里面。通常称这种找地址的寻址方式为地址寻址方式。

对于采用地址寻址方式的指令,其操作数应能正确指明转移地址。转移地址由转移段地址和转移有效地址组成。

当指令在同一个段内转移,称为段内转移。当指令转移是从一个段转移到另一个段,称为段间转移。与此对应,地址寻址分为段内寻址方式和段间寻址方式。

1. 段内寻址方式

在段内寻址方式中,转移地址在当前代码段内,因此实现转移只需要改变 IP 的内容即可。根据操作数指示转移有效地址方式的不同,有以下两种段内寻址方式。

(1) 段内直接寻址

在段内直接寻址方式中,指令的操作数是一个相对的位移量,其值为转移有效地址与转移类指令本身的有效地址(即当前 IP 内容)之间的字节距离。此位移量是一个带符号的数(可为正值或负值),其长度为 1 字节或 2 字节。段内直接寻址方式的转移有效地址为

$$EA = (IP)_{当前} + 位移量$$

转移物理地址为

$$PA = (CS)_{左移4位} + (IP)_{当前} + 位移量$$

执行完采用段内直接寻址的指令后,IP 的内容被转移有效地址所取代,程序转到新的地址去执行。

当位移量取 1 字节时,转移范围相对于当前 IP 的内容为 $-128 \sim +127$,称为短转移。

当位移量取 2 字节时,转移范围相对于当前 IP 的内容为 $-32\,768\sim+32\,767$,称为近转移。此外,对于短转移,可在符号地址前加上操作符 SHORT;对于近转移,可在符号地址前加上操作符 NEAR PTR。

【例 3.8】 JMP SHORT ALPHA

本指令采用的是段内直接寻址方式,如图 3.8 所示。符号地址 ALPHA 代表位移量。

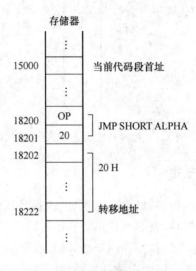

图 3.8 段内直接寻址示意图

设 ALPHA=20H,开始执行该指令时,(CS)=1500H,(IP)=3200H,则:

转移有效地址为

$$EA=(IP)_{当前}+ALPHA=3202H+20H=3222H$$

转移物理地址为

$$PA=15000H+3222H=18222H$$

说明:位移量是相对于当前 IP 的内容而言的。对本例的转移指令,其机器代码占 2 字节,因此 CPU 取完本指令并执行时,IP 的内容已经变为 3202H 了。所以在计算转移地址时,不能简单地取指令第 1 个字节所在的偏移地址,而是应当取这个值与指令长度的和。

(2) 段内间接寻址

在段内间接寻址方式中,转移有效地址存放在一个 16 位寄存器中或一个字存储单元中。该寄存器或存储单元的内容可以用数据寻址方式中除立即数寻址方式以外的其余 6 种方式得到。顺便指出,段内间接寻址方式中,转移地址不再和当前 IP 的内容有关。

【例 3.9】 JMP WORD PTR BETA

本指令采用的是段内间接寻址方式,如图 3.9 所示。

设当前(CS)=0120H,(IP)=2400H,BETA=0100H,(DS)=2000H,(20100H)=00H,

(20101H)＝27H,则存储转移偏移地址的内存单元地址为

$$(DS)左移4位＋BETA＝20000H＋0100H＝20100H$$

又(20100H)＝00H,(20101H)＝27H,即转移物理地址为

$$PA＝01200H＋2700H＝03900H$$

执行完这条指令后,IP 的内容变为 2700H,CPU 将转移到存储单元 03900H 去执行程序。

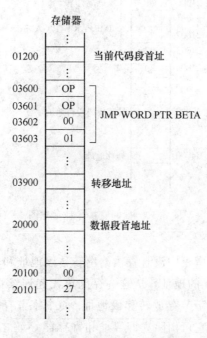

图 3.9　段内间接寻址示意图

2. 段间寻址方式

由于段间寻址方式的转移地址超出当前指令代码段的范围,因此实现转移不但需要改变 IP 的内容,而且还需要改变 CS 的内容。所以,对有关指令其操作数要同时指示转移地址的转移段基值和转移有效地址。段间寻址方式也分为段间直接寻址和段间间接寻址两种方式。

(1) 段间直接寻址

采用段间寻址方式的命令,在操作数中直接给出转移段地址和转移有效地址。执行指令后,CS 的内容被转移段地址取代,IP 的内容被转移有效地址取代,从而实现了程序的段间转移。使用汇编语言时,操作数常用符号地址的形式,可在操作数的前面加上操作符 FAR PTR。

【例 3.10】 JMP　FAR PTR GAMMA

本指令采用的是段间直接寻址方式,如图 3.10 所示。

设当前(CS)＝2000H,(IP)＝1000H,GAMMA＝3000H:4000H,则转移物理地址为

$$PA＝30000H＋4000H＝34000H$$

执行完这条指令后,CS 的内容变为 3000H,IP 的内容变成 4000H,从而程序转移到存储单元 34000H 开始执行。

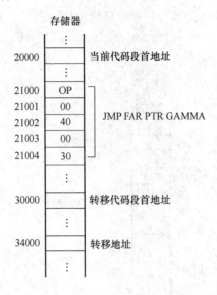

图 3.10 段间直接寻址示意图

(2) 段间间接寻址

段间间接寻址方式中,指令中没有直接给出转移段地址和转移有效地址,而只是给出了存放这些地址的存储单元的地址。从这一存储单元起连续占用 4 个字节,前两个字节存放转移有效地址,后两个字节存放转移段地址。4 个字节存储单元的第一个存储单元的地址称为间接存储地址,它可由除立即寻址和寄存器寻址之外的任何其他 5 种数据寻址方式得到。指令执行后,CS 的内容和 IP 的内容将分别被转移段地址和转移有效地址所取代,这样就实现了程序的段间转移。

【例 3.11】 JMP DWORD PTR DELTA[BX]

本指令采用的是段间间接寻址方式,如图 3.11 所示。

设当前(CS)= 1000H,(IP)= 0100H,(DS)= 2000H,(BX)= 3000H,DELTA = 0040H,(23040H)= 00H,(23041H)= 50H,(23042H)= 00H,(23043H)= 30H,则间接存储地址

$$(DS)左移 4 位 +(BX)+ DELTA = 20000H + 3000H + 0040H = 23040H$$

于是,可得转移地址为

$$3000H:5000H$$

即转移物理地址为

$$PA = 30000H + 5000H = 35000H$$

执行本指令后,CS 的内容和 IP 的内容分别变成了 3000H 和 5000H,程序转移到存储单元 35000H 的指令开始执行。

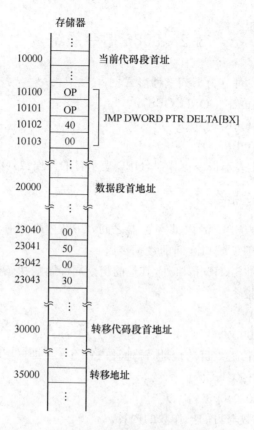

图 3.11 段间间接寻址示意图

3.1.3 端口的寻址方式

计算机中主要有两种 I/O 寻址方式:独立编址和统一编址。独立编址的特点是:存储器和 I/O 端口在两个独立的地址空间中,访问 I/O 端口用专用的命令。统一编址的特点是:存储器和 I/O 端口共用统一的地址空间,I/O 端口作为存储器的某些存储单元,所有访问存储器的指令都可用于 I/O 端口。8086/8088 一般对 I/O 端口采用独立编址管理,CPU 用 16 位地址去访问端口空间,端口空间的大小为 64KB。对端口的寻址方式有两种:直接寻址和间接寻址。

1. 直接寻址

直接寻址是由指令直接给出所要找的端口地址,端口的直接寻址方式所提供的直接地址是 8 位的,及寻址范围仅为 0～255。端口的直接地址不能用任何括号括起,不能理解为立即数。

2. 间接寻址

间接寻址必须把 16 位的端口地址放在寄存器 DX 中,用 DX 进行端口的间接寻址,端口的间接寻址只能使用 DX 寄存器进行,并且对端口的间接寻址所用的寄存器 DX 是不加任何括号的,不能理解为寄存器寻址。

3.2　8086 指令系统

8086 指令系统格式可分为下列三种形式。

- 双操作数形式:OPR　OPD,OPS
- 单操作数形式:OPR　OPD
- 无操作数形式:OPR

在本书中,用 OPR 表示指令操作码,OPD 表示目的操作数,OPS 表示源操作数。

3.2.1　数据传送指令

这类指令用于实现 CPU 的内部寄存器之间,CPU 内部寄存器和存储器之间,CPU 累加器(AX 或 AL)和 I/O 端口之间的数据传送。

除了 POPF 指令和 SAHF 指令外,其他的指令局部影响状态标志。

1. 通用数据传送指令

(1) 传送指令 MOV

指令格式:MOV　OPD,OPS

功能:将源操作数传送入目的地址,源地址内容不变。即(OPS)→OPD。

(2) 数据交换指令 XCHG

指令格式:XCHG　OPD,OPS

功能:交换源操作数与目的操作数的内容。

2. 堆栈操作指令

堆栈是在内存中开辟的一块特殊存储区,它具有"先进后出"或"后进先出"的特点。堆栈所在的逻辑段就是堆栈段,其段基值由 SS 提供。堆栈的出入口称为栈顶,所有的进栈和出栈操作都是从栈顶进行,栈顶指针 SP 的内容始终指向当前的栈顶,即栈顶的逻辑地址为(SS):(SP)。SP 的初值所指向的单元称为栈底,可以由程序设置。

8086/8088 的堆栈是以字为单位组织的,即进栈和出栈操作是按 16 位的字进行的,而且堆栈是从高地址向低地址方向生长,每进栈一个数据,SP 的内容要减 2;每出栈一个数据,SP 的内容要加 2。

(1) 进栈指令 PUSH

指令格式:PUSH　OPS

功能:将寄存器、段寄存器或存储器中的一个字数据压入堆栈,堆栈指针减 2。

即:SP←(SP) − 2

　　(SP) + 1,(SP)←(OPS)

(2) 出栈指令 POP

指令格式:POP　OPD

功能:将栈顶元素弹出送至某一寄存器、段寄存器(除 CS 外)或存储器,堆栈指针加 2。

从 POP 指令功能可看出,该指令为 PUSH 指令的逆过程。

即:OPD←((SP)+1,(SP))

　　SP←(SP)+2

3. 标志寄存器传送指令

(1) 标志送 AH 指令 LAHF

指令格式:LAHF

功能:将标志寄存器的低 8 位送入 AH 寄存器。

即:AH←(FLAGS 的低字节)

(2) AH 送标志指令 SAHF

指令格式:SAHF

功能:将 AH 的内容送入标志寄存器的低 8 位,高 8 位不变。

即:FLAGS 的低字节←(AH)

(3) 标志寄存器进栈指令 PUSHF

指令格式:PUSHF

功能:将标志寄存器的内容压入堆栈。

即:(SP)+1,(SP)←(FLAGS)

(4) 标志寄存器出栈指令 POPF

功能:将栈顶内容弹出送入标志寄存器中。

即:FLAGS←((SP)+1,(SP))

【例 3.12】　将标志寄存器的单步标志 TF 置位。

```
PUSHF              ;(SP)+1,(SP)←(FLAGS)
POP  AX            ;AX←(SP)
OR  AX,0100H       ;设置 D8 = TF = 1
PUSH AX            ;(SP)+1,(SP)←(AX)
POPF              ;FLAGS←((SP)+1,(SP))即 FLAGS←(AX)
```

4. 地址传送指令

(1) 传送偏移地址指令 LEA

指令格式:LEA　OPD,OPS

功能:按源地址的寻址方式计算偏移地址,将偏移地址送入指定寄存器(将源操作数的有效地址送到目的操作数中)。其中源操作数是 mem,目的操作数是一个 16 位的 reg。

【例 3.13】　主存偏移地址的获取。

```
MOV  BX,0100H         ;(BX) = 0100H
MOV  SI,0210H         ;(SI) = 0210H
LEA  BX,1234H[BX + SI] ;(BX) = 1544H
```

(2) 传送偏移地址及数据段首址指令 LDS

指令格式:LDS OPD,OPS

功能:该指令完成一个存放在内存中的 32 位地址指针的传送,地址指针包括段基值和偏移地址两部分。源操作数是 mem,目的操作数是 16 位的 reg。该指令将主存中指定字单元数据送入指定存储器,下一字单元数据送 DS 寄存器(将源操作数寻址到的 mem

地址的第一个字送到 reg 指定的通用寄存器,然后再将后续的第二个字送到 DS 中)。本指令常用于将 32 位的地址指针装入 SI 和 DS。

【例 3.14】 已知(DS)＝0B000H,(BX)＝080AH,(B080AH)＝05A2H,(B080CH)＝4000H,说明指令 LDS SI,[BX]的执行结果。

该指令源操作数的内存逻辑地址为(DS):(BX),其物理地址为 B080AH,从此地址单元取出一个字 05A2H 送入 SI,再取出后续字 4000H 送入 DS。因此执行结果为:(SI)＝05A2H,(DS)＝4000H。

(3) 传送偏移地址及附加数据段指令 LES

指令格式:功能与 LDS 基本一样,将主存某字单元内容送指定寄存器,只是将 DS 换成 ES,即(OPS)→OPD,(OPS＋2)→ES。

5. 输入输出指令

8086/8088 所有 I/O 端口与微处理器之间的数据交换都是由 IN 指令和 OUT 指令完成,其中 IN 指令完成从 I/O 端口向微处理器传送数据,OUT 指令则相反。微处理器只能用累加器(AL 或 AX)与 I/O 端口交换数据,I/O 端口的地址(称为端口号)编码为 0000H～FFFFH,其中端口号为 00H～FFH 的端口可以直接在指令中指定,端口号≥256(即端口地址在 FFH 之后)时,要访问这些端口,必须先把端口地址放在 DX 寄存器中,然后再用 IN 指令或 OUT 指令来传送数据。

输入输出指令不影响标志位。

(1) 输入指令 IN

输入指令用来从指定的外设寄存器取信息送入累加器。它有 4 种形式。

① 指令格式:IN AL,PORT

功能:(PORT)→AL

② 指令格式:IN AX,PORT

功能:(PORT)→AX

③ 指令格式:IN AL,DX

功能:([DX])→AL

④ 指令格式:IN AX,DX

功能:([DX])→AX

其中,PORT 表示端口号,DX 的内容也为地址;源操作数可以采用对端口的直接寻址方式或间接寻址方式提供端口数据,目的操作数只能是 AL 或 AX。

【例 3.15】 MOV DX,383H

　　　　　　　IN AX,DX

IN 指令的源操作数采用间接寻址方式,把端口 383H 的内容输入到 AX 中。

(2) 输出指令 OUT

输出指令用来把累加器的内容送往指定的外设存储器,它有 4 种形式。

① 指令格式:OUT PORT,AL

功能:(AL)→PORT

② 指令格式:OUT PORT,AX

功能:(AX)→PORT

③ 指令格式:OUT　DX,AL

功能:(AL)→[DX]

④ 指令格式:OUT　DX,AX

功能:(AX)→[DX]

源操作数只能是 AL 或 AX,目的操作数可以是采用对端口的直接寻址方式或间接寻址方式确定的端口单元。

【例 3.16】　OUT　28H,AL

这条指令的目的操作数采用直接寻址方式,把 AL 的内容输出到端口 28H 中。

3.2.2　算术运算指令

8086/8088 可以对二进制无符号数或有符号数进行加、减、乘、除 4 种基本运算,通过 BCD 码调整指令还可以完成无符号十进制数的四则运算。无符号十进制数用压缩型 BCD 码或非压缩型 BCD 码调整。对非压缩型 BCD 码,做除法时,高 4 位必须是 0,做加减法运算时,高 4 位可以是任意值。算术运算指令影响标志位。

1. 加法指令

(1) 不带进位的加指令 ADD

指令格式:ADD　OPD,OPS

功能:将目的操作数与源操作数相加,结果存入目的地址中,源地址的内容不变。即 (OPD)+(OPS)→OPD。

两个操作数可以是有符号或无符号的 8 位或 16 位二进制数。源操作数可以是 reg、mem 或 data;目的操作数可以是 reg 或 mem。立即数不能为目的操作数,且两个操作数不能同时为 mem。

影响标志位:AF、CF、OF、PF、SF 和 ZF。

(2) 带进位加指令 ADC

指令格式:ADC　OPD,OPS

功能:将目的操作数加源操作数再加低位进位,结果送目的地址。即(OPD)+(OPS)+ CF→OPD。

影响标志位:同 ADD 指令。

【例 3.17】　无符号双字加法指令。

```
MOV  AX,4652H      ;(AX) = 4652H
ADD  AX,0F0F0H     ;(AX) = 3742H,CF = 1
MOV  DX,0234H      ;(DX) = 0234H
ADC  DX,0F0F0H     ;(DX) = 0F325H,CF = 0
```

(3) 加 1 指令 INC

指令格式:INC　OPD

功能:将目的操作数加 1,结果送目的地址。即(OPD)+1→OPD。

INC 指令是一个单操作数指令,操作数可以是寄存器或存储器操作数,且按无符号的二进制数处理。

影响标志位:AF、OF、PF、SF 和 ZF(不影响 CF)。

加 1 指令可用于对计数器和地址指针进行调整。

2. 减法运算指令

(1) 不带借位的减法指令 SUB

指令格式:SUB OPD,OPS

功能:目的操作数减源操作数,结果存于目的地址,源地址内容不变。即(OPD)−(OPS)→OPD。

两个操作数可以是有符号或无符号的 8 位或 16 位二进制数。源操作数可以是 reg、mem 或 data,目的操作数可以是 reg 或 mem,立即数不能做目的操作数,且两个操作数不能同时为 mem。

影响标志位:AF、CF、OF、PF、SF 和 ZF。

【例 3.18】 减法运算。

```
MOV  AX,5678H        ;(AX) = 5678H
SUB  AX,1234H        ;(AX) = 4444H,AF = 0,CF = 0,OF = 0,PF = 1,SF = 0,ZF = 0
MOV  BX,3354H        ;(BX) = 3354H
SUB  BX,3340H        ;(BX) = 0014H,AF = 0,CF = 0,OF = 0,PF = 1,SF = 0,ZF = 0
```

(2) 带进位减法指令 SBB

指令格式:SBB OPD,OPS

功能:目的操作数减源操作数再减低位借位 CF,结果送目的地址。即(OPD)−(OPS)−CF→OPD。

影响标志位:与 SUB 命令相同。

(3) 减 1 指令 DEC

指令格式:DEC OPD

功能:将目的操作数减 1,结果送目的地址。即(OPD)−1→OPD。

DEC 指令是一个单操作数指令,操作数可以是寄存器或存储器操作数,且按无符号的二进制数处理。

影响标志位:AF、OF、PF、SF 和 ZF(不影响 CF)。

减 1 指令 DEC 也一般用于对计数器和地址指针的调整。

(4) 求补指令 NEG

指令格式:NEG OPD

功能:将目的操作数的每一位求反(包括符号位)后加 1,结果送目的地址(将零减去指定的 8 位或 16 位的目的操作数,并将结果送回目的操作数单元)。即(OPD)+1→OPD。

影响标志位:同 SUB 指令。

【例 3.19】 求补运算。

```
MOV  AX,0FF64H
NEG  AL              ;(AX) = 0FF9CH,AF = 1,CF = 1,OF = 0,PF = 1,SF = 1,ZF = 0
SUB AL,9DH           ;(AX) = 0FFFFH,AF = 1,CF = 1,OF = 0,PF = 1,SF = 1,ZF = 0
```

NEG AX	;(AX) = 0001H,AF = 1,CF = 1,OF = 0,PF = 0,SF = 0,ZF = 0
DEC AL	;(AX) = 0000H,AF = 0,CF = 1,OF = 0,PF = 1,SF = 0,ZF = 1
NEG AX	;(AX) = 0000H,AF = 0,CF = 0,OF = 0,PF = 1,SF = 0,ZF = 1

（5）比较指令 CMP

指令格式：CMP OPD,OPS

功能：目的操作数减源操作数，结果只影响标志位，不送入目的地址，即只进行（OPD）-（OPS）操作。

影响标志位：与 SUB 指令相同。

【例 3.20】 比较 AL 的内容数值大小。

```
CMP AL,50      ;(AL) - 50
JB  BELOW      ;(AL)<50,转到 BELOW 处执行
SUB AL,50      ;(AL)≥50,(AL) - 50→AL
INC AH         ;(AH) + 1→AH
BELOW:  …
```

3. 乘法运算指令

（1）无符号数乘法指令 MUL

指令格式：MUL OPS

功能：若是字节数据相乘，(AL) 与 OPS 相乘得到字数据存入 AX 中；若是字数据相乘，则 (AX) 与 OPS 相乘得到双字数据，高字存入 DX，低字存入 AX 中。具体如下。

字节乘法：

$$(AL) * (OPS) \rightarrow AX$$

字乘法：

$$(AX) * (OPS) \rightarrow DX,AX$$

影响标志位：若乘积的高半部，即 (AH) 或 (DX) 不为零时，则 CF 和 OF 置 1，表示 AH 或 DX 的内容为乘积的有效数字；否则，CF 和 OF 置 0。AF、PF、SF 和 ZF 无定义。

【例 3.21】 无符号数 0A3H 与 11H 相乘。

```
MOV AL,0A3H     ;(AL) = 0A3H
MOV BL,11H      ;(BL) = 11H
MUL BL          ;(AX) = 0AD3H
```

（2）有符号数乘法指令 IMUL

指令格式：IMUL OPS

功能：字节乘法，(AL) * (OPS)→AX；字乘法，(AX) * (OPS)→DX,AX。IMUL 指令除计算对象是带符号二进制数外，其他都与 MUL 一样，但计算结果不同。

影响标志位：若结果的高半部不是低半部的符号扩展，则 OF 和 CF 置 1，说明 AH 或 DX 是有效数位；否则 OF 和 CF 置 0。AF、PF、SF 和 ZF 不定。

【例 3.22】 有符号数 0B4H 与 11H 相乘。

```
MOV AL,0B4H     ;(AL) = B4H
MOV BL,11H      ;(BL) = 11H
```

```
IMUL  BL                 ;(AX) = 0FAF4H
```

4. 除法运算指令

(1) 无符号数除法指令 DIV

指令格式:DIV OPS

功能如下:

• 字节除法

(AX)/(OPS)→AL(商)、AH(余数)

• 字除法

(DX,AX)/(OPS)→AX(商)、DX(余数)

影响标志位:AF、CF、OF、PF、SF 和 ZF 都是任意的,无有效标志。

【例 3.23】 写出实现无符号数 0400H/0B4H 运算的程序段。

```
MOV  AX,0400H        ;(AX) = 0400H

MOV  BL,0B4H         ;(BL) = 0B4H

DIV  BL              ;商(AL) = 05H,余数(AH) = 7CH
```

(2) 有符号数乘法指令 IDIV

指令格式:IDIV OPS

功能如下:

• 字节除法

(AX)/(OPS)→AL(商)、AH(余数)

• 字除法

(DX,AX)/(OPS)→AX(商)、DX(余数)

影响标志位:无有效标志。

除法指令 DIV 和 IDIV 虽然对标志的影响未定义,但可产生溢出。

【例 3.24】 写出实现有符号数 0400H/0B4H 运算的程序段。

```
MOV  AX,0400H        ;(AX) = 0400H

MOV  BX,0B4H         ;(BX) = 0B4H

IDIV  BX             ;(AL) = 0F3H,(AH) = 24H
```

5. 符号扩展指令

(1) 字节转换成字指令 CBW

指令格式:CBW

功能:将 AL 中的符号位数扩展至 AH。若 AL 的最高位为 1,则把 FFH 存入 AH,否则把 00H 存入 AH。

影响标志位:无。

在执行 IMUL 或 IDIV 指令之前,该指令可用于扩展 AL 的内容。

【例 3.25】 将字节数据扩展成字数据。

```
MOV  AL,0A5H         ;(AL) = 0A5H

CBW                  ;(AX) = 0FFA5H

ADD  AL,70H          ;(AL) = 15H
```

```
CBW                          ;(AX) = 0015H
```

（2）字转换成双字指令 CWD

指令格式：CWD

功能：将 AX 中的符号位数据扩展至 DX。若 AX 最高位为 1,则把 FFFFH 存入 DX,否则把 0000H 存入 DX。

影响标志位：无。

在执行 IDIV 指令之前用于扩展 AX 的内容。

【例 3.26】 将字数据扩展成双字数据。

```
MOV   DX,0                   ;(DX) = 0
MOV   AX,0FFABH             ;(AX) = 0FFABH
CWD                          ;(DX) = 0FFFFH,(AX) = 0FFABH
```

6. 十进制调整指令

前面所学的算术运算指令均是对二进制数进行的操作,8086/8088 没有对十进制 BCD 数直接完成加、减、乘、除运算的指令,对 BCD 数进行算术运算是利用二进制数的算术指令配以 BCD 调整指令来实现的。

（1）压缩 BCD 码调整指令

① 加法的十进制调整指令 DAA

指令格式：DAA

功能：对两个压缩 BCD 码加法运算产生在 AL 中的结果进行调整,得到正确的压缩 BCD 码形式数据。

调整过程：如果((AL)∧0FH)>9 或(AF)=1,则 AL←(AL)+6,AF←1。

如果(AL)>9FH 或(CF)=1,则 AL←(AL)+60H,CF←1。

影响标志位：影响 AF、CF、SF、ZF、PF,但只有 CF 有用,它说明结果是否超出压缩 BCD 码 99。如果 CF=1,可用一个附加的字节来保留超过的 BCD 数字。对 OF 无定义。

【例 3.27】 压缩 BCD 码的加法运算。

```
MOV   AL,68H               ;(AL) = 68H
MOV   BL,28H               ;(BL) = 28H
ADD   AL,BL               ;(AL) = 90H
DAA                        ;(AL) = 96
```

② 减法的十进制调整指令 DAS

指令格式：DAS

功能：对两个压缩 BCD 码减法运算产生在 AL 中的结果进行调整,得到正确的压缩 BCD 码形式数据。

调整过程：如果((AL)∧0FH)>9 或(AF)=1,则 AL←(AL)−6,AF←1。

如果(AL)>9FH 或(CF)=1,则 AL←(AL)−60H,CF←1。

影响标志位：影响 AF、CF、SF、ZF、PF,但只有 CF 有意义,它说明结果是否有十进制借位。对 OF 无定义。

【例 3.28】 压缩 BCD 码的减法运算。

```
MOV   AL,68H          ;(AL) = 68H
MOV   BL,28H          ;(BL) = 28H
SUB   AL,BL           ;(AL) = 40H
DAS                   ;(AL) = 40
```

（2）非压缩 BCD 码调整指令

① 加法的非压缩 BCD 码调整指令 AAA

指令格式：`AAA`

功能：对两个非压缩 BCD 码加法运算产生在 AL 中的结果进行调整,得到正确的非压缩 BCD 码形式数据。

调整过程：如果 $((AL) \land 0FH) > 9$ 或 $(AF) = 1$,

则 $AL \leftarrow (AL) + 6, AH \leftarrow (AH) + 1, AF \leftarrow 1, CF \leftarrow (AF), AL \leftarrow ((AL) \land 0FH)$;

否则 $AL \leftarrow ((AL) \land 0FH)$。

影响标志位：影响 AF、CF,而 OF、PF、SF、ZF 不定。若 AF、CF 等于 1,则 AH 内容加了 1。

【例 3.29】 非压缩 BCD 码的加法运算。

```
MOV   AX,0035H        ;(AX) = 0035H
MOV   BL,39H          ;(BL) = 39H
ADD   AL,BL           ;(AL) = 6EH,AF = 0
AAA                   ;(AL) = 04H,(AH) = 01H,AF = 1,CF = 1
```

② 减法的非压缩 BCD 码调整指令 AAS

指令格式：`AAS`

功能：对两个非压缩 BCD 码减法运算产生在 AL 中的结果进行调整,得到正确的非压缩 BCD 码形式数据。

调整过程：如果 $((AL) \land 0FH) > 9$ 或 $(AF) = 1$,

则 $AL \leftarrow (AL) - 6, AH \leftarrow (AH) + 1, AF \leftarrow 1, CF \leftarrow (AF), AL \leftarrow ((AL) \land 0FH)$;

否则 $AL \leftarrow ((AL) \land 0FH)$。

影响标志位：影响 AF、CF,标志位 OF、PF、SF、ZF 无定义。若 AF=1、CF=1,则 AH 内容加了 1。

③ 乘法的非压缩 BCD 码调整指令 AAM

指令格式：`AAM`

功能：将两个非压缩的 BCD 码(高四位必须是 0)用 MUL 指令相乘后产生在 AX 中的积(有效数字只在 AL 中,AH 的内容为 0)调整为正确的非压缩 BCD 码形式,且 AH 和 AL 的高半字节为零。即 (AX)←把 AL 中的和调整为非压缩的 BCD 码格式。

调整过程：$AH \leftarrow (AL) / 0AH, AL \leftarrow (AL) \% 0AH$

影响标志位：影响 PF、SF、ZF,而 AF、CF、OF 无定义。

【例 3.30】 求 $7 * 9 = 63$ 的非压缩 BCD 码结果。

```
MOV   AL,07H
MOV   BL,09H
```

```
MUL   BL              ;(AL)*(BL)=003FH→AX
AAM                   ;(AH)=06H,(AL)=03H
```

④ 除法的非压缩 BCD 码调整指令 AAD

指令格式:AAD

功能:把 AX 中的非压缩型的十进制数(AH 中存放十位数,AL 中存放个位数,且要求 AH 和 AL 中的数的高四位均为 0)转换成二进制数存入 AL 中,且 AH 清零。

调整过程:AL←(AH)*0AH+(AL),AH←0

影响标志位:影响 PF、ZF、SF,而 CF、AF、OF 不定。

3.2.3　逻辑运算指令

1. 逻辑与指令 AND

指令格式:AND OPD,OPS

功能:将目的操作数和源操作数进行逻辑与运算,结果存目的地址。即(OPD)∧(OPS)→OPD。

该指令用于清除目的操作数中与源操作数置 0 的对应位。

【例 3.31】 将 AL 中第 3 位和第 7 位清零。

```
MOV   AL,0FFH
AND   AL,77H
```

2. 逻辑或指令 OR

指令格式:OR OPD,OPS

功能:将目的操作数和源操作数进行逻辑或运算,结果存目的地址。即(OPD)∨(OPS)→OPD。

【例 3.32】 将 AL 寄存器中第 3 位和第 7 位置 1。

```
MOV   AL,0
OR    AL,88H
```

3. 求反指令 NOT

指令格式:NOT OPD

功能:将目的地址中的内容逐位取反后送入目的地址。即$(\overline{OPD})$→OPD。

【例 3.33】 逻辑非运算。

```
MOV   AX,878AH    ;(AX)=878AH
NOT   AX          ;(AX)=7875H
```

4. 测试指令 TEST

指令格式:TEST OPD,OPS

功能:源地址和目的地址的内容执行按位的逻辑与运算,结果不送入目的地址。即(OPD)∧(OPS)。

【例 3.34】 测试 AX 中的第 12 位是否为 0,不为 0 则转到 NEXT。

```
TEST    AX,1000H
JNE     NEXT
```

5. 逻辑异或指令 XOR

指令格式:XOR OPD,OPS

功能:目的操作数与源操作数作逻辑异或运算,结果送入目的地址。即(OPD)⊕
(OPS)→OPD。

【例3.35】 按位加运算。

```
MOV  AL,45H          ;(AL)=45H
XOR  AL,31H          ;(AL)=74H
```

3.2.4 移位指令

移位指令包括算术移位指令、逻辑移位指令和循环移位指令,分别进行左移和右移操
作。这些指令均有统一的语句格式:

[标号:]操作符 OPD,1

或者

[标号:]操作符 OPD,CL

其功能为将目的操作数的所有位按操作符规定的方式移动1位或按寄存器CL规定的次
数(0~255)移动,结果送入目的地址。目的操作数是8位(或16位)的寄存器数据或存储
器数据。

1. 算术左移或逻辑左移指令 SAL(SHL)

指令格式:SAL OPD,1 或 SHL OPD,1

　　　　　SAL OPD,CL 或 SHL OPD,CL

功能:将(OPD)向左移动一次或CL指定的次数,最低位补入相应的0,CF的内容为
最后移入位的值。

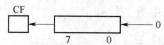

2. 算术右移指令 SAR

指令格式:SAR OPD,1 或 SAR OPD,CL

功能:将(OPD)向右移入一次或CL规定的次数且最高位保持不变,CF的内容为最
后移入位的值。

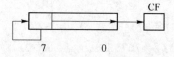

3. 逻辑右移指令 SHR

指令格式:SHR OPD,1 或 SHR OPD,CL

功能:将(OPD)向右移动一次或CL规定的次数,最高位补入相应个数的0,CF的内
容为最后移入位的值。

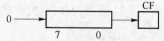

【例3.36】 设(AL)=0B4H,CF=1,说明下列移位运算分别执行后的结果。

```
MOV  AL,0B4H          ;(AL) = 0B4H
SAL  AL,1             ;(AL) = 68H,CF = 1
SAR  AL,1             ;(AL) = 0DAH,CF = 0
SHL  AL,1             ;(AL) = 68H,CF = 1
SHR  AL,1             ;(AL) = 5AH,CF = 0
MOV  CL,2
SAL  AL,CL            ;(AL) = 0EDH,CF = 0
```

【例 3.37】 用移位指令将 AX 的内容乘以 10。

```
MOV  BX,AX
MOV  CL,2
SHL  AX,CL
ADD  AX,BX
SHL  AX,1
```

4. 循环左移指令 ROL

指令格式:ROL OPD,1 或 ROL OPD,CL

功能:将目的操作数的最高位与最低位连成一个环,将环中的所有位一起向左移动一次或 CL 规定的次数。CF 的内容为最后移入位的值。

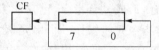

5. 循环右移指令 ROR

指令格式:ROR OPD,1 或 ROR OPD,CL

功能:将目的操作数的最高位与最低位连成一个环,将环中的所有位一起向右移动一次或 CL 规定的次数,CF 的内容为最后移入位的值。

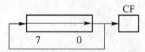

6. 带进位的循环左移指令 RCL

指令格式:RCL OPD,1 或 RCL OPD,CL

功能:将目的操作数连同 CF 标志位一起向左循环移动一次或 CL 所规定的次数。

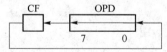

7. 带进位的循环右移指令 RCR

指令格式:RCR OPD,1 或 RCR OPD,CL

功能:将目的操作数连同 CF 标志一起向右循环移动一次或 CL 所规定的次数。

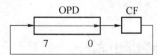

【例 3.38】 利用循环移位指令对寄存器或存储器中内容的任一位进行位测试。下

面是测试 AL 中第 5 位的状态是"0"还是"1"。

```
MOV CL,3        ;CL←移位次数
ROL AL,CL       ;CF←AL 的第 5 位
JNC  ZERO       ;若(CF)=0,转 ZERO
  ⋮             ;否则
ZERO:…
  ⋮
```

3.2.5 串操作指令

串是指连续存放在存储器中的一些数据。数据传送类指令每次只能传送一个数据,若要传送大批数据就需要重复编程,这样就浪费了大量的时间和空间。为此 8086 提供了一组处理主存中连续存放数据串的指令,这就是串操作指令。

串操作通常以 DS:SI 来寻址源串,以 ES:DI 来寻址目的串,对于源串可以使用段跨越前缀,但目的串不能是段寄存器只能是 ES。指针 SI、DI 在每次串操作后都会自动修改,以指向串中的下一个元素,修改时按方向标志 DF 的值来决定是增量还是减量。DF=0 时,增量修改(字节操作时加 1,字操作时加 2);DF=1 时,减量修改(字节操作时减 1,字操作时减 2)。如果需要进行连续串操作,通常要在串操作指令前加重复前缀,重复前缀可以和任何串操作指令组合,形成复合指令,重复前缀规定了串操作指令重复执行的次数,对于无重复前缀的串操作指令只能操作一个串元素。

串操作指令包括串传送、串比较、串搜索(串扫描)、串装入、串存储五类。

1. 传送指令 MOVS

指令格式:(1) MOVSB-字节串的传送。

(2) MOVSW-字串传送。

功能:将以 SI 为指针的源串中的一个字节(或字)存储单元中的数据传送至以 DI 为指针的目的地址中去,并自动修改指针 SI、DI,使之指向下一个字节(或字)存储单元。

即:(1) (DS:[SI])→ES:[DI]

(2) 当 DF=0 时,(SI)和(DI)增量。

当 DF=1 时,(SI)和(DI)减量。

影响标志位:无。

2. 串比较指令 CMPS

指令格式:(1) CMPSB-字节串比较。

(2) CMPSW-字串比较。

功能:将 SI 所指的源串中的一个字节(或字)存储单元中的数据与 DI 所指的目的串中的一个字节(或字)存储单元中的数据相减,并根据相减的结果设置标志,但结果并不保存。

即:(1) ([SI])-([DI])

(2) 修改串指针,使之指向串中的下一个元素。

当 DF=0 时,(SI)和(DI)增量。当 DF=1 时,(SI)和(DI)减量。

影响标志位:OF、SF、ZF、AF、PF、CF。

【例3.39】 找不相同的元素。

```
CLD
MOV   CX,100
REPE  CMPS  DEST,SOURCE
```

【例3.40】 判断哪个因素终止了重复过程。

```
CLD
MOV   CX,100
REPNE  CMPS  DEST,SOURCE    ;找相同元素
JNE   NOT-FOUND            ;ZF=0 说明找完了整个串也没有找到
      ⋮                    ;ZF=1 说明找到了相同的元素终止了串比较的重复操作
NOT-FOUND:…
```

3. 串搜索(串扫描)指令 SCAS

指令格式:(1) SCASB-字节串搜索。

(2) SCASW-字串搜索。

功能:AL(字节)或 AX(字)中的内容与 DI 所指的目的串中的一个字节(或字)存储单元中的数据相减,根据相减结果设置标志位,结果不保存。

即:(1) 字节操作:(AL)-([DI])

字操作:(AX)-([DI])

(2) 修改指针使之指向串中的下一个元素。

当 DF=0 时,(DI)增量。当 DF=1 时,(DI)减量。

【例3.41】 扫描串 STRING 中的 100 个字节,寻找第一个不等于 10 的元素。

```
CLD
LEA   DI,ES:STRING
MOV   CX,100
REPE  SCAS  STRING
```

4. 从源串中取数(串装入)指令 LODS

指令格式:(1) LODSB-从字节串中取数。

(2) LODSW-从字串中取数。

功能:将 SI 所指的源串中的一个字节(或字)存储单元中的数据取出来送入 AL(或 AX)中。

即:(1) 字节操作:([SI])→AL

字操作:([SI])→AX

(2) 修改指针 SI,使它指向串中的下一个元素。

当 DF=0 时,(SI)增量。当 DF=1 时,(SI)减量。

影响标志位:无。

通常不重复执行 LODS。

5. 往目的串中存数(串存储)指令 STOS

指令格式:(1) STOSB-往字节串中存数。

(2) STOSW-往字串中存数。

功能:将 AL 或 AX 中的数据送入 DI 所指的目的串中的字节(或字)存储单元中。

即:(1) 字节操作:(AL)→[DI]

字操作:(AX)→[DI]

(2) 修改指针 DI,使它指向串中的下一个元素。

当 DF=0 时,(DI)增量。当 DF=1 时,(DI)减量。

影响标志位:无。

【例 3.42】 将源串中与目的串中对应的不相同的元素取至 AL 中。

```
    CLD
    LEA    DI,ES:DEST
    LEA    SI,SOURCE
    MOV CX,500
    REPE   CMPSB              ;寻找不同的元素
    JZ MATCH
    DEC SI
    LODS   SOURCE             ;将源串中与目的串对应的不相同的元素取至 AL 中
     ⋮
MATCH:⋯                       ;没找到不相同的元素
     ⋮
```

6. 重复前缀指令 REP/REPZ/REPNZ

(1) REP:REP 前缀用在 MOVS、STOS、LODS 指令前。

功能:每执行一次串指令(CX)-1→CX,直到(CX)=0,重复执行结束。

(2) REPZ:该指令一般用在 CMPS、SCAS 指令前。

功能:每执行一次串指令(CX)-1→CX,并判断 ZF 标志是否为 0,只要(CX)=0 或 ZF=0,则重复执行结束。

(3) REPNZ:该指令一般用在 CMPS、SCAS 指令前。

功能:每执行一次串指令(CX)-1→CX,并判断 ZF 标志是否为 0,只要(CX)=0 或 ZF=1,则重复执行结束。

3.2.6 控制转移指令

正常情况下,程序的执行是按指令的顺序进行的,但有时需要改变程序的正常执行顺序,转移到新的目标地址去继续执行,这种转移是通过转移指令来控制实现的。除了无条件转移,一般是根据标志位的测试情况来决定是否改变执行顺序或转移目标。

8086/8088 的转移指令分为:条件转移指令、无条件转移指令、循环指令、子程序调用和返回、中断调用和返回指令。

1. 条件转移指令

条件转移指令是根据上一条指令对标志寄存器中标志位的影响来决定程序执行顺序是否改变,每一个条件转移指令有自己的测试条件,只有条件(标志位)满足时程序才转移到指令指出的转向地址去执行,如果条件不满足则程序顺序执行。条件转移指令都是段内转移,不允许段间转移。

8086/8088指令系统中所有的条件转移指令都是段内短转移。如果不满足转移条件,则(IP)不变;如果满足条件,目标地址在本条转移指令下一条指令地址的 8 位位移量 ($-128 \sim +127$ B)之内,即$(IP)_{新} \leftarrow (IP)_{当前} +$ 符号扩展到 16 位之后的位移量 D_8。

条件转移指令可分为:简单条件转移指令、无符号数条件转移指令、有符号数条件转移指令,它们都有通用的语句格式和功能。

语句格式:[标号:] 操作符 短标号

功能:如果条件满足,则$(IP)_{当前} +$ 位移量 $\rightarrow (IP)_{新}$。

(1) 简单条件转移指令

简单条件转移指令如表 3.1 所示。

表 3.1 简单条件转移指令

助记符	转移条件	功 能
JE/JZ	ZF=1	相符/等于 0 转移
JNE/JNZ	ZF=0	不相等/不等于 0 转移
JS	SF=1	为负转移
JNS	SF=0	为正转移
JO	OF=1	溢出转移
JNO	OF=0	未溢出转移
JC	CF=1	进位位为 1 转移
JNC	CF=0	进位位为 0 转移
JP/JPE	PF=1	偶数转移
JNP/JPO	PF=0	奇数转移

(2) 无符号数条件转移指令

无符号数条件转移指令如表 3.2 所示。

表 3.2 无符号数条件转移指令

助记符	转移条件	功能
JA/JNBE	CF=0 且 ZF=0	不低于且不等于转移
JAE/JNB	CF=0 或 ZF=1	高于或等于转移
JB/JNAE	CF=1 且 ZF=0	低于转移
JBE/JNA	CF=1 或 ZF=1	低于或等于转移

【**例 3.43**】 比较无符号数大小,将较大的数存放在 AX 寄存器。

```
CMP AX,BX          ;(AX)-(BX)
JNB  NEXT          ;若 AX≥BX,则转移到 NEXT
XCHG  AX,BX        ;若 AX<BX,交换
NEXT:···
```

(3) 有符号数条件转移指令

有符号数条件转移指令如表 3.3 所示。

表 3.3 有符号数条件转移指令

助记符	转移条件	功　能
JG/JNLE	SF=OF 且 ZF=0	不小于且不等于转移
JGE/JNL	CF=OF 或 ZF=1	大于或等于转移
JL/JNGE	CF≠OF 且 ZF=0	不大于且不等于转移
JLE/JNG	CF≠OF 或 ZF=1	小于或等于转移

【**例 3.44**】 α、β 为两个双精度数,分别存放在 DX、AX 和 BX、CX 中,要求编制一个程序使 $\alpha > \beta$ 时转向 X 执行,否则转向 Y 执行。

```
CMP  DX,BX
JG  X
JL  Y
CMP AX,CX
JA  X
Y:···
  ⋮
X:···
  ⋮
```

2. 无条件转移指令

无条件转移指令可使程序无条件地转移到指令规定的目标地址处。无条件转移指令分为段内转移和段间转移,又可分为直接转移和间接转移,如表 3.4 所示。

指令格式:JMP 目的地址

JMP 指令不影响标志位。

表 3.4 无条件转移指令的语句格式及功能

名称	格式	功能
段内直接转移指令	JMP 标号	(IP)+位移量→IP
段内间接转移指令	JMP OPD	(OPD)→IP
段间直接转移指令	JMP 标号	标号的偏移地址→IP,段首址→CS
段间间接转移指令	JMP OPD	(OPD)→IP,(OPD+2)→CS

(1) 段内直接转移指令

指令格式:JMP 段内直接目的地址

功能:采用相对寻址方式将新的地址给 IP,即(IP)_新←(IP)_{当前}＋JMP 指令给出的位移量,其中(IP)_{当前}是指 JMP 指令下一条的地址。

段内直接转移分为段内短(SHORT)转移和段内近(NEAR)转移。位移量为 8 位时称为短转移,转移范围为－128～＋127 B;近转移的位移量为 16 位,转移范围为－32 768～＋32 767 B。

【例 3.45】 JMP SHORT NEXT1

该指令是短转移指令,标号 NEXT1 是段内 8 位位移量范围内的目的地址。

JMP NEAR PTR NEXT2

该指令是段内近转移指令,标号 NEXT2 是段内 16 位位移量范围内的目的地址。

(2) 段内间接转移指令

指令格式:JMP 段内间接地址

功能:目标地址在寄存器或存储器中,用其中的内容送入 IP 中,实现指令转移。

【例 3.46】 JMP AX

该指令用于段内间接转移,由寄存器 AX 提供目的地址。

JMP WORD PTR [BX]

该指令用于段内间接转移,由存储器单元提供目的地址。

(3) 段间直接转移指令

指令格式:JMP 目标段直接目的地址

功能:根据目标段的目标地址的段属性和偏移地址属性,用目标地址的段基值和偏移地址值替代当前的 CS 和 IP。

【例 3.47】 JMP FAR PTR NEXT

该指令用于段间直接转移,根据标号 NEXT 的属性提供目的地址的 IP 和 CS。

JMP 1000H:2000H

该指令用于段间直接转移,指令中直接提供 CS 和 IP。

(4) 段间间接转移指令

指令格式:JMP 目标段间接地址

功能:根据指令指定的目标段存储单元内容,用连续的两个字内容作为转移地址,低地址的字内容送入 IP,高地址的字内容送入 CS。

【例 3.48】 JMP FAR PTR [BX]

该指令是一条段间间接转移指令,目的地址由存储单元提供。

【例 3.49】 在存储器中有一个首地址为 ARRAY 的 N 个字数据,要求测试其中正数、0 及负数的个数。正数的个数、0 的个数及负数的个数分别存入 PLUS、MINUS 和 ZERO 单元中。

```
MOV  CX,N
MOV  BX,0
MOV  PLUS,BX
```

```
        MOV   MINUS,BX
        MOV   ZERO,BX
AGAIN:CMP ARRAY[BX],0
        JLE   LESS_OR_EQ
        INC PLUS
        JMP SHORT NEXT
LESS_OR_EQ:  JL  LESS
        INC   ZERO
        JMP   SHORT NEXT
LESS: INC   MINUS
NEXT: ADD   BX,2
        DEC   CX
        JNZ   AGAIN
        HLT
```

3. 循环指令

循环指令分为：循环指令 LOOP、相等/为零循环指令 LOOPE、不相等/不为零循环指令 LOOPNE、CX 为零转移指令 JCXZ。使用循环指令的关键是控制循环的结束，在进入循环之前先设置好循环次数存放在计数器 CX 中，用 CX 计数器中的内容控制循环次数，每循环一次就修改(减少)一次 CX 的内容，当 CX 的内容为 0 时循环结束。循环程序执行过程如图 3.12 所示。

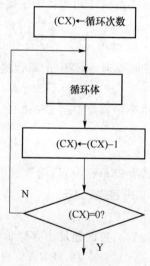

图 3.12　循环程序框图

(1) 循环指令 LOOP

指令格式:LOOP　短标号

功能:(CX)-1≠0,则程序转移(循环);否则,顺序执行。

说明:使用 LOOP 指令可代替如下两条指令。

```
    DEC   CX
    JNE   短标号
```

（2）相等/为零循环指令 LOOPE

指令格式：① LOOPE　短标号

　　　　　② LOOPZ　短标号

功能：$(CX)-1 \neq 0$ 且 $ZF=1$，则程序转移（循环）；否则，顺序执行。

（3）不相等/不为零循环指令 LOOPNE

指令格式：① LOOPNE　短标号

　　　　　② LOOPNZ　短标号

功能：$(CX)-1 \neq 0$ 且 $ZF=0$，则程序转移（循环）；否则，顺序执行。

（4）CX 为零转移指令 JCXZ

指令格式：JCXZ　短标号

功能：$(CX)-1=0$，则程序转移（循环）；否则，顺序执行。

【例 3.50】　计算表达式 $1+2+3+\cdots+100$ 之和。

程序源代码：

```
    MOV   AX,0
    MOV   CX,100
    MOV   BX,1
SUM:ADD AX,BX
    INC BX
    LOOP  SUM
    HLT
```

4. 子程序（过程）调用指令

在模块化程序设计中，往往把某一段具有通用性或多次出现在程序中的程序段定义成子程序（过程），在 80x86 汇编程序中，子程序相当于高级语言的过程。在程序中，主程序（或调用程序）通过调用子程序的形式调用这些子程序，子程序在执行完后又返回主程序继续执行。子程序的调用与返回由子程序调用指令 CALL 和返回指令 RET 完成，指令 CALL 和 RET 均不影响标志位。

（1）子程序调用指令 CALL

指令格式：CALL　目的

功能：保存返回地址（返回地址，即 CALL 指令下一条指令的地址），并无条件地转移至"目的"指定的子程序入口处。由于子程序与主程序可以在一个段中，也可以不在一个段中，因此调用分为 4 种形式：段内直接调用、段间直接调用、段内间接调用和段间间接调用。

① 段内调用（近调用），是指主、子程序均在同一代码段内。

a. 段内直接调用：CALL　OPD

功能：$(SP) \leftarrow (SP)-2$

　　　$((SP)+1,(SP)) \leftarrow (IP)$

$(IP) \leftarrow (IP) + 16$ 位位移量

b. 段内间接调用:CALL　OPD

功能:$(SP) \leftarrow (SP)-2$

$((SP)+1,(SP)) \leftarrow (IP)$

$(IP) \leftarrow (EA)$

② 段间调用(远调用),是指主、子程序不在同一代码段内。

a. 段间直接调用:CALL　OBJ

功能:$(SP) \leftarrow (SP)-2$

$((SP)+1,(SP)) \leftarrow (CS)$

$(SP) \leftarrow (SP)-2$

$((SP)+1,(SP)) \leftarrow (IP)$

$(IP) \leftarrow$ 偏移地址

$(CS) \leftarrow$ 段地址

b. 段间间接调用:CALL　OPD

功能:$(SP) \leftarrow (SP)-2$

$((SP)+1,(SP)) \leftarrow (CS)$

$(SP) \leftarrow (SP)-2$

$((SP)+1,(SP)) \leftarrow (IP)$

$(IP) \leftarrow (EA)$

$(CS) \leftarrow (EA+2)$

(2) 返回指令 RET

指令格式 1:RET

指令格式 2:RET　EXP　;EXP 一般为偶数

功能:把由 CALL 指令压入堆栈的地址弹出,然后将控制转到调用该过程的 CALL 指令的下一条指令。

其中常数值(EXP)表示加到堆栈指针 SP 上的字节数,这样就可以把执行 CALL 指令前压入堆栈的参数弹出作废,避免一些过时的参数占用栈空间。

① 段内返回:RET

功能:$(IP) \leftarrow ((SP)+1,(SP))$

$(SP) \leftarrow (SP)+2$

② 段内带立即数返回:RET　EXP

功能:$(IP) \leftarrow ((SP)+1,(SP))$

$(SP) \leftarrow (SP)+2$

$(SP) \leftarrow (SP)+D_{16}$

③ 段间返回:RET

功能:$(IP) \leftarrow ((SP)+1,(SP))$

$(SP) \leftarrow (SP)+2$

$(CS) \leftarrow ((SP)+1,(SP))$

$(SP) \leftarrow (SP) + 2$

④ 段间带立即数返回：RET　EXP

功能：$(IP) \leftarrow ((SP) + 1, (SP))$

$(SP) \leftarrow (SP) + 2$

$(CS) \leftarrow ((SP) + 1, (SP))$

$(SP) \leftarrow (SP) + 2$

$(SP) \leftarrow (SP) + D_{16}$

5. 中断指令

当系统或程序运算期间出现特殊情况时，需要计算机自动□行专门的程序来进行处理。这种情况称为中断，所执行的程序称为中断子程序。

处理器为中断程序的处理提供了两种机制：中断与异常。一次中断通常是由 I/O 设备触发引起的一个异步事件，一次异常是处理器正在执行一条指令□时检测到一个或多个满足预先定义条件而产生的一个同步事件。

处理器对中断与异常的处理在本质上是一样的，当一个中断或异□被驱动时，处理器暂停当前程序或任务的执行，转向执行预先已编写好的用于处理中断或异常条件的一个子程序，处理器通过中断向量表来访问相关子程序，该子程序执行完成时，执行过程被控制返回到被中断的程序中。

处理器响应一次中断时，和子程序的调用有些类似，要把返回信息（CS、IP）进栈保存，与子程序调用不同的是，中断过程还要把现场的状态保存入栈，然后才转去执行中断子程序。中断返回时，不仅要恢复入口地址，还要恢复原先的状态。

8086/8088 提供了 INT、INTO、IRET 三条与中断有关的指令。

(1) 中断调用指令 INT

指令格式：INT　n

功能：$(SP) \leftarrow (SP)-2$

$((SP) + 1, (SP)) \leftarrow (FLAGS)$

$(SP) \leftarrow (SP)-2$

$((SP) + 1, (SP)) \leftarrow (CS)$

$(SP) \leftarrow (SP)-2$

$((SP) + 1, (SP)) \leftarrow (IP)$

$(IP) \leftarrow n \times 4$

$(CS) \leftarrow n \times 4 + 2$

影响标志位：IF＝TF＝0。

(2) 中段返回指令 IRET

指令格式：IRET

功能：$(IP) \leftarrow ((SP) + 1, (SP))$

$(SP) \leftarrow (SP) + 2$

$(CS) \leftarrow ((SP) + 1, (SP))$

$(SP) \leftarrow (SP) + 2$

$$FLAG \leftarrow ((SP)+1,(SP))$$
$$(SP) \leftarrow (SP)+2$$

(3) 溢出中断指令 INTO

指令格式:INTO

功能:当 OF=0 时,无操作。

当 OF=1 时,产生 4 号类型的中断。

影响标志位:IF=TF=0。

3.2.7 处理器控制指令

1. 标志位设置指令

(1) 进位标志操作指令

CLC	CF←0	,CF 位清 0
CMC	CF←$\overline{CF}$	,CF 位取反
STC	CF←1	,CF 位置 1

(2) 方向标志操作指令

| CLD | DF←0 | ,DF 位清 0 |
| STD | DF←1 | ,DF 位置 1 |

(3) 中断标志操作指令

| CLI | IF←0 | ,IF 位清 0 |
| STI | IF←1 | ,IF 位置 1 |

注意:只影响本指令制订的标志。

2. CPU 状态控制指令

(1) 空操作指令 NOP

该指令不执行任何操作,只是使 IP 加 1,其机器码只占有一个字节的存储单元,常用于程序调试。

(2) 总线封锁前缀指令 LOCK

该指令与其他指令联合使用,作为指令的前缀,使得该指令执行时,不允许其他设备访问总线。

(3) 暂停指令 HLT

该指令使处理器暂停工作,等待中断的到来。

(4) 交权指令 ESC

指令格式:ESC mem

该指令把指令中指定的存储单元的内容送到数据总线上去,协处理器取出放在存储器的指令或操作数,实现主处理器与协处理器的协同工作。

(5) 等待指令 WAIT

该指令使处理器处于空转等待状态。

小　结

　　本章详细介绍了 8086 指令中全部指令的功能和应用。指令就是计算机能执行的、由人发布的命令。显然，指令一定要能为计算机所识别和接受，因而它必须具有一定的格式。指令中唯一不可缺少的是操作码，而指令中的操作数则是指令的操作对象。

　　操作数可以直接放在指令中。但是，也可以放在别的地方，如寄存器、存储单元等，这只要在指令中指明该地方或提供获得该地方的"线索"即可。这就是指令的寻址方式，即寻找操作数的方法。本章详细介绍了 8086 系统的各种寻址方式，它对于理解和记忆 8086 指令系统有较大的帮助。

　　本章逐条解释了 8086 指令中的全部指令（包括控制前缀）。

　　8086 指令系统共有指令助记符 115 个，如果按机器代码扩展开来可达 3 000 条以上。这么多的指令要正确无误地记住，显然并非易事。其难点在于：第一，指令之间只有很细小的差别，容易互相混淆；第二，初学时容易写出指令系统中的不存在的非法指令（例如"MOV　[BX],[SI]"就是一条非法指令）。为此，读者应特别注意指令系统中指令的分类，使所有的指令能够有机地穿在一条条的线上，不至于混乱。

习　题

3.1　解释下列概念：

　　（1）数据寻址；（2）地址寻址；（3）有效地址；（4）段跨越前缀。

3.2　指出下列指令中源操作数的寻址方式：

　　（1）MOV　AX,X

　　（2）MOV　AX,[BX + SI]

　　（3）MOV　AX,X[BX][SI]

3.3　设（DS）＝2000H，（ES）＝2100H，（SS）＝1500H，（SI）＝00A0H，（BX）＝0100H，（BP）＝0010H，且数据段 ARY 的位移量为 0050H，试指出下列各指令中源操作数的寻址方式是什么？其物理地址是什么？

　　（1）MOV　AX,2345H

　　（2）MOV　AX,BX

　　（3）MOV　AX,[100H]

　　（4）MOV　AX,ARY

　　（5）MOV　AX,[BX]

　　（6）MOV　AX,ES:[BX]

　　（7）MOV　AX,[BP]

　　（8）MOV　AX,20H[BX]

　　（9）MOV　AX,[SI]

　　（10）MOV　AX,[BX][SI]

(11) MOV　AX,ARY[BP][SI]

(12) MOV　AX,ES:[BX][SI]

(13) MOV　AX,ES:ARY[BX]

(14) MOV　AX,[BP][SI]

3.4　请分别用一条指令实现如下要求：

(1) 将寄存器 BX 的内容传送给 CX。

(2) 把立即数 1234H 传送到 AX。

(3) 把数据段中偏移地址为 20H 的存储单元的内容传送给 AX 寄存器。

(4) 把字节数据 20H 传送到 BX 指定的存储地址单元中。

3.5　编写程序段完成以下功能：

(1) AX 寄存器的低 4 位清 0。

(2) BX 寄存器的低 4 位置 1。

(3) 用 TEST 指令测试 DL 寄存器的第 3 位和第 6 位是否同时为 0,若是,将 0 送入 DL;否则,将 1 送入 DH 寄存器。

3.6　指出下列指令的寻址方式：

(1) JMP　BX

(2) JMP　WORD PTR [BX]

(3) JMP　DWORD PTR [BX]

3.7　写出完成下述功能的程序段,并指出执行后(AX)=?

(1) 传送 25H 到 AL 寄存器。

(2) 将 AL 的内容乘以 2。

(3) 传送 15H 到 BL 寄存器。

(4) AL 的内容乘以 BL 的内容。

3.8　若(SP)=2000H,(AX)=3355H,(BX)=4466H,试指出下列指令或程序段执行后有关寄存器的内容。

(1) PUSH　AX

　　执行后(AX)=?　(SP)=?

(2) PUSH　AX

　　PUSH　BX

　　POP　DX

　　执行后(AX)=?　(DX)=?　(SP)=?

3.9　指出下列指令错误的原因：

(1) MOV　AL,1234H

(2) MOV　CS,AX

(3) MOV　[1000],1000H

(4) MOV　BYTE PTR [BX],1000H

(5) PUSH　AL

(6) IN　AX,[BX]

(7) SHL　AX,5

(8) DEC　[SI]

(9) NEG　1234H

(10) MUL　05H

(11) DIV AX,BX

(12) LEA　AX,0100H

(13) AND　[BX],[SI]

3.10　分析下列程序段的功能。

(1) 设 STR 为一字符串在存储单元的首地址,有程序如下:

```
                  ⋮
          LEA   BX,STR
          MOV   CL,0
STRC:     MOV   AL,[BX]
          CMP   AL,0DH
          JE    DONE
          INC   CL
          INC   BX
          JMP   STRC
DONE:     MOV   NSTR,CL
                  ⋮
```

(2)

```
                  ⋮
          MOV   AX,X
          CMP   AX,50
          JG    TOO-HIGH
          SUB   AX,Y
          JO    OVERFLOW
          JNS   NONNEG
          NEG   AX
NONNEG:   MOV   RESULT,AX
TOO-HIGH:
                  ⋮
OVERFLOW:
                  ⋮
```

(3)

```
          MOV   AL,0B2H
          AND   AL,0F0H
          MOV   CL,4
```

```
                    ROR    AL,CL
(4)
                    MOV    AL,BCD1
                    ADC    AL,BCD2
                    DAA
                    MOV    BCD3,AL
                    MOV    AL,BCD1 + 1
                    ADC    AL,BCD2 + 1
                    DAA
                    MOV    BCD3 + 1,AL
```

3.11 已知(DS)＝1000H,(SS)＝0F00H,(BX)＝0010H,要使下列指令的源操作数指向
同一个物理地址10320H,写出下列指令中寄存器 BP、SI、DI 的值。

(1) MOV　AX,[SI]

(2) MOV　AX,[BP]

(3) MOV　AX,[BX + DI]

3.12 设(DS)＝1000H,(SS)＝2000H,(BX)＝0100H,(BP)＝0200H,(SI)＝0100H,
(10100H)＝20H,(10101H)＝10H,(10200H)＝10H,(10201H)＝20H,写出下列
指令执行后 AX 的内容。

(1) MOV AX,0100H

(2) MOV AX,[0100H]

(3) MOV AX,[BX]

(4) MOV AX,[BP]

(5) MOV AX,[BX] + 100H

(6) MOV AX,[BX][SI]

(7) MOV AX,[SI]

第4章 汇编语言程序设计

自学指导

本章主要介绍了汇编语言的语句、常用的伪指令和汇编语言的程序设计。

对汇编语言语句主要应掌握汇编语言语句的各个组成部分，这是对 8086 指令和伪指令格式的概括，应能够熟悉汇编语句中的运算符和操作符。

对 8086 伪指令应掌握其主要的用法和功能，以便在程序设计时根据需要加以运用。

对 8086 汇编语言程序设计应重点掌握汇编语言的基本结构，以便设计出结构良好的汇编程序。应能够根据需要设计出顺序结构、分支结构和循环结构的汇编程序。对于子程序应了解其调用和返回的方法和传递参数的方法。

4.1 汇编语言语句

4.1.1 汇编语句的类别与格式

汇编语言源程序的语句可分为两大类：指令性语句和指示性语句。

指令性语句是由指令助记符等组成的、可被 CPU 执行的语句。第 3 章中介绍的所有指令都属于指令性语句；指示性语句用于告诉汇编程序如何对程序进行汇编，是 CPU 不执行的指令。由于它并不能生成目标代码，故又称为伪指令。

汇编语言的语句由若干部分组成，指令性语句和指示性语句稍微有一点区别。

指令性语句的一般格式如下：

［标号:］［前缀］ 操作码 ［操作数[,操作数]] ［;注释］

指示性语句的一般格式如下：

［名字］ 伪操作 ［操作数[,操作数…]] ［;注释］

其中,加方括号的是可选项,可以有,也可以没有,需要根据具体情况来定。

指令性语句和指示性语句在格式上的区别主要表现在以下几方面。

1. 标号和名字

指令性语句中的"标号"和指示性语句中的"名字"在形式上类似,但标号表示指令的符号地址,需要加上":"。名字通常表示变量名、段名和过程名等,其后不加":"。不同的伪操作对于是否有名字有不同的规定,有些伪操作规定前面必须有名字,有些则不允许有名字,还有一些可以任选。名字在多数情况下表示的是变量名,用来表示存储器中一个数据区的地址。

2. 操作数

指令性语句中的操作数最多为双操作数,也可以没有操作数。而指示性语句中的操作数至少要有一个,并可根据需要有多个,当操作数不止一个时,相互之间用逗号隔开。

【例 4.1】

```
START:MOV  AX,DATA         ;指令性语句,将立即数 DATA 送累加器 AX
DATA1  DB  11H,22H,33H     ;指示性语句,定义字节型数据。
```

注释是汇编语言语句的最后一个组成部分。它并不是必要的,加上的目的是增加源程序的可读性。对一个较长的应用程序来讲,如果从头到尾没有任何注释,读起来会很困难。因此,最好在重要的程序段前面以及关键的语句处加上简明扼要的注释。注释的前面要求加上分号";"。注释可以跟在语句后面,也可以作为一个独立的行。如果注释的内容较多,超过一行,则换行以后前面还要加上分号。注释不参加程序汇编,即不生成目标程序,它只是为程序员阅读程序提供方便。

4.1.2 汇编语句的操作数

操作数是汇编语言语句中的一个重要组成部分。它可以是寄存器、存储器单元或数据项。而数据项又可以是常数、标号、变量和表达式。

1. 常数

常数分为数值常数、字符串常数和符号常数。

数值常数可以是二、十、十六进制数,使用时在这些常数后分别加不同的后缀来区别:

- 十进制常数:以字母"D"结尾或不加结尾,如 23D,23。
- 二进制常数:以字母"B"结尾的二进制数,如 10101001B。
- 十六进制常数:以字母"H"结尾,如 64H,0F800H。程序中,若是以字母 A~F 开始的十六进制数,在前面要加一个数字 0。

字符串常数是指单引号括起来的一个字符或多个字符的序列。使用时可以在单引号内直接写字符序列,也可以写字符的 ASCII 码,但 ASCII 码之间必须用逗号作分隔(此时不需要用单引号)。

符号常数一般在数据段中用 EQU 伪指令或"="伪指令定义。程序中可以用符号名代表一个常数或表达式值,以增加程序的可读性。符号常数经常在表达式中使用,也可单独作为操作数出现在语句中。在程序中要注意区分符号常数和变量的不同。

2. 变量

变量是一个数据存储单元的名字,即数据存放地址的符号表示。变量一般是在除代码段以外的其他段中用伪指令进行定义的,变量经常作为操作数出现在各种语句中,定义变量实际上就是给变量分配内存单元。变量有 3 种属性:段属性、偏移属性和类型属性。

- 段属性:表示变量所在段的起始地址。该地址必须在除代码段以外的其他段寄存器中。
- 偏移属性:表示变量在段内的偏移地址,即从段的起始地址开始到变量所对应的内存单元之间的字节数,用 16 位无符号数表示偏移地址。

- 类型属性:表示该变量能存放的数据长度,它与变量定义时使用的伪指令有关。

注意:同一个标号或变量的定义在一个程序中只允许一次,否则会出现重复定义错误。

3. 标号

标号一般在代码段中定义,出现在指令语句前面,后面跟冒号":"与指令操作符分离,它表示指令的符号地址,指示汇编后读指令代码在内存中的位置。标号有 3 种属性:段属性、偏移属性和类型属性。

- 段属性:表示该标号的段起始地址,且该地址一定是在 CS 段寄存器中。
- 偏移属性:表示标号在代码段中的段内偏移地址,是一个 16 位的无符号数,表示从段起始地址开始到定义标号的位置之间的距离(字节数)。
- 类型属性:表示该标号是在本段内引用,还是在其他段中引用。在段内引用的标号为 NEAR 属性,在段外引用的标号为 FAR 属性。

4. 表达式

表达式是由常数、变量、标号通过运算符或操作符连接而成的,它可以分为数值表达式和地址表达式。

数值表达式主要由算术运算符、关系运算符和逻辑运算符连接常数组成的有意义的式子,它的运算结果是数值常数,只有大小,没有属性。

地址表达式是由变量、标号、常数、寄存器(BX、BP、SI、DI)的内容和操作符组成的有意义的式子,它的运算结果不是一个单纯的数值,总是和存储器地址相联系。单个变量、标号、寄存器的内容是地址表达式的特例。

4.1.3 汇编语句中的运算符和操作符

在 8086/8088 汇编语言中,数值表达式中进行算术运算的符号称为运算符,为了以示区别,我们将地址表达式中的运算符称为操作符。运算符可分为:算术运算符、逻辑运算符、关系运算符。操作符可分为:数值回送操作符和属性操作符。下面介绍各类运算符和操作符及使用方法。

1. 运算符

(1) 算术运算符

算术运算符有＋、－、＊、/、MOD、右移 SHR 和左移 SHL 运算符。其中＋、－、＊、/是最常用的运算符,要求参加运算的数或地址均为整数,运算的结果也为整数,除法运算的结果是商的整数部分。

(2) 逻辑运算符

逻辑运算符依次为 NOT、AND、OR 和 XOR。逻辑运算是按位进行操作的,位与位之间没有进位和借位,其结果仍为整数常量。其中 NOT 运算符是单操作数运算符,其余3 个运算符是双操作数运算符。

(3) 关系运算符

关系运算符有 6 种,如下:

EQ　　相等

NE　　不等

LT　　小于

LE　　小于或等于

GT　　大于

GE　　大于或等于

它们用于两个表达式值的比较,表达式的值一定是常数或是同一段内的偏移地址,比较的结果为逻辑值,关系成立,结果为真,用全"1"表示,即0FFFFH;关系不成立,结果为假,用全"0"表示,即0。

2. 操作符

(1) 数值回送操作符

数值回送操作符有5种,这些操作符的运算对象必须是变量或标号,其运算结果是变量或标号的类型属性值或是它们对应的段基值或段内偏移地址。下面介绍这5种数值回送操作符。

① 取偏移地址操作符 OFFSET

格式:OFFSET　变量或标号

功能:当 OFFSET 操作符置于变量或标号前时,汇编程序就自动计算出该变量或标号在它段内的偏移地址。

【例 4.2】

MOV　SI,OFFSET　BUF

汇编程序将 BUF 在数据段内的偏移地址作为立即数送到 SI 中。

② 取段基值操作符 SEG

格式:SEG　变量或标号

功能:当 SEG 操作符置于变量或符号前面时,汇编程序就回送变量或标号所在段的段基值。

【例 4.3】

MOV　AX,SEG　BUF

若 BUF 是从存储器的 2000H 地址处开始的一个数据段 DATA 中的变量,则该语句的功能是将变量 BUF 的段基值 2000H 作为立即数存放到 AX 寄存器。

③ 取类型操作符 TYPE

格式:TYPE　变量或标号

功能:当 TYPE 操作符置于变量前面时,汇编程序按 TYPE 操作符的功能,取得变量的类型数字,该数字表示该变量所分配的存储单元字节数:即 DB 为1,DW 为2,DD 为4等。当 TYPE 操作符置于标号前面时,汇编程序按其功能,返回标号的类型属性值:当该标号为 NEAR 属性时,返回值为-1;标号为 FAR 属性时,返回值为2。

【例 4.4】 数据段中有如下定义:

DATA　DW　75H,134H

执行: ADD　SI,TYPE　DATA

该语句在汇编后相当于指令 ADD SI,2。

④ 取变量所含的数据存储单元个数操作符 LENGTH

格式：LENGTH　变量

功能：LENGTH 操作符只对变量起作用,它的取值根据定义该变量时,数据定义伪指令后面第一个表达式的形式而定。如果第一个表达式为重复子句"n　DUP(表达式)",则返回外层 DUP 操作符前面的重复因子 n；如果为其他形式的表达式,则返回值为1。

【例 4.5】

```
DATA  SEGMENT
    A1  DB  'ABCD',5 DUP(0)
    A2  DW  10 DUP(1),1234H
    A3  DW  10,20 DUP(?)
    A4  DW  5 DUP(3 DUP(2),5)
DATA  ENDS
MOV  AL,LENGTH  A1
MOV  CX,LENGTH  A2
MOV  BX,LENGTH  A3
MOV  DX,LENGTH  A4
```

上述几条指令在汇编后相当于指令：

```
MOV  AL,1
MOV  CX,10
MOV  BX,1
MOV  DX,5
```

⑤ 取变量所含数据存储区大小操作符 SIZE

格式：SIZE　变量

功能：SIZE 操作符仅对变量起作用,汇编程序用该操作符返回的值表示该变量所分配的总字节数,此数的值是：LENGTH　变量 * TYPE　变量。

【例 4.6】 上例中的 A2 变量,若想知道它分配的总字节数,可用下述指令表示：

```
MOV  CX,SIZE  A2
```

汇编后相当于指令：

```
MOV  CX,20H
```

即变量 A2 总共分配有 20H 个字节数。

(2) 属性修改操作符

属性修改操作符主要用于临时修改变量、标号或某个内存单元中的操作数的类型属性,它们共有 4 种。

① 属性定义操作符 PTR

格式：类型　PTR　地址表达式

功能：PTR 操作符的作用是将地址表达式的原类型属性临时修改成 PTR 操作符前

面所指定的类型或专门指定某操作数地址的类型。地址表达式的形式可以是标号、变量或是用作地址偏移量的寄存器。指定的类型可以是 BYTE、WORD 或 DWORD。

【例 4.7】 要将一个立即数 20H 存入以 SI 寄存器内容所指定的内存单元,那么 SI 所指向的单元是字节单元还是字单元,就可以使用 PTR 操作符加以说明。

```
MOV  BYTE  PTR  [SI],20H
```

或

```
MOV  WORD  PTR  [SI],20H
```

第一条指令表示将立即数 20H 送入 EA＝(SI)的字节存储单元,第二条指令表示将立即数 20H 送入 EA＝(SI)的字存储单元。

② SHORT 操作符

格式:SHORT　标号

功能:SHORT 操作符用来说明 JMP 指令中转移地址的属性是短属性,即转移的范围比较小,其转向地址是在 JMP 的下一条指令 IP 值上加上一个字节的偏移量,即转移范围为$-128\sim+127$。

③ THIS 操作符

格式:THIS　属性或类型

功能:指定下一个能分配的存储单元的类型。THIS 操作符和 PTR 操作符类似,它可以建立一个指定类型或指定距离的地址操作数。但建立一个指定类型的地址操作数时,该操作数的段基值和段内偏移地址与下一个存储单元地址相同。它常与伪指令 EQU 或"＝"等连用。

【例 4.8】

```
NEWTYPE  EQU THIS  BYTE
WORDTYPE   DW 10H,2356H
```

汇编后建立一个新的地址操作数 NEWTYPE,它的段基值、段内偏移地址和 WORDTYPE 相同,但 NEWTYPE 将紧跟其后的变量 WORDTYPE 重新定义为字节类型,而 WORDTYPE 是字类型。

④ HIGH 和 LOW 操作符

格式:HIGH/LOW　常数或地址表达式

功能:两个操作符都是针对一个 16 位的数或地址表达式的,其中 HIGH 操作符取其高位字节,LOW 操作符取其低位字节。

【例 4.9】

```
CONST  EQU   1234H
MOV AH,HIGH CONST
MOV AL,LOW  CONST
```

上述指令执行后,AH 寄存器的值为 12H,AL 寄存器的值为 34H。

以上分别介绍了 8086/8088 指令语句中的运算符和操作符,当一个表达式中出现多种运算符时,应先计算优先级别高的运算符,对优先级相同的运算符则应从左到右进行计算。括号内的表达式应先计算。

运算符的优先级别如表 4.1 所示。

表 4.1 运算符的优先顺序

优先级	运算符
高	()、[]、LENGTH、SIZE、WIDTH 和 MASK
	PTR、OFFSET、SEG、TYPE、THIS、段操作数(:)
	HIGH、LOW
	*、/、MOD、SHL、SHR
	+、-
	EQ、NE、LT、LE、GT、GE
低	NOT
	AND
	OR、XOR
	SHORT

4.2 伪 指 令

4.2.1 数据定义伪指令

格式:[变量名] 伪指令 操作数[,操作数…]

功能:数据定义伪指令的用途是定义一个变量的类型,给存储器赋初值,或者仅仅给变量分配存储单元,而不赋予特定的值。

常用的数据定义伪指令有 DB、DW、DD 等。

1. DB

定义变量的类型为 BYTE,给变量分配字节或字节串。DB 伪指令后面的操作数每个占用 1 个字节。

2. DW

定义变量的类型为 WORD。DW 伪指令后面的操作数每个占用一个字,即 2 个字节。在内存中存放时,低位字节在前,高位字节在后。

3. DD

定义变量的类型为 DWORD。DD 后面的操作数每个占用 2 个字,即 4 个字节。在内存中存放时,低位字在前,高位字在后。

说明:数据定义伪指令后面的操作数可以是常数、表达式或字符串,但每项操作数的值不能超过由伪指令所定义的数据类型限定的范围。例如,DB 伪指令定义数据的类型为字节,则其范围为无符号数 0～255;带符号数-128～+127,等等。字符串必须放在单引号中。另外,超过两个字符的字符串只能用 DB 伪指令定义。

【例 4.10】

```
DATA   DB   100,0FFH              ;存入 64H,FFH
EXPR   DB   2*3+7                 ;存入 0DH
```

```
STR   DB  'WELCOME!'                ;存入 8 个字符
AB    DB  'AB'                      ;存入 41H,42H
BA    DW  'AB'                      ;存入 42H,41H
ADRS  DW  TABLE,TABLE＋5,TABLE＋10   ;存入 3 个偏移地址
```

除了常数、表达式和字符串外,问号"?"也可以作为数据定义伪指令的操作数,此时仅给变量保留相应的存储单元,而不赋予变量某个确定的初值。

当同样的操作数重复多次时,可用重复操作符"DUP"表示,其形式如下:

n　DUP　(初值[,初值…])

圆括号中为重复的内容,n 为重复次数。重复操作符"DUP"可以嵌套。

【例 4.11】

```
FILLER   DB  ?
SUM      DW  ?
         DB  ?,?,?
BUFFER   DB  10 DUP (?)
ZERO     DW  30 DUP(0)
MASK     DB  5 DUP ('OK!')
ARRAY    DB  100 DUP (3 DUP(8),6)
```

4.2.2　符号定义伪指令

符号定义伪指令的用途是给一个符号重新命名,或定义新的类型属性等。上述符号包括汇编语言的变量名、标号名、过程名、寄存器名以及指令助记符等。

常用的符号定义伪指令有:EQU、＝(等号)和 LABEL。

1. EQU

格式:名字　EQU　表达式

功能:EQU 伪指令将表达式的值赋予一个名字,以后可用这个名字来代替上述表达式。

【例 4.12】

```
CR EQU 0DH                ;常数
A  EQU ASCII-TABLE        ;变量
STR EQU 64 * 1024         ;数值表达式
ADR EQU ES:[BP＋DI＋5]     ;地址表达式
CBD EQU AAM               ;指令助记符
```

2. ＝(等号)

格式:名字　＝　表达式

功能:"＝"(等号)伪指令的功能与 EQU 伪指令基本相同,主要区别在于它可以对同一个名字重复定义。

【例 4.13】

```
COUNT = 10
```

```
MOV CX,COUNT              ;(CX)←10
    ⋮
COUNT = COUNT-1           ;(BX)←9
MOV BX,COUNT
    ⋮
```

3. LABEL

格式：名字　LABEL　类型

功能：LABEL 伪指令的用途是定义标号或变量的类型。变量的类型可以是 BYTE、WORD、DWORD；标号的类型可以是 NEAR 和 FAR。

【例 4.14】

```
AREAW  LABEL  WORD        ;变量 AREAW 类型为 WORD
AREAB  DB 100 DUP(?)      ;变量 AREAB 类型为 BYTE
    ⋮
MOV  AREAW,AX             ;AX 送第 1、第 2 字节中
    ⋮
MOV  AREAB[49],AL         ;AL 送第 50 字节中
```

4.2.3 段定义伪指令

段定义伪指令的用途是在汇编语言源程序中定义逻辑段。常用的段定义伪指令有 ASSUME 和 SEGMENT/ENDS 等。

1. SEGMENT/ENDS

格式：段名　SEGMENT　［定位类型］［组合类型］［'类别'］

```
    ⋮
    段名　ENDS
```

功能：SEGMENT/ENDS 伪指令用于定义一个逻辑段，给逻辑段赋予一个段名，并以后面的任选项（定位类型、组合类型、'类别'）规定该逻辑段的其他特性。SEGMENT 伪指令位于一个逻辑段的开始，而 ENDS 伪指令则表示一个逻辑段的结束。

说明：SEGMENT 伪指令后面的任选项告诉汇编程序和链接程序如何确定段的边界，以及如何组合几个不同的段等。下面分别讨论。

（1）定位类型

定位类型任选项告诉汇编程序如何确定逻辑段的边界在存储器中的位置。定位类型共有以下四种。

① BYTE

表示逻辑段从字节的边界开始，即可以从任何地址开始。此时本段的起始地址紧接在前一个段的后面。

② WORD

表示逻辑段从字的边界开始。此时本段的起始地址必须是偶数。

③ PARA

表示逻辑段从一个节的边界开始。通常 16 个字节称为一个节,故本段的开始地址应为×××0H。如果省略定位类型任选项,则默认其为 PARA。

④ PAGE

表示逻辑段从页边界开始。通常 256 个字节称为一页,故本段的起始地址应为×××00H。

(2) 组合类型

组合类型任选项告诉汇编程序当装入存储器时各个逻辑段如何进行组合。组合类型共有 6 种。

① 不组合 NONE

如果 SEGMENT 的指令的组合类型任选项默认,则汇编程序认为这个逻辑段是不组合的。也就是说,不同程序中的逻辑段,即使具有相同的类别名,也分别作为不同的逻辑段装入内存,不进行组合。但是,对于组合类型任选项默认的同名逻辑段,如果属于同一程序模块,则被顺序连接成为一个逻辑段。

② PUBLIC

选用 PUBLIC 时,连接程序在连接时将把本段和其他同名同类型的段连接在一起,连接的次序由连接命令指出。然后为所有这些分段指定一个统一的段基值,即连接成一个物理段。

③ STACK

组合类型为 STACK 时,其含义与 PUBLIC 基本一样。即不同程序中的逻辑段,如果类别名相同,则顺序连接成为一个逻辑段。不过组合类型 STACK 仅限于作为堆栈区域的逻辑段使用。

④ COMMON

选用 COMMON 时,将产生一个覆盖段。连接时,对于不同程序中的逻辑段,如果具有相同的类别名,则都从同一个地址开始装入,因而各个逻辑段将发生重叠。最后,连接以后的段的长度等于原来最长的逻辑段的长度,重叠部分的内容是最后一个逻辑段的内容。

⑤ MEMORY

选用 MEMORY 时,表示当几个逻辑段连接时,本逻辑段定位在地址最高的地方。如果被连接的逻辑段中有多个段的组合类型都是 MEMORY,则汇编程序只将首先遇到的段作为 MEMORY 段,而其余的段均作为 COMMON 段处理。

⑥ AT 表达式

这时,连接程序把段的起始地址装在由表达式所计算出来的段地址上,但它不能用来指定代码段。

(3) 类别

类别的作用是在连接时决定各逻辑段的装入顺序。当几个程序模块进行连接时,其中具有相同类别名的逻辑段被装入连续的内存区,按出现的先后顺序排列。没有类别的逻辑段,与其他无类别名逻辑段一起连续装入内存。

2. ASSUME

格式：ASSUME 段寄存器名:段名[,段寄存器名:段名[,…]]

功能：ASSUME 伪指令告诉汇编程序，将某一个段寄存器设置为某一个逻辑段址，即明确指出源程序中的逻辑段与物理段之间的关系。当汇编程序汇编一个逻辑段时，即可利用相应的段寄存器寻址该逻辑段中的指令或数据。

说明：对于 8086/8088CPU 而言，以上格式中的段寄存器名可以是 CS、DS、ES、SS。段名可以是曾用 SEGMENT 伪操作定义过的某一个段名或者组名，以及在一个标号或变量前面加上分析运算符 SEG 所构成的表达式，还可以是关键字 NOTHING。关键字 NOTHING 表示取消前面用 ASSUME 伪指令对这个段寄存器的设置。

【例 4.15】

```
CODE    SEGMENT
    ASSUME  CS:CODE,DS:DATA,SS:STACK1
    MOV AX,DATA
    MOV DS,AX
    MOV AX,STACK1
    MOV SS,AX
        ⋮
CODE    ENDS
```

4.2.4 过程定义伪指令

格式：过程名 PROC [NEAR]/FAR
        ⋮
            RET
        ⋮
        过程名 ENDP

功能：PROC 伪指令定义一个过程，并指出该过程的类型属性为 NEAR/FAR。如果没有特别指明类型，则认为过程的类型是 NEAR。伪指令 ENDP 标志过程的结束。上述两个伪指令前面的过程名必须一致。

说明：

(1) 当一个程序段被定义为过程后，程序中其他地方就可以用 CALL 指令调用这个过程。调用一个过程的格式如下：

CALL 过程名

(2) 过程名实质上是过程入口的符号地址，它和标号一样，也有 3 种属性：段属性、偏移量属性和类型属性。过程的类型属性可以是 NEAR 或 FAR。

(3) 一般来说，被定义为过程的程序段中应该有返回指令 RET，但不一定是最后一条指令，也可以有不止一条 RET 指令。执行 RET 指令后，控制返回到原来调用指令的下一条指令。

4.2.5　其他伪指令

1. 模块定义与链接伪指令

（1）NAME

格式：NAME　模块名

功能：NAME 伪指令用于给源程序汇编以后得到的目标程序指定一个模块名,连接时需要使用这个目标程序的模块名。

（2）END

格式：END　[标号]

功能：END 伪指令表示源程序到此结束,指示汇编程序停止汇编,对于 END 后面的语句可以不予理会。

（3）PUBLIC

格式：PUBLIC　符号[,…]

其中的符号可以是本模块中定义的变量、标号或数值的名字。

功能：PUBLIC 伪指令说明本模块中的某些符号是公共的,即这些符号可以提供给将被连接在一起的其他模块使用。

（4）EXTRN

格式：EXTRN　符号名:类型[,…]

功能：EXTRN 伪指令说明本模块中所用的某些符号是外部的,即这些符号将在被连接在一起的其他模块中定义。

2. 置汇编地址计数器伪指令 ORG

格式：ORG　数值表达式

功能：将数值表达式的值赋给汇编地址计数器,用于指定在它之后的程序段或数据区所分配的存储空间的起始偏移地址。数值表达式的值须为 0～65 535 的非负整数。

3. 对准伪指令 EVEN

格式：EVEN

功能：使下一个字节地址成为偶数。

4.3　汇编语言程序的结构

4.3.1　汇编语言程序的结构概述

在第 3 章关于指令系统的介绍中,曾列举过一些用汇编语言编写的程序。但是,这些程序都不是完整的汇编语言源程序,在计算机上不能通过汇编生成目标代码,当然也就不能在机器上运行。那么,完整的汇编语言源程序是什么样的呢?

一个完整的汇编语言源程序通常由若干个逻辑段组成,包括数据段、附加段、堆栈段和代码段,它们分别映射到存储器中的物理段上。每个逻辑段以 SEGMENT 语句开始,以 ENDS 语句结束,整个源程序用 END 语句结尾。

代码段中存放源程序的所有指令码、数据、变量等则存放在数据段和附加段中。程序中可以定义堆栈段,也可以直接利用系统中的堆栈段。具体源程序中要定义多少个段,要根据实际需要来定。但一般来说,一个源程序中可以有多个代码段,也可以有多个数据段、附加段及堆栈段,但一个源程序模块只可以有一个代码段、一个数据段、一个附加段和一个堆栈段。将源程序以分段形式组织是为了在程序汇编后,能将指令码和数据分别装入存储器的相应物理段中。

为了建立起汇编语言源程序的整体结构,下面先给出一个完整的汇编语言源程序的结构框架。

```
段名1    SEGMENT
         ⋮
段名1    ENDS
段名2    SEGMENT
         ⋮
段名2    ENDS
...
段名n    SEGMENT
         ⋮
段名n    ENDS
END
```

下面以一个具体的例子来说明一个完整的汇编语言程序的结构。

【例 4.16】 编写一个将两个字相加的程序。程序如下:

```
DSEG   SEGMENT                    ;定义数据段
   DATA1   DW 0F865H             ;定义被加数
   DATA2   DW 360CH              ;定义加数
DESG   ENDS                      ;数据段结束
;
ESEG   SEGMENT                   ;定义附加段
   SUM   DW   2 DUP(?)           ;定义存放结果区
ESEG   ENDS
;
CSEG   SEGMENT                   ;定义代码段
;下面的语句说明程序中定义的各段分别用哪个段寄存器寻址
ASSUME CS:CSEG,DS:DSEG,ES:ESEG
START: MOV   AX,DSEG
       MOV   DS,AX               ;初始化 DS
       MOV   AX,ESEG
       MOV   ES,AX               ;初始化 ES
       LEA   SI,SUM              ;存放结果的偏移地址送 SI
```

```
        MOV   AX,DATA1              ;取被加数
        ADD   AX,DATA2              ;两数相加
        MOV   ES:[SI],AX            ;和送附加段的 SUM 单元中
        HLT
CSEG    ENDS                        ;代码段结束
        END   START                ;源程序结束
```

4.3.2 运行汇编语言的准备工作

1. 程序正常返回 DOS 的方法

汇编语言源程序经过汇编和链接后,成为 EXE 文件,便可在 DOS 状态下运行了。但是,在程序执行完后,还必须使系统返回 DOS 状态,以便计算机能够继续做其他的工作,这就是程序的正常结束。通常,汇编语言程序采用以下两种方法正常结束。

（1）利用 DOS 功能调用 4CH

采用这种方法时,在源程序指令代码的最后,再加上如下两条指令即可:

```
MOV   AH,4CH
INT   21H
```

当用户程序执行到上述两条指令后就会自动返回 DOS。

（2）把主程序设置成一个过程

在 EXE 文件前面有一个程序段前缀 PSP。在 PSP 的开始处是一条中断指令,即

```
INT   20H
```

这条指令用来实现结束用户程序和返回 DOS 操作系统的功能。为了能够利用这条指令实现程序的正常结束,可以把用户程序设置成一个过程。具体如下:

```
过程名  PROC FAR
    PUSH  DS
    MOV  AX,0
    PUSH  AX
           ⋮
    RET
过程名      ENDP
```

其中,第 1 条指令把 DOS 的内容压入堆栈,接着的两条指令完成把 0000H 压入堆栈。这样,在用户程序结束时,执行返回指令,便把原先压入堆栈的 PSP 段基值及为 0 的偏移量弹出,并分别送入 CS 和 IP。执行返回指令后,就可以转去执行 PSP 开始处的指令:

```
INT   20H
```

使程序正常返回 DOS。

2. 设置段寄存器

尽管在程序中通过使用 ASSUME 伪指令建立了段寄存器和各逻辑段的对应关系,但是除了代码段寄存器 CS 外,其他段寄存器还必须通过指令设置。通常采用下列指令:

```
MOV   AX,逻辑段名
```

```
MOV  sereg,AX
```

其中,段寄存器 sereg 可以是 DS、ES 和 SS 中的任何一个。

4.4　汇编语言程序设计

4.4.1　程序设计概述

1. 计算机解题的步骤

与其他高级语言程序设计类似,当通过程序设计用计算机解决问题时,我们必须按以下步骤进行。

（1）分析问题,建立数学模型

把要解决的问题用一定的数学表达式描述或者制订解决问题的规则。

（2）确定算法

确定解决问题的方法、步骤。

（3）编制程序流程图

把解题的方法、步骤用框图形式表示。如果要解决的问题比较复杂,那么可以逐步细化,直到每一个框图都可以很容易编制程序为止。流程图不仅便于程序的编制,且对程序逻辑上的正确性也比较容易查找和修改。

（4）合理分配存储空间和寄存器

存储器是汇编语言程序设计直接调用的资源之一。程序运行时,大量数据从指定的存储单元中取出,中间结果或最后的结果送入指定存储单元,且运行的程序目标代码也在存储器中。因此,充分利用存储空间,节约使用存储单元是编制一个好的应用程序应注意的问题。为编程方便起见,常常给这些存储单元赋予一个名字(如变量名)。这些存储单元有 3 种类型的用途。

① 常数单元

这些单元存放的数据是作为整个程序的常量,且不因程序运行的次数而发生变化。因此,在程序中不要随意改变它。

② 数据单元

这是程序运行中处理的对象,除非程序要求处理并变动这些单元的内容。通常不要轻易修改这些单元的内容,以便程序可以多次运行。

③ 工作单元

用于存放中间结果和最后结果。这些单元的内容,在程序运行期间是经常变化的。

在程序中,无论是对数据进行操作或传送,还是从存储器中寻找操作数,均要使用寄存器。而且有的操作还要使用特定的寄存器(如堆栈操作使用 SS 和 SP,循环指令使用 CX 等)。由于 CPU 中寄存器的数量是有限的,所以程序中要合理分配寄存器。

（5）编制程序

根据程序框图,逐条编制源程序。

（6）调试程序

以上五步仅仅是完成程序的编写,但是程序设计者很难做到他所编制的程序一次成功,没有一点错误。发现和修改错误都只有在计算机上进行调试运行时才能完成。

2. 程序的基本结构形式

程序的基本结构形式有 3 种,用这 3 种基本结构作为表示一个良好算法的基本单元。

① 顺序结构

如图 4.1 所示,虚线框内是一个顺序结构,其中,A 和 B 两个框是顺序执行的。即在执行完 A 框所指定的操作后,必然接着执行 B 框所指定的操作。顺序结构是最简单的一种基本结构。

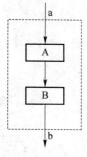

② 选择结构

选择结构又称选取结构或分支结构,如图 4.2 所示。虚线框内是一个选择结构。此结构中必包含一个判断框。根据给定的条件 P 是否成立来选择执行 A 框或 B 框。无论 P 条件是否成立,都只能执行 A 框或 B 框之一,不可能既执行 A 框又执行 B 框。无论走哪一条路径,在执行完 A 或 B 之后,都经过 b 点,然后脱离本选择结构。A 或 B 两个框中可以有一个是空的,即不执行任何操作。

图 4.1　顺序结构图

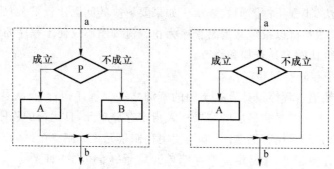

图 4.2　选择结构图

③ 循环结构

循环结构又称重复结构,即反复执行某一部分的操作。有两类循环结构:当型(WHILE 型)循环结构和直到型(UNTIL 型)循环结构。两类循环结构如图 4.3 所示。

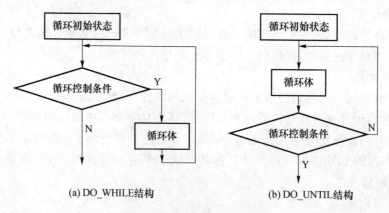

(a) DO_WHILE结构　　　　　(b) DO_UNTIL结构

图 4.3　循环程序的结构形式

4.4.2 顺序程序设计

顺序程序是最简单的,也是最基本的一种程序结构形式。这种结构的程序从开始到结尾一直是顺序执行,中途没有任何分支。

【例 4.17】 试编制一程序,求出下列公式中的 Z 值,并存放在 RESULT 单元中。

$$Z = \frac{(X+Y)*8-X}{2}$$

其中,X、Y 的值分别存放在 RESULT 单元中。

(1) 如果用把主程序设置成一个过程的方法返回 DOS,源程序编制如下:

```
DATA    SEGMENT
    VARX    DW  6
    VARY    DW  7
    RESULT  DW  ?
DATA    ENDS
STACK1  SEGMENT  PARA  STACK
    DW  20H DUP(0)
STACK1  ENDS
COSEG   SEGMENT
  PROCI  PROC FAR
    ASSUME  CS:COSEG,SS:STACK1,DS:DATA
    START:PUSH DS
          MOV AX,0
          PUSH  AX
          MOV AX,DATA
          MOV DS,AX
          MOV DX,VARX
          ADD DX,VARY
          MOV CL,3
          SAL  DX,CL
          SUB  DX,VARX
          SAR  DX,1
          MOV RESULT,DX
          RET
    PROCI  ENDP
COSEG   ENDS
          END  START
```

（2）如果利用 DOS 功能调用的方法返回 DOS,则上述程序的代码段可以重写如下：

```
COSEG   SEGMENT
        ASSUME  CS:COSEG,DS:DATA,SS:STACK1
        START:MOV   AX,DATA
              MOV DS,AX
              MOV DX,VARX
              ADD DX,VARY
              MOV CL,3
              SAL  DX,CL
              SUB  DX,VARX
              SAR DX,1
              MOV RESULT,DX
              MOV AH,4CH
              INT 21H
COSEG   ENDS
        END  START
```

4.4.3 分支程序设计

8086/8088 指令系统提供了许多指令来完成对程序流向的控制和转移,即在程序运行中改变程序执行的顺序。程序流向的控制和转移,主要是改变 CS 和 IP。若转移仅在同一段内进行,就只需修改 IP;若在两个段之间进行,则 CS 和 IP 都需要修改。

分支程序常用的结构有两种形式：

（1）比较/测试分支结构；

（2）分支表(跳转表)结构。

1. 用比较/测试分支结构实现分支程序设计

在产生分支前,通常用比较/测试的方法在标志寄存器中设置相应的标志位。然后再选用适当的条件转移指令以实现不同情况的分支转移。

【例 4.18】 已知在存储单元 N1 和 N2 中分别存放有两个 8 位无符号数,现要求将其较大者找出,并存放到 G 单元中。试编写汇编语言程序。

若采用 DOS 功能调用返回 DOS,则源程序如下：

```
DATA  SEGMENT
   N1  DB   5
   N2  DB   7
   G   DB   ?
DATA  ENDS
STACK1  SEGMENT PARA  STACK
```

```
        DW   20H DUP(0)
STACK1  ENDS
COSEG   SEGMENT
        ASSUME  CS:COSEG,DS:DATA,SS:STACK1
        START:  MOV  AX,DATA
                MOV  DS,AX
                MOV  AL,N1
                CMP  AL,N2
                JAE  DONE
                MOV  AL,N2
        DONE:   MOV  G,AL
                MOV  AH,4CH
                INT  21H
COSEG   ENDS
        END  START
```

【例 4.19】 编制程序实现如下符号函数：

$$Y = \begin{cases} 1, & 0 < X \leqslant 127 \\ 0, & X = 0 \\ -1, & -128 \leqslant X < 0 \end{cases}$$

程序中要求对 X 的值加以判断，根据 X 的不同值，给 Y 单元赋予不同的值。

编写的程序段如下：

```
        CMP  X,0
        JL   PNUM          ;X<0 转移到 PNUM
        JZ   ZERO          ;X=0 转移到 ZERO
        MOV  Y,1
        JMP  EXIT          ;X>0
PNUM:   MOV  Y,-1
        JMP  EXIT          ;X<0
ZERO:   MOV  Y,0           ;X=0
EXIT:   ⋮
```

2. 用跳转表形成多路分支的程序设计

为了实现多路分支，常用跳转表。例如，某程序需 n 路分支，每路分支的入口地址分别为 SUB1，SUB2，…，SUBn。把这些转移的入口地址组成一个表，叫跳转表。表内每两个字节存放一个入口地址的偏移量，如图 4.4(a) 所示。跳转表也可以由若干个跳转指令组成，如图 4.4(b) 所示，这时用无条件转移指令，且每条指令的目标代码长度要一致，否则分支程序的编制非常麻烦。

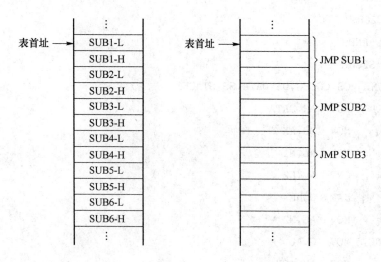

(a) 表内是跳转的入口地址　　　　(b) 表内是转移指令

图 4.4　跳转表

【例 4.20】　现有若干个程序段,每一程序段的入口地址分别为 SUB1,SUB2,…,
SUBn。试编制一程序,根据指定的参数转入相应的程序段。

(1)首先如果跳转表由入口地址构成,则源程序编制如下:

```
DATA   SEGMENT
    TABLE   DW   SUB1,SUB2,SUB3,…,SUBn
    PARAM  DB  3
DATA   ENDS
STACK1  SEGMENT  PARA  STACK
    DW   10H DUP (0)
STACK1   ENDS
COSEG   SEGMENT
    ASSUME  CS:COSEG,DS:DATA,SS:STACK1
    START:MOV   AX,DATA
          MOV   DS,AX
          MOV   AL,PARAM
          XOR   AH,AH
          DEC   AL
          SHL AL,1
          MOV BX,OFFSET  TABLE
          ADD BX,AX
          JMP  [BX]
    SUB1:  …
            ⋮
```

```
            JMP   END0
     SUB2：  …
              ⋮
            JMP   END0
     SUB3：  …
              ⋮
            JMP   END0
              ⋮
   SUBn：     …
              ⋮
     END0：MOV AH,4CH
            INT   21H
  COSEG    ENDS
            END   START
```

说明：跳转表中的地址按照 SUB1,SUB2,…,SUBn 的顺序排列。程序中，只需把取出的参数减 1 后乘以 2，再加上跳转表首址就可以实现转移。

（2）其次如果跳转表由无条件转移指令构成，则上述源程序可修改如下：

```
DATA   SEGMENT
   PARAM  DB  3
DATA   ENDS
STACK1   SEGMENT  PARA  STACK
   DW   20H DUP(0)
STACK1   ENDS
COSEG   SEGMENT
   ASSUME  CS:COSEG,DS:DATA,SS:STACK1
   START:MOV  AX,DATA
          MOV   DS,AX
          XOR   BH,BH
          MOV   BL,PARAM
          DEC   BL
          MOV   AL,BL
          SHL   BL,1
          ADD   BL,AL
          ADD   BX,OFFSET  TABLE
          JMP   BX
   TABLE:JMP   SUB1
          JMP   SUB2
          JMP   SUB3
```

```
              ⋮
        JMP   SUBn
SUB1:   ⋯
              ⋮
        JMP   END0
SUB2:   ⋯
              ⋮
        JMP   END0
SUB3:   ⋯
              ⋮
        JMP   END0
              ⋮
SUBn:   ⋯
              ⋮
END0:   MOV   AH,4CH
        INT   21H
COSEG   ENDS
        END   START
```

说明:由于跳转表中每一条转移指令是三字节的指令代码,所以从 PARAM 中取出参数减 1 后要乘以 3,这样才能正确无误地找到跳转表中对应的位置。

4.4.4 循环程序设计

1. 循环程序的结构

一个循环程序通常由以下 5 个部分组成。

(1) 初始化部分

建立循环初始值,如初始化地址指针、计数器、其他循环参数的起始值等。

(2) 工作部分

在循环过程中干具体事情,完成若干操作,是循环程序的主要部分。它可以是一个顺序程序、一个分支程序或另一个循环程序。如果工作部分是另一个循环程序,则称为多重循环程序。

(3) 修改部分

为执行下一个循环而修改某些参数,如修改地址指针、其他循环参数等。

(4) 控制部分

判断循环结束条件是否成立。通常判断循环是否结束的办法有两种。

① 用计数控制循环:判断循环是否已经进行预定次数。

② 用条件控制循环:判断循环终止条件是否已经成立。

(5) 结束处理部分

对循环结束进行适当处理,如存储结果等。有的循环程序可以没有这部分。

2. 循环控制方法

（1）用计数控制循环

只要在编制程序时，循环次数已知，就可以使用这种方法设计循环程序。或者在编制程序时，并不能确切知道循环次数，但是知道循环次数是前面运算或操作的结果或者被存放在某内存单元中。因此，在进入循环前，在初始化部分时，就可以获得循环次数。

【例4.21】 试编制一程序，统计 DA 数据区中正数、"0"、负数的个数。

根据题意编制程序如下：

```
DATA    SEGMENT
  DA      DW - 1,0,3,02,4,5,0,0AH,0EFH
  CUNT    DB    ?                    ;存放正数个数
          DB    ?                    ;存放"0"的个数
          DB    ?                    ;存放负数的个数
DATA    ENDS
STACK1  SEGMENT PARA  STACK
    DW  20H DUP(0)
STACK1  ENDS
COSEG   SEGMENT
    ASSUME  CS:COSEG,DS:DATA,SS:STACK1
    START:  MOV AX,DATA
            MOV DS,AX
            MOV AX,0                 ;初始化统计个数计数器
            MOV BX,0
            LEA SI,DA                ;初始化地址指针
            MOV CX,CUNT-DA
            SHR CX,1
    LOP:    CMP WORD PTR [SI],0
            JZ  ZERO
            JNS PLUS
            INC BL                   ;负数个数计数
            JMP NEXT
    ZERO：  INC AH                   ;"0"的个数计数
            JMP NEXT
    PLUS：  INC AL                   ;正数个数计数
    NEXT：  ADD SI,2
            LOOP LOP
            MOV CUNT,AL              ;存结果
            MOV CUNT + 1,AH
            MOV CUNT + 2,BL
```

```
                MOV   AH,4CH
                INT   21H
COSEG           ENDS
                END   START
```

（2）用条件控制循环

有些情况无法确定循环次数，但是循环何时结束可用某种条件来确定。这时，编制程序主要是寻找控制条件及对控制条件的检测。

【例4.22】 试编制一程序，统计一字符串的每一个字符中"1"的个数。

从题意可以看出，这是一个双重循环程序。内循环是对一个字符进行"1"的个数统计，采用条件控制循环方法。而外循环是在字符串中逐个取出字符交内循环进行个数统计，采用计数控制循环方法。编制的源程序如下：

```
DATA   SEGMENT
   DA1   DB   'ABCDEFGHUKLMNOP'
   CUNT  EQU   $ - DA1
   DA2   DB   CUNT  DUP(0)
DATA   ENDS
STACK1  SEGMENT  PARA  STACK
   DW  20H  DUP(0)
STACK1  ENDS
COSEG  SEGMENT
   ASSUME  CS:COSEG,DS:DATA,SS:STACK1
   START:MOV   AX,DATA
         MOV   DS,AX
         LEA   SI,DA1            ;字符串首址
         LEA   DI,DA2            ;存结果首址
         MOV   CX,CUNT           ;字符个数
   LOP1:MOV   AL,[SI]            ;从字符串中取一字符
         MOV   DL,0
   LOP2:CMP   AL,0               ;代码是否为全"0"
         JZ    NEXT              ;是,退出内循环
         SHR   AL,1              ;否,统计"1"的个数
         JNC   EE
         INC   DL                ;"1"的个数计数
   EE：  JMP   LOP2              ;继续内循环
   NEXT:MOV   [DI],DL            ;存放统计个数
         INC   SI                ;修改指针
         INC   DI
         LOOP  LOP1              ;继续外循环
```

```
        MOV  AH,4CH
COSEG   ENDS
        END  START
```

4.4.5 子程序设计

在程序设计时,通常将功能相对独立的、并且可能在一个或多个程序的不同位置处被多次运行的程序段设计为一个子程序。子程序也叫过程,可以由其他程序在需要时被调用,调用子程序的程序称为主程序或调用程序。在运行子程序调用时,控制由主程序转移到子程序,执行子程序,完成一定的功能。子程序执行完后,由返回指令将控制返回到主程序断点处接着往下执行。主程序在调用时,还可以传递给子程序一些参数,以扩大子程序的功能。子程序的引入使程序功能的层次性更加分明,增强了程序的可读性,为较大软件设计的分工合作提供了方便。

1. 子程序的调用和返回

子程序的定义由过程定义伪指令 PROC/ENDP 实现,所定义的子程序可以和主程序在同一个代码段内,也可以在不同的代码段内。例如,例 4.23 中的过程 PROC1 和 PROC2。

可以在需要时用 CALL 指令调用已经定义的子程序。CALL 指令可以根据子程序与主程序在逻辑段中的不同位置关系,形成段内调用和段间调用。无论采用哪种调用方式,为了保证子程序执行完后能顺利地返回主程序,CALL 指令在将控制转移到子程序之前,都将返回地址(CALL 指令下一条指令的第一个字节地址),或称断点,压入堆栈保护,然后操作才转入子程序执行。例如,例 4.23 中,CALL　PROC1 汇编后形成段内调用,CALL　PROC2 形成段间调用。AAA 和 BBB 是两个返回地址。

子程序最后一条执行的指令一定是返回指令 RET,RET 指令能按照 CALL 指令的不同格式,由汇编程序汇编形成段内返回(过程 PROC1 中的 RET 指令)和段间返回(PROC2 中的 RET 指令),并将控制返回到主程序断点。如在例 4.23 中,子程序 PROC1 返回后,从 AAA 处开始执行;子程序 PROC2 返回后,从 BBB 处开始执行。

【例 4.23】 子程序的定义、调用和返回示意。

```
CODE1  SEGMENT
          ⋮
       CALL  PROC1
AAA:      ⋮
       PROC1  PROC
          ⋮
          RET
       PROC1  ENDP
       PROC2  PROC  FAR
          ⋮
          RET
```

```
        PROC2    ENDP
CODE1 ENDS
CODE2 SEGMENT
          ⋮
        CALL   PROC2
BBB：     ⋮
CODE2 ENDS
```

2. 编制子程序时的注意事项

由于子程序可在程序的不同地方或在不同的程序中被多次调用,因此对于子程序的设计提出了很高的要求,如通用性强,独立性好,程序目标代码短,占用内存空间少,执行速度快,结构清晰,有详细的功能、参数说明等。因此,在设计子程序时,需要注意以下几点。

（1）参数传递

为了使子程序具有较强的通用性,子程序所处理的数据往往并不是常量,而是约定在某数据区的地址单元处。主程序每次调用子程序时,必须给它赋予处理的数据到约定的地址单元中。这些数据被称为参数,主、子程序间的数据传递就称为参数传递。其中,主程序传递给子程序的参数称为子程序的入口参数,子程序返回给主程序的参数称为出口参数。

主程序和子程序间的参数传递通常使用以下几种办法:通用寄存器传递,存储单元传递,地址表传递,堆栈传递。每种传递方法都有自己的优劣,要根据不同的问题选择适合的传递方法。

（2）信息保护

为了保证由子程序返回主程序后,程序执行的正确性,通常要将子程序中用到的寄存器压入堆栈保护,子程序执行完成后再恢复出来。将寄存器压入堆栈保护的过程称为保护现场,将寄存器从堆栈中弹出恢复的过程称为恢复现场。保护和恢复现场的工作既可以在调用程序中进行,也可以在子程序中进行。

（3）子程序的说明

为了方便各类用户对子程序的调用,一个子程序应该有清晰的文本说明,以提供给用户足够的使用信息。通常,子程序的文本说明包括以下一些内容:

① 子程序名;

② 子程序功能、技术指标;

③ 子程序的入口、出口参数;

④ 子程序使用到的寄存器和存储单元;

⑤ 是否又调用其他子程序;

⑥ 子程序的调用形式。

3. 子程序举例

【例 4.24】 编程实现两个 16 位十进制数的求和。

假设这两个 16 位十进制数以组合 BCD 码的形式存放在内存中,则它们可以通过 8

次字节数相加,每次相加后再进行十进制调整来实现。

(1) 用寄存器和存储器传递参数

如果子程序和主程序在同一模块内,那么在子程序中可以直接使用主程序数据段所定义的变量。程序如下:

```
DATA  SEGMENT
    DAT1  DB  34H,67H,98H,86H,02H,41H,59H,23H   ;低位在前
    DAT2  DB  33H,76H,89H,90H,05H,07H,65H,12H   ;低位在前
    SUM   DB  10  DUP(0)
DATA  ENDS
STACK  SEGMENT  PARA  STACK
    DW  20H DUP (0)
STACK  ENDS
CODE   SEGMENT
    ASSUME  CS:CODE,DS:DATA,SS:STACK
    START:  MOV  AX,DATA
            MOV  DS,AX
            MOV  CX,8                    ;设子程序入口参数
            CALL  ADDP
            MOV  AH,4CH
            INT  21H
            ADDP  PROC
                PUSH  AX
                PUSH  BX                 ;保护现场
                CLC
                MOV  BX,0
        AGAIN:  MOV  AL,DAT1[BX]
                ADC   AL,DAT2[BX]
                DAA
                MOV  SUM[BX],AL
                INC  BX
                LOOP  AGAIN
                ADC   SUM[BX],0
                POP   BX
                POP   AX
                RET
            ADDP    ENDP
    CODE  ENDS
        END START
```

　　说明：上述例子采用了寄存器和存储单元两种方法传递参数。入口参数：CX 中置入组合 BCD 码的字节个数；DAT1 和 DAT2 数据区中存放 BCD 码表示的被加数和加数，低位在前，高位在后。出口参数：运算结果在以变量 SUM 为首地址的数据区中。

　　（2）用地址表传递参数

　　用地址表传递的是参数的地址。在转子程序前，将表的首地址作为入口参数传递给子程序，由子程序根据参数表中的地址取出对应参数。下面是多位十进制数求和的问题，用地址表传递参数的程序如下：

```
DATA    SEGMENT
    DAT1    DB    34H,67H,98H,86H,02H,41H,59H,23H    ;低位在前
    DAT2    DB    33H,76H,89H,90H,05H,07H,65H,12H    ;低位在前
    SUM     DB    10 DUP(0)
    TABLE   DW    4 DUP(0)
DATA    ENDS
CODE    SEGMENT
    ASSUME  CS:CODE,DS:DATA
    START:      MOV    AX,DATA
                MOV    DS,AX
                MOV    TABLE,OFFSET  DAT1
                MOV    TABLE[2],OFFSET  DAT2
                MOV    TABLE[4],OFFSET  SUM        ;建立地址表
                MOV    BX,OFFSET  TABLE            ;BX←地址表首址
                CALL ADDP
                MOV    AH,4CH
                INT    21H
        ADDP PROC
                MOV    CX,8                        ;CX←字节个数
                MOV    SI,[BX]                     ;SI←被加数首地址
                MOV    DI,[BX+2]                   ;DI←加数首址
                MOV    AX,[BX+4]
                MOV    BX,AX                       ;BX←和数首址
                CLC
        AGAIN:  MOV    AL,[SI]
                ADC    AL,[DI]
                DAA
                MOV    [BX],AL
                INC    SI,
                INC    DI
                INC    BX                          ;修改地址指针
```

```
                LOOP    AGAIN
                ADC     [BX],0
                RET
        ADDP    ENDP
CODE    ENDS
        END    START
```

（3）用堆栈传递参数

这也是一种常用的传递参数的方法。转子程序前，将子程序所用的参数压入堆栈，然后进入子程序，由子程序从堆栈中取出所用的参数。对于这种参数传递方法，在子程序中经常使用带参数的返回指令 RETn，它可以在恢复断点后，再将堆栈指针 SP 加 n，从而跳过参数区，使栈顶恢复到调用子程序前的位置。在子程序中，堆栈中的参数访问，可以使用基址寄存器 BP。下面是多位十进制加法的问题，用堆栈传递参数的程序如下，其中数据段定义与第一种方法相同。

```
                ⋮
        MOV    AX,OFFSET SUM
        PUSH   AX
        MOV    AX,OFFSET  DAT2
        PUSH   AX
        MOV    AX,OFFSET  DAT1
        PUSH   AX                    ;传递的参数压栈
        CALL   ADDP
        MOV    AH,4CH
        INT    21H
ADDP    PROC
        PUSH   BP
        MOV    BP,SP                 ;设置访问参数的指针 BP
        MOV    CX,8
        MOV    SI,[BP + 4]           ;SI←取被加数地址
        MOV    DI,[BP + 6]           ;DI←取加数地址
        MOV    BX,[BP + 8]           ;BX←取和数地址
                ⋮
        POP    BP                    ;返回并修改 SP
        RET    6
ADDP    ENDP
                ⋮
```

说明：主程序在转入子程序执行之前，将被加数首址、加数首址、和数首址压入堆栈。子程序利用 BP 指针取出这些参数。在子程序执行完后，又通过带参数的返回指令跳过参数区，使 SP 恢复到调用子程序之前的值。子程序调用过程中，堆栈的变化情

况如图 4.5 所示。

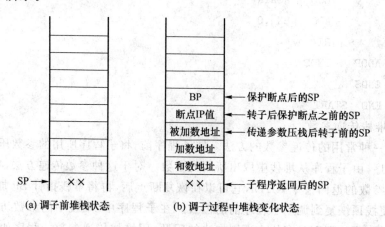

(a) 调子前堆栈状态　　　　(b) 调子过程中堆栈变化状态

图 4.5　堆栈传递参数示意图

4. 子程序的嵌套和递归调用

在一个子程序中又调用其他的子程序,这种情况称为子程序的嵌套。只要堆栈允许,嵌套的层次就可以不加限制。图 4.6 是一个两层的子程序嵌套调用示意图。

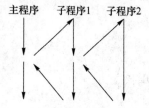

图 4.6　子程序嵌套调用示意图

在子程序嵌套调用时,每一个子程序执行完后都要返回上一级调用程序,所以对于堆栈的使用要格外小心,以防出现不能正确返回的错误。

所谓子程序的递归调用,就是指在子程序嵌套调用时,调用的子程序就是它本身。递归子程序和数学上的递归函数的定义相对应,必须有一个结束条件。在递归的过程中,每一次调用所用到的调用参数和运行结果都不相同,必须将本次调用的这些信息存放在堆栈中,这些信息称为一帧,下一次的调用必须保证这帧信息不被破坏。当递归满足结束条件时,开始逐级返回,每返回一级,就从堆栈中弹出一帧信息,计算一次中间结果。在递归结束后,堆栈恢复原状。

子程序的递归调用,会用到大量的堆栈单元,因此要特别注意堆栈的溢出。在编制程序时,可以采取一些保护措施。

在实际应用中,程序结构往往不是单一的结构,而是多种结构的复合,应根据具体情况和要求做出合理的设计。

小　　结

本章主要介绍了宏汇编程序提供的伪指令、宏指令以及 8086 汇编程序的设计方法。

汇编程序在编译源程序的过程中,需要有一些命令告诉汇编程序如何进行编译,编程者也要借助一些命令说明并初始化数据区、堆栈区和代码区,以便更好地组织代码。这也是伪指令的主要作用。在本章中所介绍的伪指令都是最为常用的,读者应加以掌握。

掌握汇编语言程序的设计,主要是靠设计者对所要解决问题的深入理解,对计算机指令的熟练掌握,以及在实践中获得的经验、技巧与逻辑思维能力。

本章从程序的结构出发,分别介绍了简单程序、分支程序、循环程序和子程序等的设计,并举了一些例子,从中给出解决问题的思路。读者应对每个例子的思路祥加推敲,才能获得一些方法或者说是技巧。

习　　题

4.1　说明下列两条语句的区别:

(1) X　DB　12H

(2) X　EQU 12H

4.2　指出下列数据段定义后,各数据在内存储器中的分配情况。

```
DATA  SEGMENT
    A  DB  1,2,3,4
    B  DB  '1','2','3','4'
    C  DW  1,2,3,4
    D  EQU  1234H
    E  DD  1234H
DATA  ENDS
```

4.3　设某数据段如下:

```
ORG  100H
A = 12H
B = A + 10H
STR1  DB  'DATASTRING'
NUM  EQU  $ - STRING
STR2  DB  'INFORMATION'
```

试指出:

(1) STR1 的偏移地址;(2) NUM 是多少;(3) STR+3 的存储单元内容。

4.4　已知数据定义为"WDAT　DW　1234H,5678H",并且 SI=2,写出下列指令单独执行后的结果:

(1) MOV　AX,WDAT

(2) MOV　AX,WDAT + 2

(3) MOV　AX,WDAT + [SI]

4.5　分别用一个伪指令语句完成下列要求:

(1) 将数据 12H、34H、56H、0ABH 依次存放在字节数组 ARRAY 中。

(2) 在字数组 DARRAY 中依次存放数据 1234H、5678H 和 0ABCDH。

(3) 将字符串"STRING"存放在数组 STR 中。

(4) 在数据区 DATA1 中连续存放字节数据 12H、34H,字符数据"A""B""C",字数据 1234H、5678H、0ABCDH,预留 10 个存储单元。

4.6　编写程序计算 $1+2+3+\cdots+100$。

4.7　下面程序段用于判断寄存器 AL 和 BL 中第 3 位是否相同。若相同,AL 置 0,否则 AL 置非 0。试在空白处填上适当的指令(一个空白处只能填一条指令)。

```
        (     )
    AND   AL,08H
        (     )
    MOV   AL,0FFH
    JMP   NEXT
ZERO:MOV  AL,00H
NEXT:     ...
```

4.8　在 A、B 单元中各有一个无符号数,比较两个数的大小,在屏幕上显示"A＞B"或"A＜B"或"A＝B"。

4.9　试编制一程序,找出 DA 数据区中带符号数的最大数和最小数。

4.10　有若干个有符号数,试编程统计正数和负数的个数。

4.11　数据段中有一个字符串 STR,长度为 100,试编程将其中的"＊"字符用"♯"字符替换。

4.12　有一个字符串,编程统计字符串中包含了多少个"AB",将统计结果送入 RESULT 单元中。

4.13　有 5 个程序段,它们分别完成不同的功能,将这 5 个程序段的入口地址形成一个表,表的入口地址为 TABLE,使得从键盘上按下 A、B、C、D、E 中的任意一个字符时,程序转向不同的程序段执行相应的程序,试编程实现。

4.14　假设有一个由 100 个元素组成的无符号数字节数组,该数组已在数据段中定义为字节变量 TABLE,试编写一段程序,把出现次数最多的数存入 CH 中,其出现的次数存入 CL 中。

第5章 存储器系统

自 学 指 导

　　本章主要介绍微机基本组成之一存储器的分类、原理和组成以及常用的存储器芯片,包括随机存取存储器和只读存储器以及闪存。

　　对存储器主要掌握半导体存储器的分类和性能,随机存取存储器和只读存储器的特性、功能和工作原理,并了解闪速存储器。

　　熟练掌握存储器与 CPU 的基本连接方法。掌握高速缓冲存储器与虚拟存储器。

5.1 概 述

5.1.1 存储器系统的一般概念

　　存储器系统与存储器是两个不同的概念。在现代计算机中通常有多种用途的存储器件,如内存、高速缓存(Cache)、磁盘、可移动硬盘、磁带、光盘等。它们的工作速度、存储容量、单位容量价格、工作方式以及制造材料等各方面都不尽相同。存储器系统的概念是:将两个或两个以上速度、容量和价格各不相同的存储器用软件、硬件或软硬件相结合的方法连接起来,成为一个系统。这个系统从程序员的角度看,它是一个存储器整体。

　　存储器是计算机系统的记忆部件,用来存放程序和各种数据信息,根据微处理器的控制指令将这些程序或数据提供给计算机使用。在计算机开始工作以后,存储器还要为其他部件提供信息,同时保存中间结果和最终结果。

　　存储器是微型机的一个重要组成部分,一般分为内存储器和外存储器。内存储器也称为主存,它和微处理器一起构成了微型机的主机部分。CPU 可以通过系统总线直接访问内存,因此其工作速度很快。一般地,计算机系统中的内存容量总是有限的,远远不能满足用户存放数据的需求,并且内存不能长时间地保存数据,断电后信息就会丢失。所以,通常的计算机系统都要配置大容量的且能长期保存数据的存储器,即外存储器,又称为辅助存储器,是计算机的外部设备。

5.1.2 半导体存储器及其分类

　　从第三代计算机开始,内存储器就采用性能优良的半导体存储器。半导体存储器体积小、容量大、价格低、速度快,在计算机中得到了广泛的应用,也是目前微型计算机中最主要的存储器。

半导体存储器种类繁多,从使用功能上可以划分成两大类:一是随机存取存储器(Random Access Memory,RAM),也称读写存储器;二是只读存储器(Read Only Memory,ROM)。RAM中的内容既可以读也可以写,但里面存储的信息断电就消失。RAM主要是用来存放一些和系统进行实时通信的输入输出数据、中间结果以及和外存交换的信息。ROM中的信息是只能读不能写,但断电后信息不消失,在计算机重新加电后,原有的内容仍可以读出来。因此ROM一般用来存放一些固定的程序和数据。

半导体存储器的分类如图5.1所示。

图5.1 半导体存储器的分类

1. 随机存取存储器

随机存取存储器按照其制造工艺可分为双极型RAM和动态金属氧化物(MOS)RAM。

(1)双极型半导体RAM。双极型RAM具有存取速度高、集成度低、功耗大、成本高的特点。但它以晶体管的触发器作为基本存储电路,故管子较多。所以在存取速度要求比较高的微型机中,常使用双极型RAM。

(2)动态金属氧化物(MOS)RAM。MOS型RAM制造工艺简单、集成度高、功耗低、价格便宜,在半导体存储器件中占有重要地位。按照芯片内部基本存储电路结构的不同,它又可分为静态RAM(即SRAM)和动态RAM(即DRAM)两类。

静态RAM一般用双稳触发器作为基本存储电路,采用NMOS电路,集成度较高。动态RAM采用的元件比静态的RAM少,集成度更高,功耗更小,但它靠电容存储电荷来记录信息,因而总是存在泄漏电荷的情况,故要求附加刷新电路周期性地刷新电容上的电荷(即将存储单元中的内容读出再写入)。典型的大约每隔2 ms刷新一次。

2. 只读存储器

只读存储器中一旦有了信息,就不会在掉电时丢失。但其中的信息只能读出来,而不能用一般的方法将信息写入。它又可分为如下几种:

(1)掩膜式ROM。厂家在制造集成电路芯片的最后,对用户定做的掩模ROM进行编程,一旦做好,信息就固化其中,不能改变。

(2)可编程ROM(PROM)。芯片在出厂时并没有固化信息,允许用户一次性写入,以后就不可更改了。

(3)可擦除的PROM(EPROM)。可以进行多次擦除和重写的PROM。其写入的操作由专用的设备完成。写入的速度较慢,但由于它可以多次改写,特别适合用于科研工作。

(4) 电可擦除的 PROM(E²PROM)。使用特定电信号进行擦除的 PROM,可以在线操作,因此很方便。但写入时电压要求较高,写入的速度也非常慢,总的写入次数也有限,把 E²PROM 作为 RAM 使用是不合适的。

5.2 随机存取存储器 RAM

通常计算机内存中的大部分是由随机存取存储器组成的。内存按地址访问,给出地址即可以得到相应内存单元里的信息,CPU 可以随机地访问任何内存单元的信息。而且,目前所采用的存储芯片的访问时间与所访问的存储单元的位置并没有什么关系,完全由芯片设计和生产技术以及芯片之间的互联技术决定。这种访问时间不依赖所访问的地址的访问方式称为随机访问方式。

5.2.1 静态随机存取存储器 SRAM

1. 基本的存储电路

静态 RAM 存储电路是由两个增强型的 NMOS 反相器 VT_1 和 VT_2 交叉耦合而成的触发器,通过控制这些触发器的选中来实现存储原理,如图 5.2 所示。

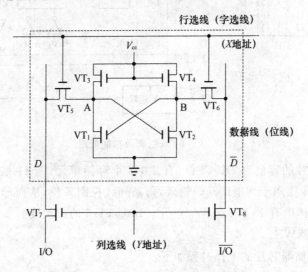

图 5.2 六管静态 RAM 基本存储电路

当行选线 X 输出为高电平时,VT_5、VT_6 管导通,触发器就和数据线相通了。当这个电路被选中时,相应的列选线 Y 译码输出也是高电平,则 VT_7、VT_8 管也是导通的,于是 D 和 $\overline{D}$ 就与输入输出电路 I/O 以及 $\overline{I/O}$(这是指存储器外部的数据线)相通。

写入时,写入信号从 I/O 以及 $\overline{I/O}$ 线输入,当写"1"时,I/O 为"1",而 $\overline{I/O}$ 为"0"。I/O 线上的高电平通过 VT_7 管、D 线、VT_5 管送到 A 点,而 $\overline{I/O}$ 线上的低电平经 VT_8 管、$\overline{D}$、VT_6 送到 B 点,这样就强迫 VT_2 管导通,VT_1 管截止,相当于把输入电荷存储在 VT_1

和 VT_2 管的栅极。

当输入信号以及地址选择信号消失后，VT_5、VT_6、VT_7、VT_8 都截止，由于存储单元有电源和两个负载管，可以不断地向栅极补充电荷，所以靠两个反相器交叉控制，只要不掉电就能保持写入信号"1"，而不用刷新。若要写入"0"，则 I/O 线为"0"，$\overline{I/O}$ 线为"1"，使 VT_1 导通，而 VT_2 截止，这样写入的"0"信号可以保持住，一直到写入新的信号为止。

读出时，只要某一电路被选中，相应的 VT_5、VT_6 导通，A 点和 B 点与位线 D 和 $\overline{D}$ 相通，且 VT_7、VT_8 也导通，故存储电路的信号被送至 I/O 线以及 $\overline{I/O}$ 线上。读出时可以把 I/O 以及 $\overline{I/O}$ 接到一个差动放大器，由其电流方向即可判定存储单元的信息是"1"还是"0"，也可以只有一个输出端接到外部，以其有无电流通过来判定所存储的信息。

2. 典型的静态 RAM 芯片——Intel 6116

常用的典型 SRAM 芯片 Intel 6116 的引脚及功能框图如图 5.3 所示。

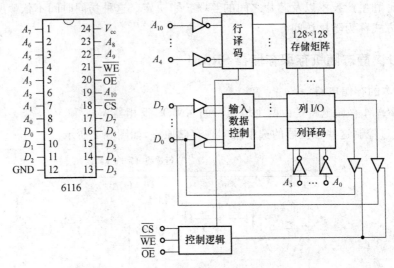

图 5.3 6116 引脚及功能框图

Intel 6116 芯片的容量为 2K×8 位，有 2 048 个存储单元，需 11 根地址线，7 根用于行地址译码输入，4 根用于列地址译码输入，每条列线控制 8 位，从而形成了 128×128 个存储阵列，即存储体中有 16 384 个存储单元。Intel 6116 的控制线有 3 条：片选 $\overline{CS}$、输出允许 $\overline{OE}$ 和读写控制 $\overline{WE}$。

Intel 6116 存储器芯片的工作过程如下：

读出时，地址输入线 $A_{10} \sim A_0$ 送来的地址信号经译码器送到行、列地址译码器，经译码后选中一个存储单元（其中有 8 个存储位），由 $\overline{CS}$、$\overline{OE}$、$\overline{WE}$ 构成读出逻辑（$\overline{CS}=0$，$\overline{OE}=0$，$\overline{WE}=1$）打开右面的 8 个三态门，被选中单元的 8 位数据经 I/O 电路和三态门送到 $D_7 \sim D_0$ 输出。

写入时，地址选中某一存储单元的方法和读出时相同，不过这时 $\overline{CS}=0$、$\overline{OE}=1$、$\overline{WE}=0$。打开左边的三态门，从 $D_7 \sim D_0$ 端输入的数据经三态门的输入控制电路送到 I/O 电路，从而写到存储单元的 8 个存储位中。

当没有读写操作时，$\overline{CS}=1$，即片选处于无效状态，输入输出三态门呈高阻状态，从而使存储器芯片与系统总线脱离。

5.2.2 动态随机存取存储器 DRAM

1. 单管动态存储电路

动态 RAM 利用 MOS 管栅极和源极之间的寄生电容 C 存储电荷的原理来存储信息。如图 5.4 所示，电容 C 上有电荷表示存储的二进制信息是"1"，无电荷表示"0"。$\overline{C}$ 是数据线的分布电容，一般 C 小于 $\overline{C}$。因此每个数据读出后，C 上的电荷经 $\overline{C}$ 释放，信息被破坏，所以每位数据读出后，要重新恢复 C 上的电荷量，称为刷新。在写入时，字选线 X 为"1"，VT_1 管导通，写入的信息通过数据线 D 存入电容 C 中。读出时，字选线 X 为"1"，存储在 C 电容上的电荷通过 VT_1 输出到数据线上，根据数据线上有无电流可得知存储的信息是"1"还是"0"。

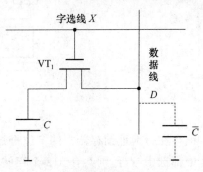

图 5.4 单管动态存储电路

动态 RAM 相对于静态 RAM 来说电路简单，集成度高，功耗小，但缺点是需要附加刷新电路，电路较复杂。动态 RAM 一般用于组成大容量的 RAM 存储器。

2. 动态 RAM 的刷新

动态 RAM 是靠电容存储电荷来保存信息的，由于电容会泄漏放电，所以，为保持电容中的电荷不丢失，必须对动态 RAM 不断进行读出和再写入，以使放电泄漏的电荷得到补充。

温度上升时，电容的放电速度也会加快，所以两次刷新的时间间隔是随温度而变化的，一般为 $1\sim100$ ms，在 70 ℃时，一般的刷新间隔为 2 ms。而读/写操作的随机性，不能保证内存中所有的 RAM 单元都在 2ms 中可以通过正常的读/写操作来刷新，因此依靠专门的存储器刷新周期来系统地完成动态 RAM 的刷新。

3. 典型的动态 RAM 芯片——Intel 2164A

（1）Intel 2164A 的结构

芯片 2164A 的容量为 64K×1 位，即片内共有 64K 个地址单元，每个地址单元存放一位数据。用 8 片 Intel 2164A 就可以构成 64K 字节的存储器。片内要寻址 64K，则需要 16 条地址线，为了减少封装引线，地址线分为两部分：行地址与列地址。芯片的地址引线只要 8 条，内部设有地址所存器，利用多路开关，行地址选通信号 $\overline{RAS}$ 变低，把先出现的 8 位地址送至行地址锁存器；然后列地址选通信号 $\overline{CAS}$ 为低电平，把后出现的 8 位地址送至列地址锁存器。这 8 条地址线也用于刷新。

2164A 的存储体由 4 个 128×128 的存储矩阵构成，其内部结构如图 5.5 所示。每个 128×128 的存储矩阵，提供 7 条行地址和 7 条列地址线进行选择。7 条行地址经过译码产生 128 条地址线，分别选择 128 行；7 条列地址线经过译码也产生 128 条地址线，分别选择 128 列。

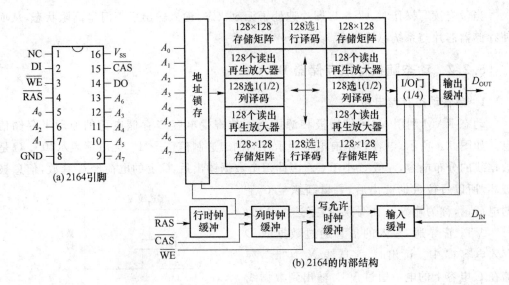

图 5.5　2164 引脚及结构示意图

锁存在行地址锁存器中的 7 位行地址 $RA_6 \sim RA_0$ 同时加到 4 个存储矩阵上,在每个矩阵中都选中一行,则共有 512 个存储电路被选中,它们存放的信息被选通至 512 个读出放大器,进行鉴别、锁存和重写。锁存在列地址锁存器中的 7 位列地址 $CA_6 \sim CA_0$ 在每个存储矩阵中选中一列,则共有 4 个存储单元被选中。最后经过 I/O 门(1/4)电路选中一个单元,可以对这个单元进行读写。

数据的输入和输出是分开的,由 $\overline{WE}$ 信号控制读写。当 $\overline{WE}$ 为高时,实现读出,选中的单元的内容经过输出缓冲器在 D_{OUT} 引脚上读出。当 $\overline{WE}$ 为低电平时,D_{IN} 引脚上的信号经过输入缓冲器对选中的单元进行写入。

(2) 数据读出

数据读出的过程是从行地址选通信号 $\overline{RAS}$ 变低开始的。为了能使行地址可靠锁存,通常希望行地址能先于 $\overline{RAS}$ 信号有效。同样,为了保证列地址的可靠锁存,列地址先于 $\overline{CAS}$ 信号。

要从指定单元读出信息,必须 $\overline{RAS}$ 有效后 $\overline{CAS}$ 有效。

信息的读写取决于控制信号 $\overline{WE}$。为实现读出,$\overline{WE}$ 信号必须在 $\overline{CAS}$ 有效之前变为高电平。

(3) 数据写入

要选定写入的单元,$\overline{RAS}$ 和 $\overline{CAS}$ 必须都有效,而且行地址必须领先 $\overline{RAS}$ 有效,而且要保持一段时间。列地址必须领先 $\overline{CAS}$ 有效,也要保持一段时间。由 $\overline{WE}$ 有效实现写入,$\overline{WE}$ 信号必须领先 $\overline{CAS}$ 有效。

要写入的信息,必须在 $\overline{CAS}$ 有效前已经送至数据输入线 D_{IN},而且在 $\overline{CAS}$ 有效后必须保持一段时间。

(4) 刷新

在 Intel 2164A 中有 512 个读出放大器,所以刷新时,最高位行地址 RA_7 不起作用,

由 $RA_6 \sim RA_0$ 在 4 个存储矩阵中选中一行，所以经过 128 个刷新周期，就可以完成整个存储体的刷新。

虽然读操作、写操作都可以实现刷新，但推荐使用$\overline{RAS}$有效的刷新方式，它比别的周期功耗可降低 20%。

5.3 只读存储器 ROM

只读存储器 ROM 是一种非易失性的半导体存储器件。其中所存放的信息可长期保存，掉电也不会丢失，常被用来保存固定的程序和数据。在一般工作状态下，ROM 中的信息只能读出，不能写入。对可编程的 ROM 芯片，可用特殊方法将信息写入，该过程也被称为"编程"。对可擦除的 ROM 芯片，可采用特殊方法将原来信息擦除，以便再次编程。

5.3.1 掩膜式 ROM

掩膜式 ROM 一般由生产厂家根据用户的要求而定制，适合于批量生产和使用。图 5.6 所示是一个简单的 4×4 位的 MOS ROM，采用字译码方式，两位地址输入，经译码后，输出四条选择线，每一条选中一个字，位线输出即为这个字的各位。在图示的存储矩阵中，有的列没有连管子，这是在制造时由二次光刻板的掩膜所决定的，所以称其为掩膜式 ROM。

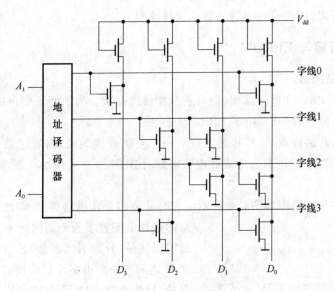

图 5.6 掩膜式 ROM 结构示意图

在图 5.6 中，若地址信号为 00，选中第一条字线，则它的输出为高电平。若有管子与其相连，如 D_0 和 D_3，则相应的 MOS 管导电，输出为"0"；而 D_1 和 D_2，没有管子与字线 0 相连，则输出为"1"（实际上，输出到数据总线上去的是"1"还是"0"，取决于在输出线上有无反相）。因此当某一字线被选中时，连有管子的位线输出为"0"（或"1"）；而没有管子相连的位线输出为"1"(或"0")。存储矩阵的内容取决于制造工艺,而一旦制造好以后,用户无法改变。

由此可以看出 ROM 的一个特性:ROM 所存储的信息不是易失的,在电源断开后又加电时,存储的信息不变。

5.3.2　可编程 PROM

为了便于用户根据自己的需要来确定 ROM 中的内容,出现了可编程的只读存储器,简称为 PROM。它可以由用户自己编程。

图 5.7 为一种双极型 PROM 的基本存储结构。图中晶体管发射极与数据位线间连有熔丝,所以称这种 PROM 为熔丝式 PROM。

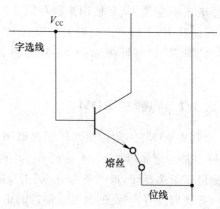

出厂时,所有存储单元的熔丝都是完好的。编程时,通过字线选中某个晶体管。若准备写入 1,则向位线送高电平,此时管子截止,熔丝将被保留;若准备写入 0,则向位线送低电平,此时管子导通,控制电流是熔丝烧断。换句话说,所有存储单元出厂时均存放信息 1,一旦写入 0 使熔丝烧断,就不可能再恢复。所以,用户只可对它进行一次性编程。

图 5.7　熔丝式 PROM

5.3.3　可擦写 EPROM

1. 基本存储电路

用户可以对 PROM 进行编程,但对它只能修改一次。为了便于用户根据自己需要来确定 ROM 的存储内容,开发出了 EPROM 芯片。

EPROM 芯片的特点是:芯片的上方有一个石英玻璃的窗口,通过紫外线照射,芯片电路中的浮空晶栅上的电荷会形成光电流泄漏,使电路恢复为初始状态,从而将写入的信号擦去。

EPROM 芯片电路图如图 5.8 所示。它与普通的 P 沟道增强型 MOS 电路相似,在 N

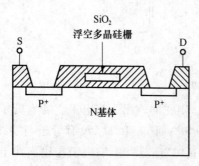

图 5.8　EPROM 芯片电路图

型的基片上安置了两个高浓度的 P 型区,它们通过欧姆接触,分别引出源极(S)和漏极(D),在 S 和 D 之间有一个由多晶硅构成的栅极,但它是浮空的,被绝缘物 SiO_2 所包围。出厂时,硅栅上没有电荷,则管子内没有导电沟道,D 和 S 之间不导电。当把 EPROM 管子用于存储矩阵时,它输出为全 1(或 0)。要写入时,则在 D 和 S 之间加上 25 V 高压,另外加上编程脉冲(其宽度约为 50 ms),所选中的单元在这个电源的作用下,D 和 S

之间被瞬时击穿,就会有电子通过绝缘层注入到硅栅,当高压电源去除后,因为硅栅被绝缘层包围,故注入的电子无处泄漏,硅栅就为负,于是就形成了导电沟道,从而使 EPROM 单元导通,输出为"0"(或"1")。

2. 典型的 EPROM 芯片——Intel 27512

随着超大规模集成电路技术的发展,高集成度的 EPROM 使用已很普遍。下面以 Intel 27512 为例介绍一下它的主要特点。

Intel 27512 是 $64K \times 8$ 的 EPROM 芯片,28 脚双列直插式封装,地址线为 16 条 $A_{15} \sim A_0$,数据线 8 条 $O_7 \sim O_0$,带有三态输出缓冲,读出时只需单一的 $+5$ V 电源。Intel 27512 的内部结构如图 5.9 所示。

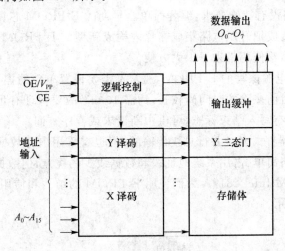

图 5.9 Intel 27512 的内部结构

Intel 27512 有 5 种工作方式,如表 5.1 所示。

表 5.1 Intel 27512 工作方式选择表

工作模式	$\overline{CE}$	$\overline{OE}/V_{pp}$	V_{cc}	$O_7 \sim O_0$
读	0 V	0 V	+5 V	数据输出
维持	+5 V	任意	+5 V	高阻
编程	0 V	+12.5 V	+5 V	数据输入
编程校验	0 V	0 V	+5 V	数据输出
编程禁止	+5 V	+12.5 V	+5 V	高阻

(1) 读方式:一般使用时就处于这种方式。片选控制线 $\overline{CE}$ 和输出允许控制线 $\overline{OE}$ 为低电平,就可以将指定地址单元的内容从数据总线上读出。

(2) 维持方式:当片选控制线 $\overline{CE}$ 为高电平时,芯片进入维持方式,这时输出为高阻抗悬浮状态,不占用数据总线。

(3) 编程方式:在 V_{pp} 端加固定好的电压($+12.5$ V),$\overline{CE}$ 为低电平,就能将数据线上的数据固化到指定的地址单元中去。

(4) 校验方式:在 V_{pp} 端保持低电平,$\overline{CE}$ 为低电平,可以读出编程固化好的内容,以校验写入的内容是否正确。

(5) 编程禁止方式:当 V_{pp} 为 ＋12.5 V 时,$\overline{CE}$ 为高电平,编程禁止,输出总线呈高阻状态。

5.3.4 电擦写 E²PROM

E²PROM 是 20 世纪 80 年代初问世的产品,近年来得到人们的广泛重视和应用。E²PROM 的主要特点是能在系统中进行在线读写,并在断电的情况下使保存的数据信息不会丢失。正是由于它的这一特性,因而它在智能仪器、控制装置、分布式监测系统子站、开发装置中得到广泛的应用。

E²PROM 具有以下应用特性:

(1) 对硬件电路没有特殊要求,编程简单。早期的 E²PROM 芯片是靠外设置高电压进行擦写。而后发展成把升压电路集成在片内构成新型的 E²PROM,使得擦写操作只要在 ＋5V 电源下进行,给使用带来了很大方便。

(2) 采用 ＋5V 电源擦写的 E²PROM,通常不需要设置单独的擦写操作,可在写入过程中自动擦除。但目前擦除的时间尚较长,约需 10 ms,故要保证有足够的写入时间。有的 E²PROM 芯片设有写入结束标志,可供中断请求或程序查询。

(3) E²PROM 器件大多是并行总线传输的,但也有采用串行数据传输的。后者具有体积小、成本低、电路简单、占用系统地址线和数据线少的优点,但数据传输率较低。

下面以 E²PROM Intel 2817A 为例说明 E²PROM 的结构和使用。Intel 2817A 的内部结构如图 5.10 所示。

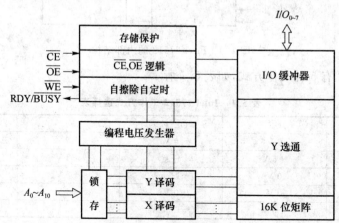

图 5.10   2817A 的内部结构

E²PROM Intel 2817A 容量为 2K×8,采用单一的 ＋5 V 电源,写入时自动擦除原内容,最大读取时间为 200 ns。Intel 2817A 的字节写入时间较长,比 CPU 指令执行时间慢几个数量级。Intel 2817A 通过其内含的硬件接口逻辑、写操作所需的电压发生部件以及与写操作相配合的自擦除自定时等部件来解决写入时的同步问题。芯片上有一个准备就绪/忙控制信号端 RDY/$\overline{BUSY}$,在写入期间 RDY/$\overline{BUSY}$ 为低电平,写入完成为高电平。CPU 可以用查询方式获知写入操作是否完成,或者采用中断方式,一旦字节写入完毕,便由 RDY/$\overline{BUSY}$ 端向 CPU 发出中断请求来通知 CPU 写入完成。

5.3.5 闪速存储器

闪速存储器(Flash Memory)是一种新型非挥发性存储器。目前,它已广泛应用在 Pentium 及其以上级别的主板中,在超小型专用便携式电脑中也有应用。由闪速存储器取代 ROM 及特种专用微型硬盘已成为一种发展趋势。

闪速存储器芯片借用了 EPROM 结构简单,又吸收了 E^2PROM 电擦除的特点。不但具备 RAM 的高速性,而且还兼有 ROM 的非挥发性。同时它还具有可以整块芯片电擦除、耗电低、集成度高、体积小、可靠性高、无须后备电池支持、可重新改写、重复使用性好(至少可反复使用 10 万次以上)等优点。闪速存储器的读出时间仅为 $70\sim160$ ns,比普通外部存储器快 $50\sim200$ 倍。平均写入速度低于 0.1 s。使用它不仅能有效解决外部存储器和内存之间速度上存在的瓶颈问题,而且能保证有极高的读出速度。

闪速存储器使用先进的 CMOS 制造工艺,最大工作电流只有 20 mA,备用状态下的最大电流不过 $100\,\mu A$。而典型的 EPROM,写入时高电平为 75 mA,低电平为 30 mA。如此低的功耗对于笔记本型电脑来说可是重要指标之一。目前耗电量最小的硬盘也要 3 W左右,用 4 节 5 A 电池供电时,其连续工作能力一般不超过 4 小时。而用闪速存储器作"固态"盘时,由于其 99%的时间是处于"静态",只有 1%的时间需加电工作。因此,同样的供电情况下,它可连续工作 200 小时。因此闪速存储器具有低功耗优势。

闪速存储器的抗干扰能力很强,如广泛使用的 Intel ETOX-Ⅲ 系列产品,它允许电源电压的误差高达 $\pm10\%$,再加上其独特的 EPI 技术,可实现最高程度的死锁保护。即使在地址线和数据线上承受 100 mA 的涌动电流和 $V_{cc}\pm1$ V 的波动电压,它也能安然无事。在强冲击和振动环境中的工作性能优于 2.5 英寸硬盘机 50 倍。

目前成本价格昂贵与写入速度相对不高是制约闪速存储器占领更大市场的重要因素。

5.4 CPU 与存储器的连接

CPU 与存储器之间的信息交换是通过数据总线、控制总线和地址总线进行的。当 CPU 需要信息时,先由地址总线给出存放信息的起始地址的地址信号,然后通过控制总线发出一个"读"信号。这些信号被送到存储器,存储器中所指定的起始地址及其后的一串单元中所存储的信息经过"读出"被送到数据总线。CPU 就可以由数据总线得到所需要的数据了。写入操作与此类似,CPU 把要写入的数据以及写入位置的开始地址分别送入数据总线和地址总线,并在控制总线发出一个"写"信号,数据即被写入指定内存单元。

可见,CPU 与存储器连接时,地址总线、数据总线和控制总线都要连接。因此连接时应注意 CPU 与存储器之间速度的匹配问题。如果存储器速度跟不上,就会影响整个系统的性能。还有就是在连接前要确定内存容量的大小,然后通过译码器实现地址分配。

1. 地址译码器 74LS138

使用一个存储芯片或芯片组组成的存储器,其地址单元很有限,一般不能满足需要,因此存储器是由多个存储芯片或芯片组组成,在这种情况下,必须进行寻址。

用译码器对多余的高位地址线进行译码,其输出分别连接不同芯片的片选端,选通不同的芯片。其特点是不会产生地址空间的重叠,避免空间分散。

如图 5.11 所示是常用的地址译码器 74LS138,其真值表如表 5.2 所示。

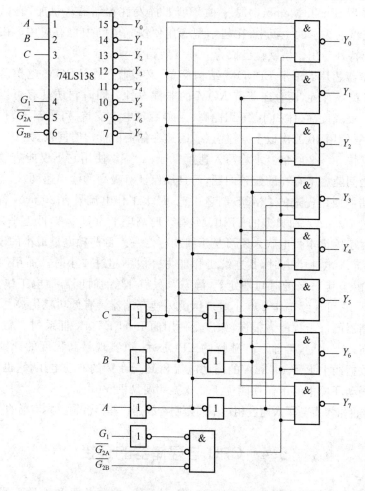

图 5.11 3-8 译码器 74LS138 芯片

表 5.2 274LS138 的真值表

G_1	$\overline{G_{2A}}$	$\overline{G_{2B}}$	C	B	A	选中
1	0	0	0	0	0	Y_0
1	0	0	0	0	1	Y_1
1	0	0	0	1	0	Y_2
1	0	0	0	1	1	Y_3
1	0	0	1	0	0	Y_4
1	0	0	1	0	1	Y_5
1	0	0	1	1	0	Y_6
1	0	0	1	1	1	Y_7
不是上述情况			$\times$	$\times$	$\times$	未工作

由于有三个输入量 A、B、C,共有 8 种状态组合,即可译出 8 个输出信号 $Y_0 \sim Y_7$,这也是 3-8 译码器名字的由来。

74LS138 有三条控制线 G_1,$\overline{G_{2A}}$,$\overline{G_{2B}}$,只有当 $G_1=1$,$\overline{G_{2A}}=0$,$\overline{G_{2B}}=0$ 时,3-8 译码器才能工作,否则译码器输出全为高电平。输出信号 $Y_0 \sim Y_7$ 是低电平有效的信号,对应于 CBA 的任何一种组合输入,其 8 个输出端中只有一个是 0,其余 7 个输出均为 1。

2. 存储器容量扩充技术

通常单片存储芯片的容量不能满足系统要求,需要多片组合来扩充存储器的容量。存储器的扩充又可分为位扩充、字扩充和字位扩充。

(1) 位扩充

当实际存储芯片每个单元的位数和系统需要内存单元字长不等时采用这种方法。

例如,用 1K×1 的静态 RAM 芯片位扩充形成 1KB 的存储器,所需芯片数为 8。这 8 片芯片的地址线 $A_0 \sim A_9$ 分别连在一起,各芯片的片选信号 $\overline{CS}$ 以及读/写控制信号 $\overline{WE}$ 也都分别连在一起,只有数据线是各自独立的,每片代表一位,如图 5.12 所示。

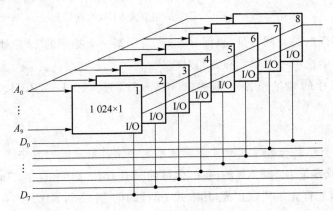

图 5.12 1K×1 芯片组成 1KB 存储器

当 CPU 访问该 1KB 的存储器时,其发出的地址和控制信号同时传给 8 个芯片,选中每个芯片某个单元的同一位,8 个芯片上的同一位就组成同一个字节的 8 位,其内容被同时读至数据总线的相应位(或数据总线上的内容被同时写入相应单元),完成对一个字节的读/写操作。

(2) 字扩充

当存储芯片上每个存储单元的字长已满足要求,但存储单元的个数不够时,需要增加存储单元的数量,这就成为字扩充。

例如,用 1K×8 的芯片扩充组成 4 KB 的存储器。现有存储芯片的字长满足要求,构成容量为 4 KB 的存储器需要 4 KB/1 KB=4 片。线路连接如图 5.13 所示。

这 4 个 1K×8 芯片组的地址线 $A_0 \sim A_9$,数据线 $D_0 \sim D_7$,及读/写信号 $\overline{WE}$ 都是分别连在一起的。字节数的扩充使得新的存储器需要有 12 位地址 $A_0 \sim A_{11}$,增加的两位高位地址 A_{10}、A_{11} 通过 2-4 译码器,产生 4 个片选信号,分别选择 4 个 1K×8 的芯片组。

该存储器的 12 位地址中,低 10 位地址 $A_9 \sim A_0$ 实现的是片内寻址(页内寻址),高两

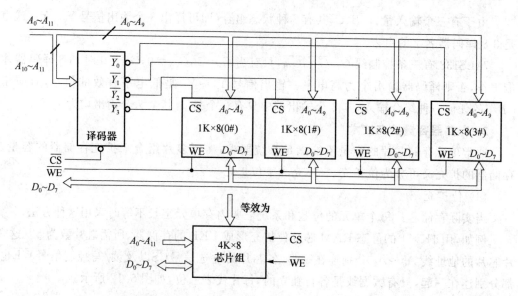

图 5.13　1K×8 芯片扩充组成 4 KB 的存储器

位地址 $A_{11}A_{10}$ 实现的是片间寻址(页面寻址)。对于某一个指定的 12 位地址,可以并且只可以在一个页面中选中一个单元和它相对应。

图中 4 片芯片的地址范围分别为:000H～3FFH、400H～7FFH、800H～BFFH、C00H～FFFH。

(3) 字位扩充

需要同时进行位扩充和字扩充才能满足系统存储容量需求的方法称为字位扩充。

例如,要构成容量为 128 KB 的内存,但目前只有 Intel 2164 芯片。Intel 2164 的容量是 64K×1 的,因此首先需要位扩充,用 8 片 Intel 2164 组成 64 KB 的内存模块,然后再用两组同样的模块进行字扩充。总共需要这样的芯片 16 片。

线路连接示意图如图 5.14 所示。要寻址 128 K 个内存单元至少需要 17 位的地址线 (2^{17}=128 K)。Intel 2164 的容量是 64 K,需要 16 位地址线(2^{16}=64 K),剩下的一位用于区分两组存储模块。两组模块的地址范围分别是 00000H～0FFFFH、10000H～1FFFFH。

3. 存储器芯片片选端的处理

当多个存储芯片组成存储器时,CPU 对某一存储单元的寻址要经过两种选择:一是通过片选选择存储芯片,二是通过片内寻址从该存储芯片中选择某一存储单元。

片内寻址是经芯片内部的地址译码电路实现的,而片选是由地址的高位部分提供,通过存储器外部的有关电路产生的。这里主要介绍 3 种产生片选信号的方法:线选法、部分译码和完全译码。

(1) 线选法

地址的高位直接作为各个芯片的片选信号,在寻址时只有一位有效来使片选信号有效的方法称为线选法。如图 5.15 所示采用 Intel 6116 存储芯片(2K×8)用线选法实现的

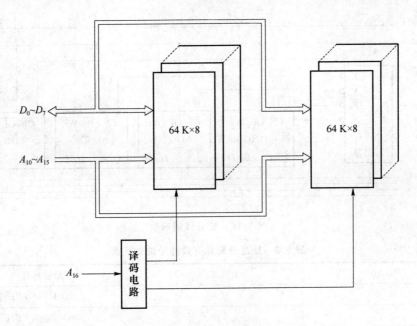

图 5.14　用 Intel 2164 构成容量为 128 KB 的内存

8 KB 存储器。若要选中芯片 0♯时,应使 A_{11} 为低电平,而 $A_{14}A_{13}A_{12}$ 为高电平。芯片 0♯ 的片选信号 $\overline{CS}$ 有效,这样就选中了芯片 0♯。同理,要选中其他的芯片,就是使相应的高位地址为低电平,其他的为高电平就可以了。图中的 0♯芯片的寻址范围是 7000H～ 77FFH,1♯芯片的寻址范围是 6800H～6FFFH,2♯芯片的寻址范围是 5800H～ 5FFFH,3♯芯片的寻址范围是 3800H～3FFFH。4 个芯片的地址范围是不连续的。

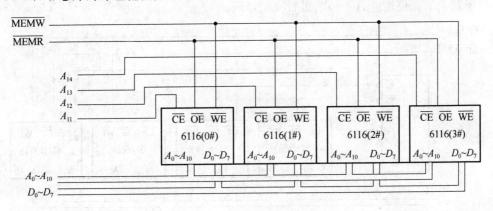

图 5.15　线选法示例

（2）部分译码法

部分译码法是用部分高位地址进行译码产生片选信号。如图 5.16 所示采用 Intel 6116 存储芯片(2K×8)用部分译码法实现的 8KB 存储器。用 $A_{12}A_{11}$ 来译码实现对 4 个 芯片的选中。要选中芯片 0♯时,应使 A_{12}、A_{11} 为低电平,译码器的 $\overline{Y}_0$ 有效,相应的芯片 0♯ 的片选信号 $\overline{CS}$ 有效,选中芯片 0♯。其地址分配和有效地址位对照表如表 5.3 所示。

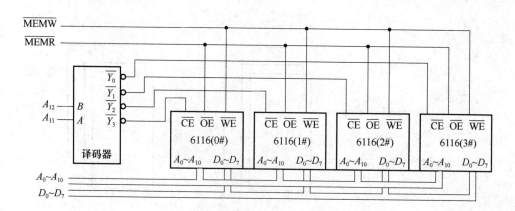

图 5.16 部分译码示例

表 5.3 地址分配和有效地址位对照表

$A_{12}A_{11}$	有效芯片	地址范围
0 0	0#	0000H~07FFH
0 1	1#	0800H~0FFFH
1 0	2#	1000H~17FFH
1 1	3#	1800H~1FFFH

（3）完全译码法

完全译码法是用全部高位地址产生片选信号。如图 5.17 所示采用 Intel 6116 存储芯片(2K×8)用完全译码法实现的 8 KB 存储器。芯片 Intel 6116 的片内地址为 $A_0 \sim A_{10}$，所剩余的高位地址 $A_{19} \sim A_{11}$ 进行完全译码。

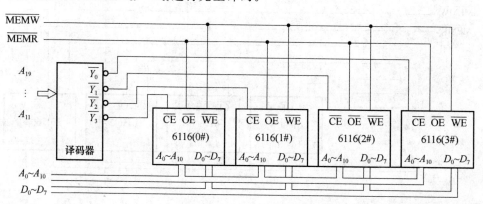

图 5.17 全译码示例

产生片选信号的译码电路可采用很多方式，如图 5.18 所示给出了一种解决方法。高位地址 $A_{19} \sim A_{13}$ 作为译码器的控制输入信号，要使 3-8 译码器有效，$G_1 \overline{G_{2A}} \ \overline{G_{2B}} = 100$ 才可以，$A_{19} \sim A_{13}$ 应取 1000000，对应的地址范围为 80000H~81FFFH。

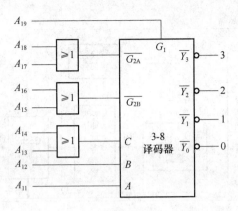

图 5.18 产生片选信号译码电路方法

5.5 高速缓冲存储器与虚拟存储器

5.5.1 高速缓冲存储器

微机系统中的内部存储器通常采用动态 RAM 构成,具有价格低,容量大的特点,但由于动态 RAM 采用 MOS 管电容的充放电原理来表示与存储信息,其存取速度相对于 CPU 的信息处理速度来说较低。这就导致了两者速度的不匹配,也就是说,慢速的存储器限制了高速 CPU 的性能,影响了微机系统的运行速度,并限制了计算机性能的进一步发挥和提高。高速缓冲存储器就是在这种情况下产生的。随着计算机的不断发展,CPU 与主存储器速度匹配的矛盾越来越突出。为了解决主存储器与 CPU 速度不匹配的问题,在 CPU 与主存之间增加一级或多级能与 CPU 速度相匹配的高速缓冲存储器(Cache),如图 5.19 所示。

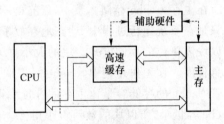

图 5.19 Cache-主存存储层次

1. Cache 的工作原理

程序中指令地址的连续分布、循环程序段和子程序段的重复执行使 CPU 访问的存储器地址具有时间上相对集中的倾向。指令中数据分布的集中倾向不如指令明显,但对数组的存储和访问以及工作单元的选择仍使 CPU 访问的存储器地址相对集中。分析大量典型程序的运行过程,结果表明:在一个较短的时间间隔内,由程序产生的地址往往集中在存储器逻辑地址空间很小的范围内。因此在某一时间间隔内,CPU 对局部范围内存储器地址访问较频繁,而对其他地址的存储器访问甚少。Cache 的设计就是基于这种局部性原理。Cache 存储体包括 Cache 控制部件和 Cache 存储器两部分,如图 5.20 所示。Cache 控制部分包括主存地址寄存器,Cache 地址寄存器,主存-Cache 地址变换机构以及替换控制部件。Cache 存储器由高性能的 SRAM 芯片组成,它与由低价格大容量的 DRAM 芯片组成的主存相比容量较小。

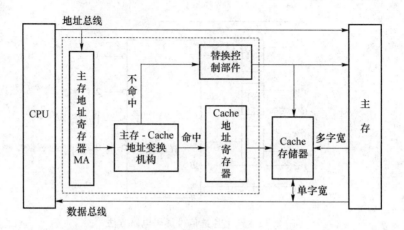

图 5.20   Cache 存储系统基本结构

管理这两级存储器的部件为 Cache 控制器,CPU 与主存之间的数据传输必须经过 Cache 控制器进行,Cache 控制器将来自 CPU 的数据读/写请求,转向 Cache 存储器,如果数据在 Cache 中,则 CPU 对 Cache 进行读/写操作,称为一次命中。命中时,CPU 从 Cache 中读/写数据。由于 Cache 速度与 CPU 速度相匹配,因此不需要插入等待状态,故 CPU 处于零等待状态,也就是说 CPU 与 Cache 达到了同步,因此有时称高速缓存为同步 Cache;若数据不在 Cache 中,则 CPU 对主存操作,称为一次失败。失败时,CPU 必须在其总线周期中插入等待周期 T_w。地址访问的局部性保证了 CPU 读取 Cache 内数据的高命中率。Cache 的使用缩短了相应的存取时间,提高了计算机整体的运行速度。

在主存-Cache 存储体系中,所有的程序代码和数据仍然都存放在主存中,Cache 存储器只是在系统运行过程中,动态地存放了主存中的一部分程序块和数据块的副本,这是一种以块为单位的存储方式。块的大小称为"块长",块长一般取一个主存周期所能调出的信息长度。在工作过程中,Cache 是以块为单位与主存交换信息,一般一块是 32~64 B。尽管 Cache 的存储容量比主存的容量小得多,但主存与 Cache 中块的大小相同,只是由于 Cache 容量小,所以块的数目也小得多。这样,为了把信息放到 Cache 中,就必须用某种函数把主存地址映像到 Cache,称为地址映像。按这种映像关系将信息装入 Cache 中。执行程序时 CPU 应将主存地址变换成 Cache 地址,这个变换过程称为地址变换。地址的映像和变换是密切相关的。常用的地址映像方式有直接地址映射(固定映像关系)、全相联地址映射(灵活性大的映像关系)和组相联地址映射(上述两种的折中)。

2. 替换算法

当信息块需要调入 Cache 而它的可用位置又被占满时,Cache 的替换控制部件将按一定的替换算法淘汰 Cache 中已有的一块旧信息。目前,较多使用的替换算法有如下 3 种。

① 随机替换算法。该算法是不顾 Cache 块过去、现在及将来使用的情况而随机地选择某块进行替换,这是一种最简单的方法。

② 先进先出(FIFO)算法。该算法是更换掉当前 Cache 中最先进入的信息块,它不需要随时记录各个字块的使用情况,因此控制简单,实现容易。

③ 近期最小使用(LRU)算法。该算法是把一组中近期最少使用的字块替换出去。这种替换算法需要随时记录 Cache 中各个字块的使用情况,以便确定哪个字块是近期最少使用的字块。LRU 替换算法的平均命中率比 FIFO 要高,并且当分组容量加大时能提高 LRU 替换算法的命中率。当然,为了反映每个块的使用情况,需要为每个块设立一个计数器。

3. Pentium CPU 中采用的 Cache 技术

为了提高 CPU 访问存储器的速度,在 486 和 Pentium 微处理器中都设计了一定容量的数据 Cache 和指令 Cache(L1),并且还可以使用处理器外部的第二级 Cache(L2)。Pentium Pro 在片内第一级 Cache 的设计方案中,也分别设置了指令 Cache 与数据 Cache。指令 Cache 的容量为 8 KB,采用两路组相联映像方式。数据 Cache 的容量也为 8 KB,但采用 4 路组相联映像方式。它采用了内嵌式或称捆绑式 L2 cache,大小为 256 KB 或 512 KB。此时的 L2 已经用线路直接连到 CPU 上,益处之一就是减少了对急剧增多 L1 Cache 的需求。L2 Cache 还能与 CPU 同步运行,即当 L1 Cache 不命中时,立刻访问 L2 Cache,不产生附加延迟。

Pentium Ⅱ 是 Pentium Pro 的改进型,同样有 2 级 Cache,L1 为 32 KB(指令和数据 Cache 各 16 KB)是 Pentium Pro 的两倍,L2 为 512 KB。Pentium Ⅱ 与 Pentium Pro 在 L2 Cache 的不同是由于制作成本的原因。此时,L2 Cache 已不在内嵌芯片上,而是与 CPU 通过专用 64 位高速缓存总线相连,与其他元器件共同被组装在同一基板上,即"单边接触盒"上。

Pentium Ⅲ 也是基于 Penlium Pro 结构为核心,它具有 32 KB 非锁定 L1 Cache 和 512 KB 非锁定 L2 Cache。L2 可扩充到 1~2 MB,具有更合理的内存管理,可以有效地对大于 L2 缓存的数据块进行处理,使 CPU、Cache 和主存存取更趋合理,提高了系统整体性能。在执行视频回放和访问大型数据库时,高效率的高速缓存管理使 Pentium Ⅲ 避免了对 L2 Cache 的不必要的存取。由于消除了缓冲失败,多媒体和其他对时间敏感的操作性能更高了。对于可缓存的内容,Pentium Ⅲ 通过预先读取期望的数据到高速缓存里来提高速度,这一特色提高了高速缓存的命中率,缩短了存取时间。

为进一步发挥 Cache 的作用,改进内存性能并使之与 CPU 发展同步来维护系统平衡,一些制造 CPU 的厂家增加了控制缓存的指令。Intel 公司也在 Pentium Ⅲ 处理器中新增加了 70 条 3D 及多媒体的 SSE 指令集,其中有很重要的一组指令是缓存控制指令。AMD 公司在 K6-2 和 K6-3 中的 3DNow 多媒体指令中,也有从 L1 数据 Cache 中预取最新数据的数据预取指令(Prefetch)。

Pentium Ⅲ 处理器有两类缓存控制指令。一类是数据预存取(Prefetch)指令,能够增加从主存到缓存的数据流;另一类是内存流优化处理(Memory Streaming)指令,能够增加从处理器到主存的数据流。这两类指令都赋予了应用开发人员对缓存内容更大的控制能力,使他们能够控制缓存操作以满足其应用的需求,同时也提高了 Cache 的效率。

5.5.2 虚拟存储器

一台计算机的主存容量十分有限,因此在大多数情况下,程序和数据都存放在大容量的辅存中,需要时才把它们从辅存传到内存,然后执行。有时一个程序和数据的总存储量比主存的容量还大,在这种情况下无法一次把程序及数据调入主存,导致程序无法运行。

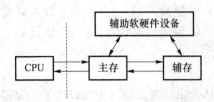

图 5.21　主-辅存存储层次

为解决这类问题,需要采用由硬件和软件综合技术形成的虚拟存储器,即将辅助存储器(磁盘)虚拟成主存储器(内存)来使用,如图 5.21 所示。主存辅存层次解决了存储器的大容量要求和低成本之间的矛盾,从整体看,其速度接近于主存的速度,其容量则接近于辅存的容量,而每位平均价格也接近于廉价的慢速的辅存平均价格。这种系统不断发展和完善,就逐步形成了现在广泛使用的虚拟存储系统,如 Windows 系统支持虚拟存储器。虚拟存储器解决了存储器大容量要求与低成本之间的矛盾。

1. 工作原理

在具有虚拟存储系统中,程序执行时由操作系统的存储管理软件以及辅助硬件机构把辅存中的程序分块,先将当前要执行的程序段一块块自动从辅存调入主存,暂时不执行的程序段仍保留在辅存。而当需要执行存放在辅存的某个程序段时,CPU 执行某种程序调度算法将主存中的某些内容调出而将需要的程序段调入主存,用户不参与这种调度工作,因此用户使用时只觉得有一个容量相当大的存储器而不受主存容量的限制,但实际上CPU 只能执行调入主存的程序,因此称这样的存储系统为"虚拟存储器"。

2. 地址空间及地址

虚拟存储器是建立在主-辅存物理结构基础之上,由附加硬件装置及操作系统存储管理软件组成的一种存储体系。虚拟存储器的辅存部分能像主存一样让用户使用,用户编程时指令地址允许涉及辅存大小的空间范围。

① 虚拟地址空间。也称虚存地址空间,是应用程序员用来编写程序的地址空间,与此相对应的地址称为虚拟地址或逻辑地址。

② 主存地址空间。也称实存地址空间,是存储、运行程序的空间,其相应的地址称为主存物理地址或实地址。

③ 辅存地址空间。也称磁盘存储器的地址空间,是用来存放程序的空间,其相应的地址称为辅存地址或磁盘地址。

虚存地址空间比主存地址空间大得多,因此需要根据某种规则把按逻辑地址编写的主程序装入到主存储器中,并将逻辑地址转换成对应的主存物理地址,程序才能运行,这一过程称为地址转换。

3. 虚拟存储器的管理方式

为了协调程序的局部性和存储区间管理,把虚拟存储器分成段式虚拟存储器、页式虚拟存储器和段页式虚拟存储器。

(1) 段式存储管理

段式虚拟存储器是适应模块化程序设计的一种虚拟存储器。它的基本原理是:按程序的逻辑结构,以段为单位划分,各个段的长度因程序而异。它是按程序模块划分,每一段即是一个程序过程模块或子程序或一个数组或一张表格。段式虚拟存储器的虚地址格式由段号和段内地址两部分组成。这种方式的优点是段的分界与程序的自然分界相对应;段的逻辑相对独立,因此,它容易编译、管理、修改和保护,也便于多道程序共享。但因为段的长度各不相同,段的起点和终点不定,给主存空间分配带来麻烦,且容易在段间留下空余的零碎存储空间。

(2) 页式存储管理

页式虚拟存储器中的基本信息传送单位为定长的页。在页式虚拟存储器中,把主存物理空间划分为等长的固定区域,称为页面。主存物理空间划分的页面称为实页。虚拟空间也分成和实页大小相同的页,称为虚页。页式虚拟存储器的虚地址格式由页号和页内地址两部分组成。页面的起点和终点地址固定,新页调入主存比较灵活,且不容易造成空间浪费,但由于页不是逻辑上独立的实体,在处理、保护和共享方面不方便。

(3) 段页式存储管理

段式虚拟存储器和页式虚拟存储器各有其优点和缺点,段页式管理综合了两者的优点。段页式虚拟存储器的虚地址格式由段号、页号和页内地址三部分组成。它将存储空间仍按程序的逻辑模块分成段,以保证每个模块的独立性及便于公用;每段又分成若干个页。页面大小与实存页相同,虚存和实存之间的信息调度以页为基本传送单位。每个程序有一张段表,每段对应一个页表。段表指示每段对应的页表地址,每一段的页表确定页在实存空间的位置,并与页表内地址拼接确定 CPU 要访问的单元实地址。

小　结

本章首先介绍了存储器。存储器分为 RAM 和 ROM 两大类,对常见的几类 RAM 和 ROM 应该进行系统地掌握。对 RAM 的介绍中主要介绍了静态 RAM 和动态 RAM。对 ROM 的介绍中主要介绍了掩膜式 ROM、可编程的 PROM、可擦写的 EPROM 和电可擦写的 E^2PROM。本章还介绍了存储器容量扩充技术。通常单片存储芯片的容量不能满足系统要求,需要多片组合来扩充存储器的容量。存储器的扩充又可分为位扩充、字扩充和字位扩充。

其次介绍了存储器片选端的处理方法,包括线选法、部分译码法和完全译码法。读者对 3 种方法应加以理解。

最后介绍了高速缓存和虚拟存储器。慢速的存储器限制了高速 CPU 的性能,影响了微机系统的运行速度,并限制了计算机性能的进一步发挥和提高。高速缓冲存储器就是在这种情况下产生的。随着计算机的不断发展,CPU 与主存储器速度匹配的矛盾越来越突出。为了解决主存储器与 CPU 速度不匹配的问题,在 CPU 与主存之间增加一级或多级能与 CPU 速度相匹配的高速缓冲存储器(Cache)。一台计算机的主存容量十分有限,因此在大多数情况下,程序和数据都存放在大容量的辅存中,需要时才把它们从辅存传到内存,然后执行。有时一个程序和数据的总存储量比主存的容量还大,在这种情况下无法一次把程序及数据调入主存,导致程序无法运行。为解决这类问题,需要采用由硬件和软件综合技术形成的虚拟存储器,即将辅助存储器(磁盘)虚拟成主存储器(内存)来使用。

习　题

5.1　从应用的角度说明半导体存储器的分类。

5.2　动态 RAM 为什么需要经常刷新？ 微机系统如何进行动态 RAM 的刷新？

5.3　说出 PROM、EPROM、E^2PROM、Flash Memory 存储器各自的特点。

5.4　下列 RAM 各有多少位地址输入端？

　　(1) 1K×4 位　　(2) 4K×8 位

5.5　某一 RAM 芯片内部采用两个 32 选 1 的地址译码器，并且有一个数据输入端和一个数据输出端，画出此 RAM 芯片的容量及内部地址译码结构。

5.6　存储芯片为什么要设置片选信号，它与地址总线有哪些连接方式？ 采用何种方式可以避免地址重叠。

5.7　用 1K×4 的 SRAM 芯片组成一个容量为 4 KB 的静态存储器，问：

　　(1) 共需多少块芯片？

　　(2) 画出存储器结构连接图。

5.8　用 2K×4 的 EPROM 存储器芯片组成一个 16 KB 的 ROM，问：

　　(1) 共需多少块芯片？

　　(2) 画出存储器结构连接图。

5.9　计算机在什么情况下需要扩展内存？ 扩展内存需要注意哪些问题？

5.10　计算机中为什么要采用高速缓存器？

第6章 微机接口技术基础

计算机与外部设备之间交换信息是计算机系统中一个非常重要的工作,接口作为主机与外设之间的桥梁,其功能及形式是多种多样的。

本章将介绍 I/O 接口的一般概念、端口的寻址方式、输入/输出控制方式以及 PC 的 I/O 通道的逻辑结构及物理结构。

通过本章的学习,应该了解接口的作用,掌握有关接口的基本知识,并知道接口连接除硬件接口电路外,还必须有相应的控制程序。

6.1 I/O 接口的概念

通过学习微型计算机的组成原理及工作原理,可知输入/输出设备是计算机系统的重要组成部分。由于程序、原始数据及各种现场采集到的资料和信息,都要通过输入装置输入计算机;计算结果或各种控制信号都要输出给各种输出装置,以便显示、打印及产生各种控制动作。因此,CPU 与外部设备交换信息也是计算机系统中十分重要和频繁的操作。

微型计算机所采用的总线结构,如图 2.2 所示,CPU 通过三总线与存储器和输入/输出设备进行数据交换。在一般应用中,存储器相对固定,用户很少改变。但是,由于外部设备因用户而异,所以作为总线和外部联系的接口,其功能和形式也是变化多端的。从功能上说,I/O 接口就是 CPU 与外部设备交换数据的中转站(或称桥梁)。

6.1.1 I/O 接口的作用

微机系统中,存储器需要通过总线和其他部件进行数据传送,因此存储器在与总线连接时需要有接口。由于该接口位于主机之内,属于微机的内部电路,故可称为"内部接口"。同样,CPU 又挂在总线上,它和总线之间也有一些必要的电路,就广义而言,该电路也可称之为接口(内部接口)。

在微机应用方面,需要用户考虑和设计的都是挂在总线上的外设与总线间的"外部接口",特称这类接口为 I/O 接口。其作用有以下几点。

1. 匹配外设与主机间的数据形式

一般来说,数据在不同介质上存储的形式不一定完全相同,接口可担负起它们之间的协调任务。

2. 匹配外设与主机间的工作速度

不同外设之间、外设与主机之间，其工作速度相差极为悬殊。为了提高系统效率，接口在它们之间起到了平衡作用。

3. 在主机与外设之间传递控制信息

为使主机对外设的控制作用尽善尽美，主机或外设的某些状态信息，需要互相交流，接口便在其间协助完成这种交流。

6.1.2 I/O 接口的分类

按外设的性能及通用的程度，可将 I/O 接口分为两大类。

1. I/O 接口芯片

对于一些微机系统必不可少的、且不是很复杂的外设，只需使用芯片便能完成接口任务，而这类芯片大多安装在主机的主电器板(系统板)上，通常称这类接口为 I/O 接口芯片。例如，系统的定时/计数器、中断控制器、DMA 控制器、并行接口和键盘接口等均属于此类接口。

2. I/O 接口卡

对于较复杂的外设和某些被控制的设备，往往需要更多的芯片才能完成接口任务、或者有往主机的系统板上加装器件导致不便的情况，此时需将接口制成印刷电路板形的"卡"，通过插入 I/O 通道插槽的方式，实现接口与主机的连接。这类接口称为 I/O 接口卡或适配器(Adapter)。例如，显示器接口卡、打印机接口卡、软盘接口卡、硬盘接口卡和串行接口卡等，均属于此类接口。

6.1.3 I/O 接口的组成

一般 I/O 接口的组成需要两部分，即 I/O 端口和总线连接逻辑。

1. I/O 端口

由于 I/O 接口(包括 I/O 接口芯片和 I/O 接口卡)与 CPU 交换的信息，除数据之外，还有一些状态、命令等信息。因此，当要针对接口中的某一信息进行交换时，CPU 就应该具体地指出该信息在接口中具体的物理位置，这样才能完成信息交换的任务。这些"物理位置"即称为"I/O 端口"，如图 6.1 所示。

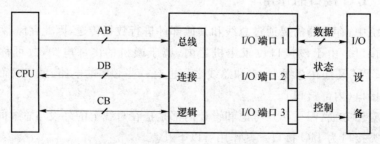

图 6.1 I/O 接口示意图

I/O 端口从逻辑上讲就是可被 CPU 访问的寄存器、缓冲器、锁存器或特定部件；从连接形式上讲，它的一端与总线连接，另一端与外设的输出线或输入线相连；从功能上讲，

CPU 通过端口写操作把数据输出给外设,或通过端口读操作把外设的输入数据取入。

由图 6.1 可知,I/O 端口可以有 3 种类型,即数据类型、输入状态信号类型和输出控制信号类型。所以图 6.1 中分数据、状态和控制,共 3 种端口。端口又可分为输出、输入和双向端口。在图 6.1 中数据线用双向箭头表示,说明它的数据端口是双向的;状态线和控制线用单箭头表示,说明它们是单向的;状态口是输入口,而控制口是输出口。

2. 总线连接逻辑

总线连接逻辑的内容主要如下。

(1) I/O 端口寻址逻辑:其作用是在 CPU 访问端口时,通过地址总线发出的地址转换成启动某特定部件的控制信号。

(2) 信号转换逻辑:在外设、I/O 端口及系统总线之间实现数据信号的转换。

(3) 缓冲逻辑:减轻总线负载效应。

6.2 I/O 端口的编址方式

6.2.1 I/O 端口的编址方式

CPU 访问系统中的某一物理器件时,该物理器件会有一"标识",使 CPU 有具体的访问对象。标识的方法可以命名,亦可以编号。I/O 端口采用的是编号的方法来确定其地址。每个端口均有各自的编号,即端口地址。

微机中端口的编址方式通常有统一编址和独立编址两种。

1. I/O 端口的统一编址

统一编址也称为存储器映射编址。这种方式是从存储空间划出一部分地址空间给 I/O 设备,把 I/O 接口中的端口当作存储器单元一样进行访问,不设置专门的 I/O 指令。凡对存储器可以使用的指令均可用于端口。

这种编址方式的优点是:利用访问存储器的指令来访问 I/O 端口,指令类型多,功能齐全,编程灵活、方便;用户可直接对 I/O 端口内的数据进行运算和处理,提高对端口数据的处理速度。其缺点是:存储器地址空间因被 I/O 端口地址占用而减少;为识别一个 I/O 端口必须对全部地址线进行译码,增加了地址译码的复杂性,外设操作的时间也相对延迟。

2. I/O 端口的独立编址

独立编址也称为隔离 I/O 方式。这种方式是对接口中的端口地址单独编址而不占用存储空间;CPU 对 I/O 端口进行访问的控制信号与访问存储器的控制信号分开;并且采用专用的 I/O 访问指令。INTER 公司和 ZILOG 公司生产的 CPU 就是采用这种方式。

这种编址方式的优点是:不占用存储器的地址空间;由于 I/O 地址线较少,所以 I/O 端口地址译码较简单,寻址速度也快。其缺点是:I/O 指令类型少,使得程序设计的灵活性较差。

6.2.2 CPU 与 I/O 设备之间的接口信息

CPU 与一个外设交换信息,如图 6.1 所示,通常需要有以下一些信号。

1. 数据(Data)

(1) 数字量

数字量由键盘、CD-ROM 光盘等输入的信息和向打印机、CRT 显示器输出的信息,以及软、硬盘写入-读出的信息以二进制形式表示的数或以 ASCII 码表示的字符构成。

(2) 模拟量

当计算机用于控制时,大量的现场信息经过传感器把非电量的自然信息转换成模拟量的电信息,再由 A/D 变换器转换后输入计算机;计算机的控制输出也必须先经过 D/A 转换才能去控制执行机构。

(3) 开关量

开关量是一些两个状态的量,如电机的运转与停止、开关的合与断、阀门的打开与关闭等,这些量只要用一位二进制数即可表示,故字长为 8 位的机器一次输入或输出可控制八个这样的开关量。

数据的传送可以有并行传送(N 位同时传送)和串行传送(一位一位传送)两种形式。例如传送到打印机的数据就是并行数据,而通过电话线传送到 Internet 网上的是串行数据。

2. 状态信息(Status)

在输入时,有输入装置的信息是否准备好;在输出时,输出装置是否空闲,若输出装置正在输出信息,则以忙指示,等等。

3. 控制信息(Control)

控制信息包括控制输入/输出装置或接口的启动与停止等。

状态信息和控制信息是不同的,必须要分别传送。但在大部分微型机中,信息的传输只有通用的 IN 和 OUT 指令,因此,外设的状态也必须作为一种数据输入;CPU 的控制命令,也必须作为一种数据输出。为了使它们相互之间区分开,它们必须有自己的不同的端口地址,如图 6.2 所示。数据需要一个端口;外设的状态需要一个端口,CPU 才能把它读入,了解外设的运行情况;CPU 的控制信号也需要一个端口输出,以控制外设的正常工作。所以,一个外设或接口电路往往有多个端口地址,CPU 寻址的是端口,而不是笼统的外设。

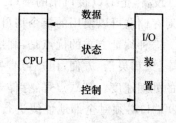

图 6.2 CPU 与 I/O 接口

6.2.3 I/O 端口地址分配

PC 系列微机系统用 10 条地址线 $A_9 \sim A_0$ 寻址 I/O 端口,支持 I/O 端口的数目为 1 024(2^{10})个,其端口地址空间为 0~3FFH。I/O 接口芯片的端口地址占用 0~0FFH,共 256 个地址号,具体分配见表 6.1。

表 6.1　I/O 接口芯片端口地址

I/O 端口名称	PC/XT	PC/AT
DMA 控制器 1	000～0DFH	000～01FH
中断控制器 1	020～021H	020～03FH
定时器	040～043H	040～05FH
并行接口芯片	060～063H	
键盘控制器		060～06FH
PT/CMOS RAM	—	070～07FH
DMA 页面寄存器	080～083H	080～09FH
NMI 屏蔽寄存器	0A0H	
中断控制器 2		0A0～0BFH
DMA 控制器 2	—	0C0～0DFH
协处理器		0F0～0FFH

I/O 接口卡的端口地址占用 200～3FFH，共 768 地址号，具体分配见表 6.2。

表 6.2　I/O 接口卡的端口地址

I/O 接口卡名称	PC/XT	PC/AT
游戏控制卡	200～20FH	200～20FH
扩展部件卡	210～21FH	—
并行口卡 2	270～27FH	270～27FH
串行口卡 2	2F0～2FFH	2F0～2FFH
原型插件板（用户可用）	300～31FH	300～31FH
硬驱卡	320～32FH	1F0～1FFH
并行口卡 1	370～37FH	370～37FH
同步通信卡 2	380～38FH	380～38FH
同步通信卡 1	3A0～3AFH	3A0～3AFH
单显 DMA	3B0～3BFH	3B0～3BFH
彩显 EGA/VGA	3C0～3CFH	3C0～3CFH
彩显 CGA	3D0～3DFH	3D0～3DFH
软驱卡	3F0～3F7H	3F0～3F7H
串行口卡 1	3F8～3FFH	3F8～3FFH

对于进行接口卡设计的用户了解机器的 I/O 端口地址配置是很重要的。因为要设计接口卡，就必然要使用 I/O 端口地址。在选定 I/O 端口地址时，要注意以下几点：

(1) 凡是已被系统占用的地址不能再使用。

(2) 目前尚未占用的地址，原则上用户可以使用。但对于计算机厂家保留将来扩展系统用的端口地址不可以使用，否则可能发生 I/O 端口地址重叠和冲突，使开发的产品与系统不兼容。

(3) 用户开发的接口卡一般可使用 0300H～031FH 地址。这是 IBM PC 系列机留作试验卡用的地址。

6.2.4 I/O 端口地址译码

在 I/O 通道上 I/O 端口均使用 $A_9 \sim A_0$ 来寻址，CPU 则通过 $\overline{IOR}$ 和 $\overline{IOW}$ 信号对这些端口进行读写操作。后者可由总线控制器 8288 或由 DMA 控制器输出；而前者将涉及地址线 $A_9 \sim A_0$ 的译码问题。下面介绍几种常用的地址译码电路供参考。

1. 门电路组成的端口译码电路

利用门电路可以组成 I/O 端口的地址译码电路。其结构简单，使用方便灵活。但由于它是由小规模集成电路组成的，因此仅适用于系统中 I/O 端口较少的场合。图 6.3 即为门电路组成的端口译码电路，其地址为 2F0H。

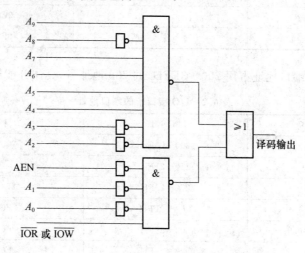

图 6.3　门电路译码电路

假设该端口为输入端口，就要在译码电路加入 I/O 读信号 $\overline{IOR}$。如果端口为输出，则应加入 I/O 写信号 $\overline{IOW}$。

在图 6.3 中，由于地址允许信号 AEN 的加入，可使在 DMA 传送时（AEN 为高电平），I/O 端口不会被误选中（因为此时地址总线上的地址为存储器地址）。

如果一个端口同时具有输入和输出的功能（一个地址码），则可采用图 6.4 所示电路。此时一个端口相当于两个端口使用。

2. 译码器组成的端口译码电路

用译码器(中规模集成电路)组成的端口译码电路，可同时提供多个端口的译码，特别适用于较大系统的场合。

(1) 用 3-8 译码器组成的端口译码电路

3-8 译码器可对 3 位地址码译出 8 个译码信号，常用的 74LS138 即为此类译码器，图 6.5 为其引脚图。该译码器只有当片选信号 $G_1 = 1$，$\overline{G_2 A} = 0$，$\overline{G_2 B} = 0$ 时，才有译码信号输出，否则输出全部为高电平。

【**例 6.1**】　某 PC 系统板的 I/O 接口芯片 DMA 控制器等，其地址分配如图 6.6 所示。其中，DMA 页面寄存器和 NMI 屏蔽寄存器的地址译码信号为写信号，请用 74LS138 设计端口译码电路。

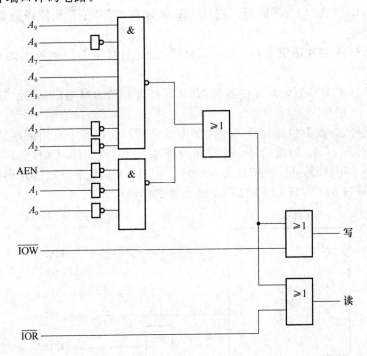

图 6.4 具有读/写功能的译码电路

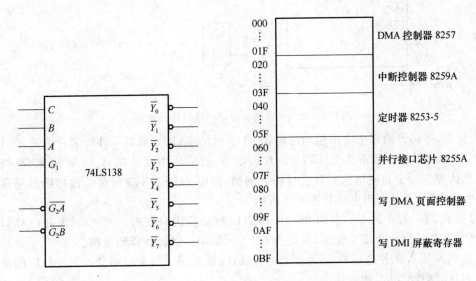

000	
⋮	DMA 控制器 8257
01F	
020	
⋮	中断控制器 8259A
03F	
040	
⋮	定时器 8253-5
05F	
060	
⋮	并行接口芯片 8255A
07F	
080	
⋮	写 DMA 页面控制器
09F	
0AF	
⋮	写 DMI 屏蔽寄存器
0BF	

图 6.5 74LS138 译码器　　图 6.6 某 PC 系统板 I/O 地址分配

由图 6.6 知，每个 I/O 接口芯片占据 32 个地址号（当然，不一定全部被该芯片使用完，但其他芯片不得占用）。例如，DMA 控制器占用 0～01FH 地址段。

如果将地址线 $A_5 \sim A_7$ 接至 74LS138 的输入信号端 A,B,C，其每个输出端（$\overline{Y_0} \sim \overline{Y_7}$）便可寻找由地址线 $A_0 \sim A_4$ 确定的 32 个地址。

由于在图 6.6 的地址分配图中全部地址的高 2 位(二进制位)为零,因此,可将 74LS138 译码器的片选信号 $\overline{G_2 A}$ 和 $\overline{G_2 B}$(均为低电平有效)分别与地址线 A_8 和 A_9 相连。这样,只有当 A_8 与 A_9 均为零时译码器 74LS138 才能工作,于是便使译码器确定的地址高 2 位一定为零。

由于 74LS138 的片选信号 G_1,要求高电平,因此可接至 I/O 通道中的 AEN 信号线 (加反相器)。

由于本例规定 DMA 页面寄存器和 NMI 屏蔽寄存器为写端口,因此,这两个译码信号还应加入 $\overline{\text{IOW}}$ 信号。

综合上述考虑,故 I/O 端口译码电路如图 6.7 所示。在图中只用到地址线 $A_9 \sim A_5$,若再在地址线 $A_4 \sim A_0$ 的配合下,则可完成要求的 0～01FH,020H～03FH,040H～05FH,060H～07FH,080H～09FH 和 0A0H～0BFH 等 6 个地址段的译码(当然还可提供 0C0H～0DFH 和 0E0H～0FFH 两个地址段的译码)。

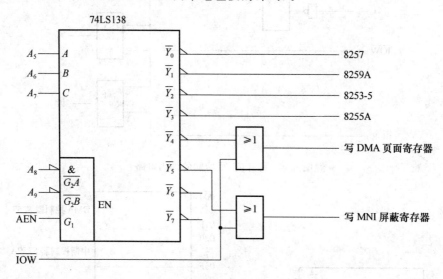

图 6.7　用 3-8 译码器组成的端口译码电路

例中,译码器的每个输出端均可确定 32 个地址端口,如果某一外设芯片内的端口为 32 个,则译码器输出端可作为该芯片的片选信号,然后再由地址线 $A_4 \sim A_0$ 来配合(视芯片的具体规定而定),便可达到寻址目的。例如,假定 74LS138 输出端 $\overline{Y_4}$ 连接的就是这种 I/O 接口芯片,则其译码电路如图 6.8 所示。

【例 6.2】　若在例 6.1 中的 060H～07FH 地址段内只接有一片 8255A 并行接口芯片,已知该芯片有 4 个端口地址,且定为 060H～063H,试设计译码电路。

由于 8255A 的片选信号 $\overline{CS}$ 为低电平有效,因此可用一与非门驱动。只要该门的全部输入为高电平,8255A 便可选中。

由于 8255A 内有 4 个端口,因此可由地址线 A_1 和 A_0 直接进行寻址。为了满足 8255A 中的 4 个端口地址为 060H～063H,应设定地址码高 8 位为 00011 000。此代码的高 5 位便是 74LS138 的输出信号 $\overline{Y_3}$,因此只要将地址信号 A_4,A_3,A_2 反相与 $\overline{Y_3}$ 一起作为与非门的输入,该与非门之输出信号便是并行接口芯片 8255A 的片选信号 $\overline{CS}$ 了,端口译码电路如图 6.9 所示。

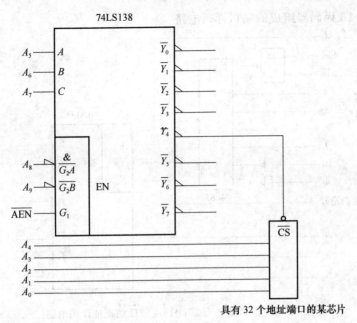

图 6.8　具有 32 个端口听 I/O 接口芯片的译码电路

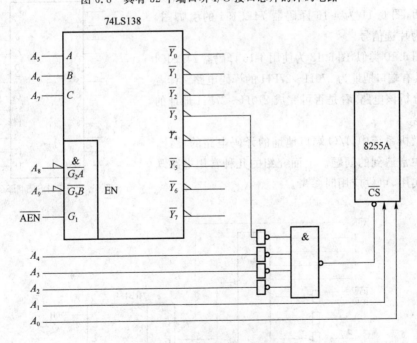

图 6.9　8255A 端口译码电路

　　设计 I/O 端口地址译码电路,应十分灵活,主要是根据 I/O 端口的性质和译码器的特性来设计,以达到能正确寻址 I/O 端口的目的。例如,图 6.10 所示电路即 I/O 端口地址为 2F0H~2F7H 的译码电路。请读者自行分析,看是否能完成端口地址为 2F0H~2F7H 的译码功能。图中 $\overline{IOR}$ 和 $\overline{IOW}$ 经与非门 U_1 输出后再作为 74LS130(与非扩展门)的一个控制输入端,其目的是使上述的 I/O 端口具有读和写的功能。

（2）用 4-16 译码器组成的端口译码电路

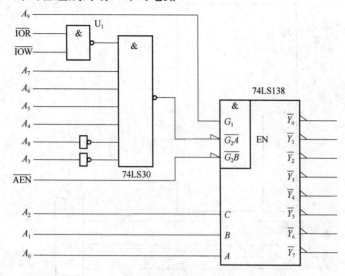

图 6.10　端口地址为 2F0H～2F7H 的地址译码电路

和 3-8 译码器一样，4-16 译码器的使用方法也十分简单灵活，图 6.11 为 4-16 译码器 74LS154 的引脚图，$\overline{G_1}$ 和 $\overline{G_2}$ 为片选信号。

和图 6.10 类似，图 6.12 为使用 4-16 译码器 74LS154 组成的具有端口地址为 270H～27FH 的译码电路。读者可自行分析该电路，看是否可完成 270H～27FH 地址的译码功能。

在微机系统中，I/O 端口地址的译码电路的设计，是实际中常遇到的问题。上面介绍的几种常用电路既简单又实用，可供应用时参考。

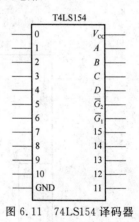

图 6.11　74LS154 译码器

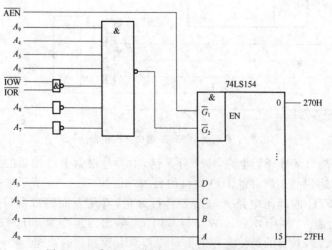

图 6.12　采用 4-16 译码器组成的地址译码电路

6.3 输入/输出控制方式

前面介绍的输入口和输出口仅是一个端口,外设通过它与 CPU 交换数据,这种方式仅当外设工作非常慢,才可实现。事实上外设的数据是变化的,而外设与 CPU 两者不是一个系统的,故外设的数据变化和 CPU 的工作节拍是异步的。对输入来说,CPU 执行读操作时不一定正好是外设把输入数据准备好的时刻;对输出来说,CPU 执行写操作时不一定正好是外设要求数据的时间。因此当 CPU 和外设交换数据时还需要一个协同策略,在硬件方面要有措施,在软件方面要有方法。一般有三种方式:

(1) 程序控制 I/O——以 CPU 为主动方。

(2) 中断驱动 I/O——以外设为主动方。

(3) 直接存储器存取(DMA)——外设直接和存储器交换数据。

6.3.1 程序控制传送方式

1. 无条件传送方式

这是一种最简单的 I/O 数据传送方式,仅适用于数据变化比较缓慢的外设。例如,在诸如速度、温度、压力等参数变化十分缓慢的场合,当 CPU 要采集这些数据时,不会遇到像"外设准备数据未妥"等情况(当然,上述模拟量 A/D 转换成数据量后,才能被 CPU 所采集)。故数据的传送可以"立即"进行,无须对 I/O 端口状态进行检测。接口如图6.13 所示。

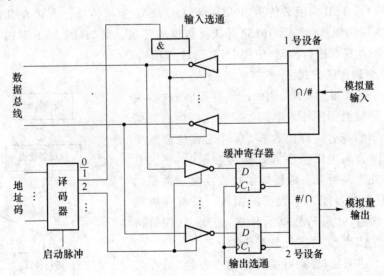

图 6.13 无条件传送 I/O 接口例

实现立即传送方式的方法十分简单,仅需在整个控制程序中的适当地方,直接插入一段实现读写 I/O 端口的 I/O 指令即可。

对于 8088/8086 CPU,有下列 I/O 指令:

```
IN AL,PORT
```

或

```
MOV DX,PORT
IN AL,DX
OUT PORT,AL
```

或

```
MOV DX,PORT
OUT DX,AL
```

在上述指令中,I/O 端口地址 PORT 为 0~FFH。

若为 16 位传送,累加寄存器应为 AX。

对于 80286/80386 CPU,有下列 I/O 指令支持 I/O 端口直接与存储器进行数据交换:

```
MOV DX,PORT
LES DI,BUFFER_IN
INSB(或 INSW)
MOV DX,PORT
LDS SI,BUFFER_OUT
OUTSB(或 OUTSW)
```

即,输入与输出是对 RAM 而言。输入时,ES:DI 指向目的缓冲区 BUFFER_IN,输出时,DS:SI 指向源缓冲区 BUFFER_OUT。

INSB 和 OUTSB 为字节传送,INSW 和 OUTSW 为字传送。若再在其前加上重复前缀 REP,则可实现外设与 RAM 进行成批数据的传送。例如,PC/AT 等机型便是通过这种方法对硬盘扇区进行读写(使用 INT 13H 调用)。

2. 程序查询传送方式

立即传送方式虽然简单(使用的硬件设备较少,编程较易),但是只能用于外设中的数据变化缓慢或数据变化时序已知的场合。即使这样,有时也难免会发生错误。这是因为采用无条件方式传送数据时,并没有准确地知道外设是否真正地做好了接收或发送数据的准备工作,因而有可能产生数据的误传。只有在确认外设准备就绪后,才进行数据的传送;否则,就应等待外设达到"就绪"状态,再进行数据传送。

为解决上述问题,提高数据传送的可靠性,可在数据传送之前,对外设"准备就绪"与否的状态先进行检测。

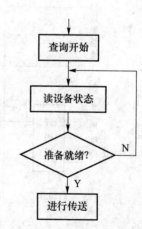

图 6.14 程序查询传送方式流程图

图 6.14 为程序查询传送方式的流程图。从图中可知,CPU 实际上是在数据传送之前,不断地查询外设:"就绪否?"。采用这种方式传送数据,不会丢失数据,但是,CPU 却在查询过程中耗费了时间。

下面,举例来说明程序查询传送方式的工作过程。图 6.15 为本例的 I/O 接口的结构简图,端口 1 为数据口,端口 2 为状态口。在图中,状态端口 2 的中心器件是一只 D 触发器,它的数据端 D 接收来自数据端口 1 的"就绪"信号。若数据端口 1 已就绪,则输出一高电平而使状态端口 2 中的 D 触发器置成"1"状态;反之,若端口 1 未就绪,则输出为低电平,端口 2 中的 D 触发器便置成"0"状态。端口 2 的此状态输出,可接至任何一根数据总线(如 D_4)上,以便 CPU 进行检测。

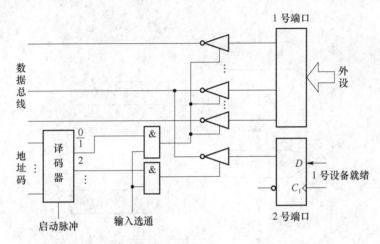

图 6.15 程序查询传送 I/O 接口例

由于在上述情况下,数据总线上不但有外设送往 CPU 的数据信息,而且还有状态信息。为了不让这两种信息混淆,可采用分时处理方式,即只有当 CPU 在读状态信息时,才允许数据总线上出现状态信息。因此,可在端口 2 的 D 触发器输出端至数据总线 D_4 之间插入一个三态门开关,开关的控制信号由端口 2 的译码输出信号与程序中读状态信息的输入指令执行时产生的输入选通信号共同组成。

同样,在外设的数据通过 I/O 接口中的数据端口 1 送至数据总线的途中,也插入三态门开关,其控制信号由端口 1 的译码输出信号与程序中读外设数据的输入指令执行时产生的输入选通信号共同组成。

图中的输入选通信号均参与了对数据端口 1 和状态端口 2 的控制,这是因为都有"读"端口的功能引起的,也就是皆由 I/O 指令 IN 产生的。至于"读"的是端口 1 还是端口 2,则由端口地址译码信号决定。

根据图 6.14 的流程图,可用 8086 汇编语言写出查询传送 I/O 接口程序段:

```
            ⋮
TEST:       IN AL,02H        ;读状态端口 2
            AND AL,10H       ;只需其中的 D4 位
            JNZ TEST         ;外设忙,等待
            IN AL,01H        ;外设就绪,读数据端口 1
            ⋮
```

如果有多部外设,CPU 就要周期性地依次查询每个外设的状态,其流程如图 6.16 所示。

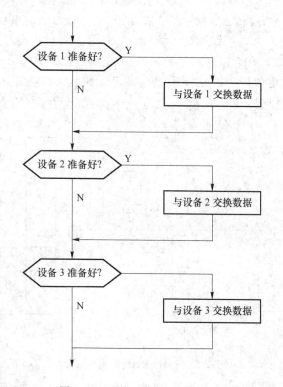

图 6.16 查询 3 个外设的流程图

当查询到某外设"准备好",CPU 就与这个外设交换数据,若还未准备好,就跳过这一外设,继续向下查询。

程序查询传送方式能正确地协调外设与 CPU 之间的工作节拍,使数据传送能无误地进行,其接口设备也较简单,易于实现。但是一般来说,因为 CPU 要花费较多的时间在"等待"外设的状态"就绪",所以 CPU 的效率较低。因此这种传送方式仅用于较为简单、特别是系统中外设少的场合。

6.3.2 中断控制传送方式

在程序控制方式中,外设与 CPU 之间数据的传送,是由 CPU 掌握着主动权,即 CPU 主动去查询外设状态,然后确定是"等待"还是"传送数据"(程序查询方式);或者,CPU 直接"读或写"I/O 端口(无条件传送方式)。在后一种情况下,虽然 CPU 不存在因出现"等待"现象而降低效率,但数据传送的正确性难以保证。在前一种情况下,虽然数据传送的正确性有保证,但是 CPU 的效率却不高,这是不容忽视的问题。

为了提高 CPU 效率并使系统具有实时输入/输出性能,可以采用中断传送方式。中断传送方式的特点是:外设具有向 CPU 申请服务的能力。当输入设备已将数据准备好,或者输出设备可以接收数据时,便向 CPU 发出中断请求,CPU 可中断正在执行的程序而和外设进行一次数据传输。待输入操作或输出操作完成后,CPU 再恢复执行原来的程序。与查询工作方式不同的是,这时的 CPU 不用去不断地查询等待,而可以去处理其他事情。因此采用中断传送方式时,CPU 和外设是处在并行工作的状况下,这样就大大提高了 CPU 的效率。如图 6.17 便是利用中断传送方式进行输入时所用的接口电路的工作原理。

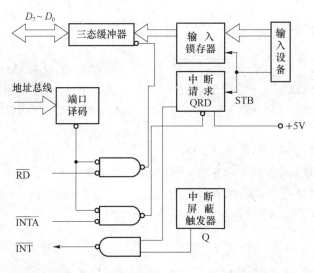

图 6.17 中断控制方式输入的接口电路

由图 6.17 中可见:当外设准备好一个数据供输入时,便发一个选通信号 STB,从而将数据输入接口的锁存器中,并使中断请求触发器置"1"。此时若中断屏蔽触发器的值为 1,则由控制电路产生一个向 CPU 请求中断的信号$\overline{\text{INT}}$。中断屏蔽触发器的状态为 1 还是为 0,决定了系统是否允许该接口发出中断请求。

CPU 接收到中断请求后,如果 CPU 内部的中断允许触发器(8086CPU 中为 IF 标志)状态为 1,则在当前指令被执行完后,响应中断,并由 CPU 发回中断响应信号$\overline{\text{INTA}}$,将中断请求触发器复位,接收下一次的选通信号。CPU 响应中断后,便立即停止执行当前的工作程序,而去执行一个为外部设备的数据输入或输出服务的程序,此程序称为中断处理子程序或中断服务程序。中断服务程序执行完后,CPU 又返回到刚才被中断的断点处,继续执行原来的工作程序。对于一些慢速而且是随机的与计算机进行数据交换的外设,采用中断控制方式可以大大提高系统的工作效率。中断工作方式是计算机的一个很重要的功能,应用非常广泛。

6.3.3 直接存储器存取(DMA)传送方式

中断控制传送方式虽然使 CPU 的效率大大提高,但是其传送过程却较为繁杂。为传送一个字符不仅要执行一次中断服务程序,还要增加诸如保护和恢复现场等辅助性操作(需要使用多条指令)。因此,当主机与外设成批交换数据时,采用中断控制传送方式,数据传送的效率就会降低,影响了机器运行的性能。

通常,内存储器 RAM 和外存储器(如磁盘等)在机器工作期间,经常需要大批量地交换数据(读写磁盘以完成磁盘文件的存取)。显然,最好的办法是在 RAM 和外设之间直接建立数据通道,这样无须 CPU 的介入便可完成数据的传送任务。这种方式称为直接存储器存取方式,常用 DMA 表示。

在 DMA 传送方式中,由 DMA 控制器(DMAC)直接从 CPU 接管并控制系统总线,进行高速高效率的数据传送,待数据传送完后,DMA 控制器再将总线控制权送还给 CPU。

1. DMA 传送过程概述

(1) DMA 请求

CPU 对 DMA 控制器初始化,包括传送 DMA 读或写命令、RAM 缓冲区首址、本次 DMA 传送的字节数等。CPU 对 I/O 接口传送控制命令,I/O 接口为控制外设做准备。当 I/O 设备要求以 DMA 方式为它服务时,向 DMA 控制器发 DMA 请求信号 DRQ。

(2) DMA 响应

对 I/O 接口提出的 DMA 请求,DMA 控制器经判优及屏蔽后,向总线裁决电路提出总线请求,即向 CPU 发保持请求信号 HRQ。当 CPU 执行完当前总线周期,总线裁决电路便响应 DMA 控制器的总线请示,CPU 释放总线控制权,并向 DMA 控制器发送保持认可信号 HLDA。DMA 控制器取得总线控制权后,向 I/O 接口输出 DMA 应答信号 DACK。

(3) DMA 传输

DMA 控制器获得总线控制权后,CPU 便不再对整个系统进行控制(只执行内部操作),而是由 DMA 控制器输出读写命令,直接控制 RAM 与 I/O 接口进行 DMA 传送。

在进行 DMA 读时,DMA 控制器先输出 $\overline{\text{MEMR}}$,再输出 $\overline{\text{IOW}}$。意在 RAM 中取出一个字节再写入 I/O 接口。

在进行 DMA 写时,情况正好相反,DMA 控制器先输出的是 $\overline{\text{IOR}}$,再输出 $\overline{\text{MEMW}}$。意在 I/O 接口中读取一个字节再写入 RAM 中。

在完成一次 DMA 的读或写操作后,DMA 控制器内的地址寄存器将自动加1(指向下一地址单元),字节数计数器自动减1。然后再继续上述的 DMA 读或写操作,直至字节计数器减到0为止。

(4) DMA 结束

在完成预定的成批数据传送后,DMA 控制器便释放总线控制权,并向 I/O 接口发出 DMA 传送结束信号。I/O 接口收到信号后,便停止外设的工作。与此同时,I/O 接口还向 CPU 发出中断请求,使 CPU 恢复对系统的控制权。

CPU 重新控制系统后,首先对本次 DMA 传送的正确性进行检查(执行检查程序),然后转入执行原来的程序。

上述过程如图 6.18 所示。

2. DMA 数据传送的方法

(1) 成组 DMA 传送

在这种方式下,一次 DMA 传送过程可传送一批字节的数据块。在 DMA 传送的整个过程中,DMA 控制器始终掌握着总线控制权,只有在 DMA 传送过程结束后,才释放总线控制权。

显然,在成组 DMA 传送方式下,CPU 实际上是处于暂停状态。因此,该方式仅适用于高速外设的 DMA 传送。

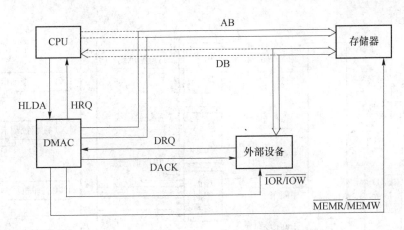

图 6.18　DMA 接口硬件示意图

（2）单字节 DMA 传送

在这种方式下，一次 DMA 传送过程只传送一个字节，即传完一个字节，DMA 控制器便结束 DMA 传送，释放总线（CPU 又掌握总线控制权）。当需要再次传送下一字节时（即 DMA 控制器的字节计数器未回零），则再次重复整个的 DMA 传送过程，直至预定字节数传送完毕为止。实际上，单字节 DMA 传送是挪用总线周期完成的，这样可使 CPU 的效率大大提高，因此，单字节的 DMA 传送方式可用于较低速外设的 DMA 传送。

6.4 PC 的 I/O 通道

6.4.1 PC/XT 的组成结构

在微机系统中，I/O 接口卡使用起来非常方便。因此，对于某些通用的外设接口，制造厂商均制成接口卡供用户选用，许多用户也往往将自己设计的外设接口制作成接口卡使用。

使用 I/O 接口卡，仅需要将其插入主机内的扩展插槽之中即可，因为该插槽之中有主机的全部对外信号线（包括数据、地址和控制总线）。由于插槽中的信号线是对外设的，因此称这些信号传送的路径为 I/O 通道。

1. I/O 通道的逻辑结构

I/O 通道中到底有些什么信号线？与这些信号线相联系的是些什么部件？这是设计任何 I/O 接口电路者必须了解的问题。为此我们将 PC 中的 I/O 通道及相关的信号线和接口部件示于图 6.19 中，并将图中有关部分加以介绍。

（1）数据通路

CPU 的数据总线经数据缓冲器连接到 I/O 通道。这是一个可双向传送的数据通路。对于 PC/XT，通道中有 8 条数据线 $D_7 \sim D_0$；对于 PC/AT 等，通道中又增加了 8 条数据线 $D_{15} \sim D_8$，以完成 16 位数据传送。

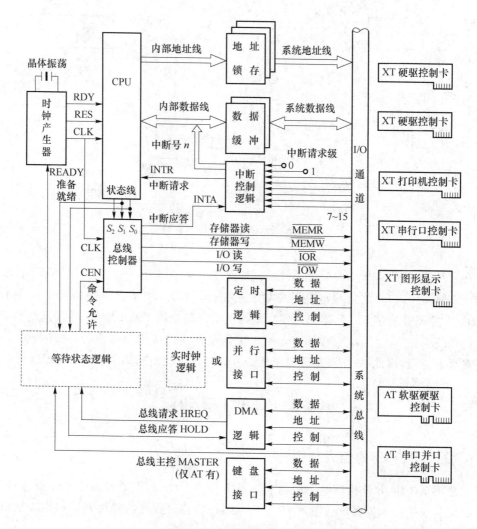

图 6.19 I/O 通道逻辑结构

（2）地址通路

CPU 的地址总线（单向传输）经地址锁存器连接到 I/O 通道。对于 PC/XT，通道中的地址线为 20 条（$A_{19} \sim A_0$），可寻址 1 MB；对于 PC/AT 等，地址线为 24 条（$A_{23} \sim A_0$），可寻址16 MB。

由于 PC 对外部设备的地址空间为1KB，因此采用 $A_9 \sim A_0$ 共 10 根地址线寻址外设。

（3）读写控制信号

CPU 对存储器和外设的读写信号为：$\overline{\text{MEMR}}$，$\overline{\text{MEMW}}$，$\overline{\text{IOR}}$，$\overline{\text{IOW}}$，但它们都不是由 CPU 直接发出，而是由总线控制器输出的（CPU 只对总线控制器输出 S_0，S_1，S_2 状态信号）。

状态信号 S_0，S_1，S_2 的状态编码见表 6.3。

表 6.3 总线控制器状态信号与输出信号的关系

$S_2 S_1 S_0$	功 能	输出信号
0 0 0	中断响应	$\overline{INTA}$
0 0 1	I/O 读	$\overline{IOR}$
0 1 0	I/O 写	$\overline{IOW}$
0 1 1	暂 停	—
1 0 0	取 指 令	$\overline{MEMR}$
1 0 1	存储器读	$\overline{MEMR}$
1 1 0	存储器写	$\overline{MEMW}$
1 1 1	保留未用	—

当进行直接存储器存取(DMA)传送时,由 DMA 控制器发出的地址允许信号 AEN 将封锁总线控制器,使之不再输出读写信号,CPU 将失去对 I/O 通道的控制(地址锁存器和数据缓冲器也同时失效)。这种情况是由于系统进行 DMA 传送时,DMA 接管 CPU I/O 通道供自己使用的缘故。

(4)中断控制逻辑

由 8259A 中断控制器构成的中断逻辑,可接受 8 级中断源,其中 0 级和 1 级由微机系统本身占用,其余 6 级中断请求均分配给外设。

对于 PC/AT 等机型,中断逻辑由两片 8259A 级联构成,可接受 15 级中断源。其中 0 级、1 级、2 级(从片使用)和 13 级由系统本身占用,其余 11 级中断请求由外设使用。

(5)DMA 传送

由 8237-5DMA 控制器构成的 DMA 逻辑,可提供 4 个传送通道。其中 0 级由系统占用,其余 3 个通道均分配给外设使用。

对于 PC/AT 等机型,DMA 逻辑由两片 8237A-5DMA 控制器构成,可提供 7 个传送通道,全部供外设使用(PC/XT 中占用的 0 级通道已由硬件取代)。

2. PC 系列的发展情况

从 PC/XT 到 Pentium Pro 的发展,主要表现在主机板的升级上,至于功能结构和标准外设与 XT 机的情况没有明显区别。现从接口技术的角度将其发展变化情况列于表 6.4。

表 6.4 所列 PC 的发展变化有两点需要作进一步的说明。第一就是系统总线,XT 机的总线连接扩展槽插座的有 62 条信号线,XT 机内部传送是 16 位的,但系统总线却是 8 位的,也就是说,XT 总线一次只传送 8 位数据(一字节),若需传送 16 位数据要分两次传送。AT 机是真正的 16 位机,一次可以直接进行 16 位数据(一个字)传送。为了与 XT 兼容,AT 总线扩展槽由两个相邻的长短插座组成,长的有 62 条信号线,与 XT 机的扩展槽信号基本相同;短的有 36 条信号线,包括高 8 位数据线 $D_{15} \sim D_8$,高位地址线 $LA_{23} \sim LA_{16}$ 和 AT 机增加的中断申请线、DMA 通道接口线以及几个控制信号线。当利用 XT 机时代的接口卡和外设连接时,就用 62 条线的插座,做到与 XT 兼容;新设计 AT 机外设接口卡是利用 AT 总线扩展槽的长短两个插座,一次传送 16 位数据。这样,数据传送效

率明显提高。AT 总线被美国电气及电子工程师协会(IEEE)确定为工业标准体系结构(Industry Standard Architecture, ISA),ISA 总线就成为 PC/AT 总线的标准化名称,并且被后发展的新机型所采用。当代微机(Pentium)还采用更高速率的一种总线,称 PCI,传送新发展的快速数据业务,如图像和视频信号。所以显示卡现在一般都是和 PCI 接口相符合,以适应发展窗式(WINDOWS)操作系统和运行图形软件的要求。图 6.20 是 Pentium 机主机板的系统结构图,从图中可以看出,有三种总线:HOST 总线、PCI(Periphral Componnet Interconnect,外部设备互连)和 ISA 总线。HOST 总线是芯片级的总线,它是连接 CPU、存储器等器件的总线,和外设接口无关。ISA 是原有的工业标准总线。PCI 是新的快速总线,其总线时钟为 33 MHz,数据线位宽 32 位或 64 位,64 位的 PCI 最大数据传输速率可达 267 MB/s,足够处理高清晰度电视信号与实时三维图像。

表 6.4　PC 发展变化概况

机　型	CPU	内部数据总线位数	系统总线标准	地址总线位数	存储空间	标准外设接口情况
PC/XT	8088	16 位	XT	20 位	1 MB	XT 接口的显示卡、并口、串口、硬盘、软驱接口
PC/AT	80286	16 位	ISA	24 位	16 MB	ISA 接口的显示卡并口、串口、硬盘、软驱接口
386	80386	32 位	ISA	32 位	4 GB	ISA 显示卡、ISA 多功能卡(并口、串口、硬盘、软驱接口)
486	80486	32 位	ISA	32 位	4 GB	ISA 显示卡、ISA 多功能卡(并口、串口、硬盘、软驱接口)
Pentium	Pentium	64 位	ISA+PCI	32 位	4 GB	PCI 显示卡、并口、串口、硬盘、软驱、光驱接口在主板
Pentium Pro	Pentium Pro	64 位	ISA+PCI	36 位	64 GB	PCI 显示卡、并口、串口、硬盘、软驱、光驱接口在主板

有关表 6.4 的另一说明是标准外设,像并口(又称打印口)、串口、硬驱、软驱和光驱,在 Pentium 之前是商品化的(所谓标准接口卡)插卡,而现在是集成到主机板上,节省了插座和插卡所占的空间,其逻辑特性(如口地址等)没有变化,但功能上有明显的加强。

6.4.2　I/O 通道的机械结构

将系统总线重新驱动后,接到总线扩展槽中。一个扩展槽就是一个凹形的固定插座,插座内的两侧是镀金的金属片,这些金属片与系统总线相连。扩展槽中的信号一共有两排,每排有 31 个脚,共 62 个脚,即 62 条信号线,这 62 条信号线除系统总线外,还有从电源上引入的 ±5 V、±12 V 直流电源以及地线端。扩展槽中信号排列为两排,一排为 A,一排为 B,分别标以 $A_1 \sim A_{31}$,$B_1 \sim B_{31}$。A_1,B_1 在顶部,从顶向底依次排列,在主机板上,靠近主机后部的是扩展槽的顶部,右侧是 A 排,左侧是 B 排(人对着主机屏幕站立)。

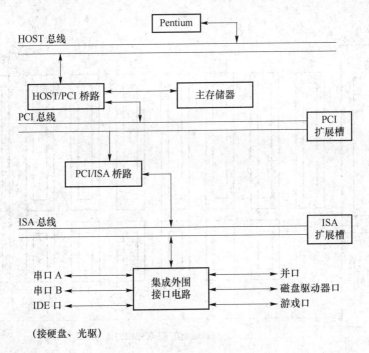

图 6.20　Pentium 机主机板系统结构图

1. I/O 扩展槽

为使用方便,位于主机上的 I/O 通道制成插入槽形式,称为 I/O 扩展槽。

对于 PC/XT,采用双面(A 面和 B 面)62 引脚的插槽,总数为 8 个,它们之间进行复联(各相应引脚并联在一起)。图 6.21 为 PC/XT 机型的 I/O 扩展槽的分布示意图。

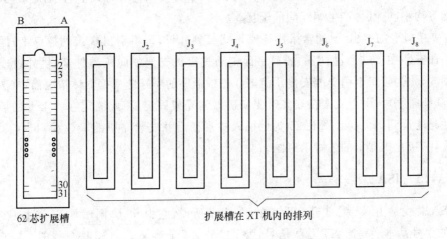

图 6.21　PC/XT 扩展槽

对于 PC/AT 等,为了能与 PC/XT 兼容,亦采用 PC/XT 采用的扩展槽。但由于前者需要的插槽引脚要比后者的多,因此,又对 8 个扩展槽中的 6 个增加了"附加插槽"。该附加插槽具有 36 个引脚,分为 C 面和 D 面。图 6.22 为 PC/AT 等机型采用的槽的分布示意图。

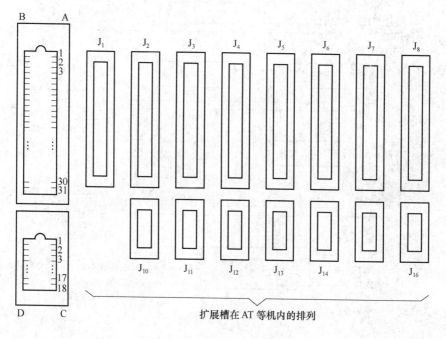

图 6.22　PC/AT 等的扩展槽

2. I/O 接口卡插件

I/O 接口卡都制成印刷电路板的插件形式,如图 6.23 所示。接口卡与 I/O 扩展插槽接触部分的插头应镀金,以防氧化及耐摩擦。接口卡的实际尺寸可根据实际情况决定,高度和长度均可缩小,以能安放下所有器件为原则,器件排列也不可太密,否则对散热、调试及装配等均不利,且易产生相互间的干扰。

I/O 接口卡的引出线,通常采用插座形式接到外设,即将引出线接到插座上,插座的引脚一面安装在接口上,插座的插口一面则通过机械支架朝向机器外部,供外设连接使用。图 6.24 为接口卡引出线安排示意图。图中插座的型号应根据具体情况而定(图示为 15 针 D 型插座)。由于支架在安装时要和机器的壳架固定,因此固定在支架上的插座的稳固性是能得到确保的。图 6.25 为已插入扩展槽后并安装完毕的 I/O 接口卡(以 D 型插座为代表)在机器上的位置示意图。

6.4.3　ISA 总线信号

ISA 总线是由 XT 总线升级而来的,如上节所说,它由 62 脚插座加 36 脚插座构成。62 脚的信号基本上是原 XT 总线信号,为了能和 XT 兼容又适应 16 位总线的发展略有修改;至于 36 脚信号就是为 16 位操作而补充的信号。

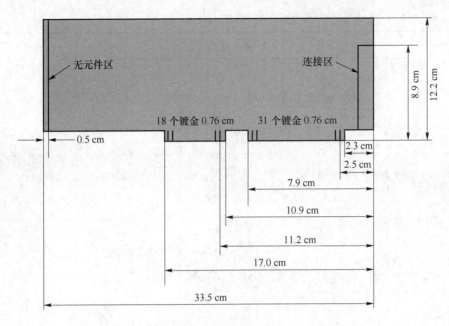

图 6.23 ISA 电路插卡的机械尺寸图

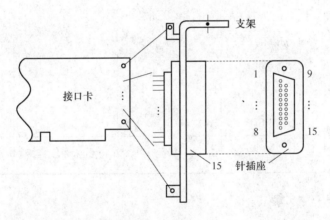

图 6.24 I/O 接口卡引线的引出方式

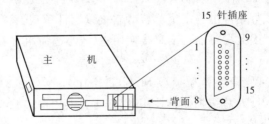

图 6.25 安装完毕的 I/O 接口卡外视图

我们将全部 I/O 通道信号按其功能分类列于表 6.5 中,然后再加以详细介绍。

表 6.5　PC/XT 的 I/O 通道信号

类　　别	信号名称	输入/输出	引　脚	有效电平
时钟、定位	OSC CLK RES DRV $\overline{\text{CAR SLC}}$	输　出 输　出 输　出 输　入	B_{30} B_{20} B_2 B_8	 高 高
数据总线	$D_0 \sim D_7$	双　向	$A_9 \sim A_2$	高
地址总线	$A_0 \sim A_{19}$ ALE AEN	输　出 输　出 输　出	$A_{31} \sim A_{12}$ B_{28} A_{11}	高 高 高
控制总线	$IRQ_{2 \sim 7}$	输　入	$B_4, B_{25 \sim 21}$	高
	$DRQ_{1 \sim 3}$	输　入	B_{18}, B_6, B_{16}	高
	$\overline{\text{DACK}}_{0 \sim 3}$	输　出	$B_{19}, B_{17}, B_{26}, B_{15}$	低
	T/C	输　出	B_{27}	高
	$\overline{\text{IOR}}$	输　出	B_{14}	低
	$\overline{\text{IOW}}$	输　出	B_{13}	低
	$\overline{\text{MEMR}}$	输　出	B_{12}	低
	$\overline{\text{MEMW}}$	输　出	B_{11}	低
	$\overline{\text{I/O CH CK}}$	输　入	A_1	低
	I/O CH RDY	输　入	A_{10}	高
电源、地	$+5\text{ V}(B_3, B_{29})$ GND	$-5\text{ V}(B_5)$	$+12\text{ V}(B_9, B_1, B_{10}, B_{31})$	$-12\text{ V}(B_7)$

1. PC/XT 的 I/O 引脚

(1) OSC(振荡频率)

OSC 为系统振荡器的输出,其频率为 14.318 MHz,占空比为 50%。该信号为系统的最高频率信号,其他信号均可由它产生。若对它接以容性负载,将导致其频率下降,影响整个系统时序的改变,因此尽可能不要直接使用它(或小心使用)。

(2) CLK(主频)

CLK 为系统的主频,其频率为 4.77 MHz,占空比为 1/3(或 2/3),由 OSC 信号三分频而得。该信号供 CPU 及总线控制器使用,以产生机器周期和总线同步周期。

(3) RES DRV(复位驱动)

这是时钟发生器 8284 的复位信号 RES 经两级反相器驱动后的输出。当系统加电时,该信号为高,将对主机和对接到 I/O 通道上的接口设备同时进行复位(同步复位)。当系统加电过程完毕,所有直流电源达到规定值时,该信号变低,复位工作完毕。

(4) $\overline{\text{CAR SLC}}$(插件卡选中)

I/O 扩展槽中的第 8 槽(J_8)仅提供给 I/O 扩展箱的扩展器卡使用,当系统选中该扩展卡时,该卡便向主机送一插件卡选中信号 $\overline{\text{CAR SLC}}$(低电平有效)。该信号将引导系统对该卡进行读写操作。为了避免混乱,只有 J_8 插槽接有该信号线,而 $J_7 \sim J_1$ 插槽均无此信号线(该引脚端悬空)。

(5) $D_0 \sim D_7$(数据总线)

$D_0 \sim D_7$ 为 8 位双向数据总线,D_0 为低位,D_7 为高位,高电平时表示 1,低电平时表示 0,存储器和外设通过它们和 CPU 传送数据。在写数据时,数据必须在 $\overline{\text{MEMW}}$ 或 $\overline{\text{IOW}}$ 信号结束之前送到该总线上;同样,在读数据时,被寻址的数据单元或 I/O 口地址中的数据也必须是在 $\overline{\text{MEMR}}$ 或 $\overline{\text{IOR}}$ 结束之前送到总线上;在 DMA 传送时,该总线则由 DMA 控制器 8237A-5 控制。

(6) $A_0 \sim A_{19}$(地址总线)

$A_0 \sim A_{19}$ 为 20 位地址总线,A_0 为低位,A_{19} 为高位。它们为读写存储器和 I/O 端口提供地址,可寻址为 1 MB 空间。CPU 可最大寻址 I/O 口地址为 64 KB,但 PC 仅规定寻址 1 KB,因此只用地址线 $A_0 \sim A_9$。

(7) ALE(地址锁存允许)

ALE 是由总线控制器 8288 输出的一个脉冲信号,可将来自 CPU 的地址信息锁存于地址锁存器 8282 中。当进行 DMA 的传送时,ALE 无效,即此时 CPU 不控制地址总线。

(8) AEN(地址允许)

在进行 DMA 传送时,DMA 控制器将输出一地址允许信号 AEN,此信号可使总线控制器失效,于是 CPU 便失去对系统总线的控制,进而由 DMA 控制线接系统总线,供自己使用。

(9) $\text{IRQ}_{2 \sim 7}$(中断请求 2~7)

这些都是外设发出的中断请求信号,它们被送入中断控制器 8259A,并进行排队,优先级最高者将最先被 CPU 响应。

(10) $\text{DRQ}_{1 \sim 3}$(DMA 请求 1~3)

当外设请求进行 DMA 传送时,可发出请求信号 $\text{DRQ}_{1 \sim 3}$(可供 3 个外设使用),且直接送入 DMA 控制器 8237A-5,并进行排队,优先级最高者将最先被 CPU 响应(DRQ_1 为最高级)。顺便指出,DMA 的通道 0,即 DRQ_0,用于动态存储器刷新,级别最高。

(11) $\overline{\text{DACK}}_{0 \sim 3}$

这些是 DMA 控制器响应外设的 DMA 请求而发出的应答信号,表示某个 DRQ 已被接收,并开始进行 DMA 传送。

$\overline{\text{DACK}}_0$ 是由系统内的 8253 定时器产生并且直接连至 DMA 控制器的 0 通道,用于动态存储器的刷新。此信号引至 I/O 通道的目的是为在 I/O 通道上扩充动态 RAM 提供刷新。

(12) T/C(计数结束)

在进行 DMA 传送时,若编程时规定的传送字节数已传送完毕,则 T/C 有效,它用来结束 DMA 传送。

(13) $\overline{\text{IOR}}$(I/O 读)

$\overline{\text{IOR}}$由 CPU 经 8288 总线控制器发出(DMA 传送时,由 DMA 控制器发出)。该信号对指定的 I/O 口进行读操作。在信号结束前约 30 ns,I/O 设备应将数据完整地送入系统总线,否则会出现错误读取。

(14) $\overline{\text{IOW}}$(I/O 写)

$\overline{\text{IOW}}$是由 CPU 经 8288 或 DMA 控制器发出的信号,它可将数据总线上的数据写入外设接口之中。为确保写操作无误,I/O 口应保证在 $\overline{\text{IOW}}$ 信号结束前,从总线上将数据取走。

(15) $\overline{\text{MEMR}}$(存储器读)

此信号亦由 CPU 经 8288 或 DMA 控制器发出,它将由地址总线上指定的存储单元中的数据取走,放到数据总线上去。若再有 $\overline{\text{IOW}}$ 信号,数据便可写入到指定的 I/O 口中。

(16) $\overline{\text{MEMW}}$(存储器写)

此信号亦由 CPU 经 8288 或 DMA 控制器发出,它可将数据总线上的数据写入指定的存储器单元中。当然,在此之前 I/O 口中的数据应经 $\overline{\text{IOW}}$ 信号预先写入数据总线上,这样便可使 I/O 口中的数据写入存储器单元中。

(17) I/O CH CK(I/O 通道校验)

当扩展槽中的 I/O 接口卡(或存储器扩展卡)出现奇偶校验错时,便向 I/O 通道送出该信号,进而产生一不可屏蔽中断 NMI 信号。

(18) I/O CH RDY(通道就绪)

当 CPU 对外设进行读写操作时,若外设的工作速度较快,能在规定的时刻将数据放至通道上或从通道上将数据取走,则外设向 I/O 通道发出此信号,表示通道已准备妥当。若外设的工作速度较慢,达不到上述要求,则外设使该信号线产生无效状态(高电平),表示通道未准备妥当,这时 CPU 将会自动延长读写时间(差不多可延时一倍)。

(19) 直流供电电源

有+5 V、+12 V 及−5 V、−12 V 多种。

(20) GND

直流地,与机架相通,占有 3 个引脚。

2. PC/AT 等机型的 I/O 通道信号

PC/AT 等机型的 I/O 通道的前 62 个引脚(单独一插槽)与 PC/XT 的大致相同,仅有两处小改动:

第一,PC/XT 的 I/O 通道信号 $\overline{\text{DACK}}_0$(引脚 B_{19}),原为 DMA 的 0 通道应答信号,用于动态 RAM 的刷新。由于 PC/AT 等机型的刷新工作已由 DMA 通道 0 改为专门刷新电路,因此信号 $\overline{\text{DACK}}_0$ 已无意义,故改为 REF RESH(刷新)信号,它专门用来指示刷新周期。

第二,PC/XT 的 I/O 通道信号 $\overline{\text{CAR SLC}}$(插件卡选中),原仅存在于 J_8 槽上 B_8 线脚上;但在 PC/AT 等机型中,各插槽上的 B_8 引脚上均引入 OWS(零等待状态)信号。当此信号有效时(高电平),可不用 CPU 插入等待周期,便可完成总线上数据的读写。

对于 PC/AT 等机型,由于其 I/O 通道在机械结构上分成前 62 引脚与后 36 引脚两部分,因此亦对应地将 I/O 通道信号也分成两部分加以介绍。

(1) 前 62 引脚 I/O 信号:按功能将其列于表 6.6 中,读者可将其与表 6.5 进行对比,区别两者之异同。

表 6.6　PC/XT 等机型的前 62 引脚通道信号

类　别	信号名称	输入或输出	引　脚	有效电平
时钟、定位	OSC	输　出	B_{30}	
	CLK	输　出	B_{20}	
	REV DRV	输　出	B_2	高
	OWS	输　入	B_8	高
数据总线	$SD_0 \sim SD_7$	双　向	$A_9 \sim A_2$	高
地址总线	$SA_0 \sim SA_{19}$	输　出	$A_{31} \sim A_{12}$	高
	BALE	输　出	B_{28}	高
	AEN	输　出	B_{11}	高
控制总线	$IRQ_{3 \sim 7,9}$	输　入	$B_{25} \sim B_{21}, B_4$	高
	$DRQ_{1 \sim 3}$	输　入	B_{18}, B_6, B_{16}	高
	$\overline{DACK}_{1 \sim 3}$	输　出	B_{17}, B_{26}, B_{15}	低
	T/C	输　出	B_{27}	高
	$\overline{IOR}$	输　出	B_{14}	低
	$\overline{IOW}$	输　出	B_{13}	低
	$\overline{SMEMR}$	输　出	B_{12}	低
	$\overline{SMEMW}$	输　出	B_{15}	低
	I/O CH CK	输　入	A_1	低
	I/O CH RDY	输　入	A_{10}	高
	REFRESH	输　出		
电源、地	$+5V(B_3, B_{29})$	$-5V(B_5)$	$+12V(B_9),$	$-12V(B_7)$
	GND		B_1, B_{10}, B_{31}	

(2) 后 36 引脚 I/O 通道信号:按功能将其分类列于表 6.7 中,再简要说明如下。

表 6.7　PC/AT 等机型的后 36 引脚通道信号

类　别	信号名称	输入或输出	引　脚	有效电平
数据总线	$SD_{15} \sim SD_8$	双　向	$C_{11} \sim C_8$	高
	$\overline{SBHE}$	双　向	C_1	高
	$\overline{MEMCS}_{16}$	输　入	D_1	低
	$\overline{I/O\ CS}_{16}$	输　入	D_2	低
地址总线	$LA_{23} \sim LA_{17}$	输　出	$C_8 \sim C_2$	高
控制总线	$IRQ_{10 \sim 12}$	输　入	$D_3 \sim D_5$	高
	$IRQ_{14 \sim 15}$	输　入	$D_6 \sim D_7$	高
	DRQ_0	输　入	D_9	高
	$DRQ_{5 \sim 7}$	输　入	D_{11}, D_{13}, D_{15}	高
	$\overline{DACK}_0$	输　出	D_8	低
	$\overline{DACK}_{5 \sim 7}$	输　出	D_{10}, D_{12}, D_{14}	低
	$\overline{MASTER}$	输　入	D_{17}	低
	$\overline{MEMR}$	输　出	C_9	低
	$\overline{MEMW}$	输　出	C_{10}	低
电源、地	$+5V$		D_{16}	
	GND		D_1	

① $SD_{15} \sim SD_8$(数据总线):高 8 位数据总线。

② SBHE(数据高位允许):此信号有效时,$SD_{15} \sim SD_8$ 高 8 位数据线上的数据有效。

③ $\overline{MEMCS_{16}}$(16 位存储器片选):此信号有效时,可进行 16 位存储器读写。

④ $\overline{I/O\ CS_{16}}$(16 位 I/O 片选):此信号有效时,可进行 16 位 I/O 读写。

⑤ $LA_{23} \sim LA_{17}$(地址总线):最高位 $A_{23} \sim A_{17}$ 地址线。

⑥ $IRQ_{10 \sim 12}$(中断请求):外设发出的中断请求信号第 10～12 级,其中 IRQ_{10} 为最高级。

⑦ $IRQ_{14 \sim 15}$(中断请求):外设发出的第 14 和第 15 级中断请求信号,其中 IRQ_{15} 为最低级。

⑧ DRQ_0(DMA 请求):最高级 DMA 请求信号。

⑨ $DRQ_{5 \sim 7}$(DMA 请求):DMA 请求信号,其中 DRQ_7 为最高级。

⑩ $\overline{DACK_0}$(DMA 应答):对 DRQ_0 级的 DMA 应答信号。

⑪ $\overline{DACK_{5 \sim 7}}$(DMA 应答):对 $DRQ_{5 \sim 7}$ 的 DMA 应答信号。

⑫ $\overline{MASTER}$(接管总线):此信号可使系统总线处于高阻悬浮状态。

⑬ $\overline{MEMR}$(读存储器):对全部存储器的读信号。

⑭ $\overline{MEMW}$(写存储器):对全部存储器的写信号。

小　结

在一般微型计算机的三总线结构中,外设通过接口而"挂"在总线上,与系统连接。现代微型计算机这种模块结构,不但给机器本身的生产、维护带来极大的方便,而且还为系统的扩充减少了困难。

本章 6.1 节首先介绍有关 I/O 接口的一些普遍性问题。说明了接口的作用,并指出任何外设均需通过其自身的接口才能接到三总线上,插入具有三总线的"插槽"中使用。显然,接口卡更形象地体现了外设通过接口"挂"在总线上这一概念。

PC 中通常配有下列接口芯片:

- 中断控制器 8259A;
- 定时器 8254(8253-5);
- DMA 控制器 8237A;
- 键盘控制器 8042(单片微处理器);
- 时钟芯片 MC146818。

在 PC/XT 型机中还配有并行接口芯片 8255A。

了解上述芯片的情况有助于编程应用。

PC 的一些常规外设多使用接口卡来与主机交换数据。另外,当我们在为被控对象进行接口设计时,也往往是将接口电路制成接口卡形式来使用。

6.2 节引出了端口的概念,介绍了 CPU 与 I/O 设备之间的接口信息,指出 I/O 端口寻址的两种方式,给出了 PC 中的 I/O 端口地址的具体安排情况。

I/O 端口寻址的译码电路是更为具体的 I/O 端口寻址方式的电路实现。它们可以用门电路和各种型号的译码器来完成。

6.3 节介绍了 PC 的 I/O 数据传送的 3 种基本方式：程序控制传送、中断控制传送和 DMA 控制传送。程序控制传送方式是用读/写指令直接对外设进行读/写操作的数据交换方式，在控制系统中会常常用到，这也是最基本的控制方式之一。它又可分为无条件传送和查询传送两种类型。就接口设计技术而言，常采用中断控制传送方式，在下一章中将详细介绍其具体内容。DMA 控制器传送常在微机系统的常规外设中应用，本章对其作了简要介绍。

最后，6.4 节详细地介绍了 PC 的 I/O 通道（即三总线系统）的逻辑结构、机械结构（插槽与插卡的形式）以及通道上的信号端子的功能。I/O 通道的具体情况是设计接口电路必须了解的，否则，不是设计出来的接口卡无法插入机器中使用，便是接口卡得不到应该得到的信号。

I/O 通道是现代微机采用模块结构的最重要之点，整个系统的全部与外设有关的信号线均集中在通道中，使用起来十分方便。

习 题

6.1 什么叫接口？接口有什么作用？

6.2 接口可分几大类？

6.3 I/O 端口寻址方式有几种？各有什么优缺点？

6.4 请设计一个具有地址号为 215H 的门电路端口地址译码电路。

6.5 请用 74LS138 译码电路设计一地址号为 210H～21FH 的端口地址译码电路。

6.6 用门电路设计产生端口地址 300H～303H 的 PC 的译码电路。

6.7 用 3-8 译码器设计产生端口地址 300H～307H 8 个地址的 PC 译码电路。

6.8 简述 I/O 数据传送的各种方式的特点。

6.9 设某接口卡内的数据口的地址为 80H、状态口的地址为 82H。状态口内 D_5 位为 1 时表示本接口已准备好接收数据，D_7 位为 1 时表示接收来的字符有错。请编程处理：接口卡将接收 40 个字符，并存入内存的 BUFFER 缓冲区，若发现任何一个字符有错便退出接收。

6.10 设某打印机接口卡有下列端口：数据口，地址为 0F5H；状态口，地址为 0F6H，状态寄存器 $D_7 = 1$ 为"忙"；控制口，地址为 0F7H，控制寄存器的 $D_0 = 1$ 为接通打印机，控制寄存器的 $D_0 = 0$ 为断开打印机。请分别编写下列功能的程序段：

（1）接收数据；

（2）检查打印状态；

（3）接通打印机。

第 7 章　中断技术

自 学 指 导

中断控制方式不仅是主机与外设传送数据的有效方式,而且还是计算机技术中最为重要的和最为有效的技术。中断技术使整个计算机系统的工作效率大大提高,其应用大大简化了计算机应用中软件编程的工作。

读者在掌握了有关 PC 中采用的中断的规定及其实现后的知识,主要应对其应用做深入的了解。特别是中断控制器 8259A 芯片的结构、功能、工作方式及应用等具体内容,更应很好地掌握。8259A 是外设实现中断传送方式的核心部件。它的出现使得具有中断传送方式的 I/O 接口的设计变得十分简单易行。

在程序设计方面,中断服务程序的编制具有十分重要的意义,读者应切实加以掌握,从给出的实例中,体会有关中断系统知识的综合应用。

7.1　中断的基本概念

7.1.1　中断的基本概念

1. 中断

所谓中断,是指 CPU 在正常运行程序中,由于内部/外部事件或由程序的预先安排引起 CPU 中止正在运行的程序,而转到为内部/外部事件或为预先安排的事件服务的程序中去。服务完毕,再返回去继续执行被暂时中断的程序。也就是说,CPU 在执行当前程序的过程中,插入另外一段程序运行。对于外设何时产生中断,CPU 是预先不知道的,因此,中断具有随机性。但中断技术发展到今天,已不再限于只能由外设硬件产生,还可以由程序预先安排,即所谓软件中断。

2. 中断源

在中断技术中,将引起中断的原因或发出中断申请的来源称为中断源。

中断源主要可归纳为如下几类。

(1) 外部设备请求中断

一般的外部设备,如键盘、磁盘驱动器、磁带机、打印机等,工作告一段落发出中断请求,要求 CPU 为它服务。

(2) 实时时钟请求中断

例如定时/计数器等,先由 CPU 发出指令,让时钟电路开始计时工作,待规定的时间到,时钟电路发出中断申请,CPU 转入中断服务程序进行中断处理。

（3）故障请求中断

当出现电源掉电、存储出错或溢出等故障时,发出中断请求,CPU 转去执行故障处理程序,如启动备用电源、报警等。

3. 中断系统的功能

（1）分时操作

有了中断系统,CPU 可以命令多个外部设备同时工作,这样就大大提高了 CPU 的吞吐率。

（2）实现实时处理

当计算机用于实时控制,系统要求计算机为它服务是随机的,若没有中断系统是很难实现的。

（3）故障处理

计算机在运行过程中,往往会出现一些故障,如电源掉电、存储出错、运算溢出等。有了中断系统,当出现上述情况时,CPU 可以转去执行故障处理程序,自行处理故障而不必停机。

随着微型计算机的发展,中断系统不断增加新的功能。中断系统可以用来实现自动管理,例如虚拟存储器的管理、自动保护、多道程序运行、多机连接等。中断技术的先进性是衡量微型计算机的重要指标之一。

7.1.2 中断处理过程

一个完整的中断处理过程,包括如下 5 个环节。

1. 中断请求

中断请求是由中断源 CPU 发出中断请求信号。外部设备发出中断请求信号要具备以下两个条件:

（1）外部设备的工作已经告一段落,即准备好要输入的数据或处理完系统输出的数据之后,才可以向 CPU 发出中断请求。

（2）系统允许该外设发出中断请求。如果系统不允许该外设发出中断请求可以将这个外设的请求屏蔽。当这个外设中断请求被屏蔽,虽然其准备工作已经完成,也不能发出中断请求。

2. 中断判优

中断判优也称中断排队,通常是由中断控制器实现,处理速度比较快。也可采用软件查询方法实现。

3. 中断响应

经中断排队后,CPU 收到一个当前申请中断的中断源中优先级别最高的中断请求信号,如果允许 CPU 响应中断（IF=1）,在执行完当前指令后,就中止执行现行程序,而响应中断申请,与外设进行数据交换,即执行中断服务程序。

4. 中断处理

中断响应后,进入中断处理,即执行中断服务程序。在中断服务程序中,首先要保护现场,把中断服务程序中所要使用到的寄存器内容保护起来,如将它们的内容压入堆栈,然后才进行与此次中断有关的相应服务处理。处理完毕要恢复现场,即恢复中断前各寄存器的内容。如果在中断服务程序中允许嵌套(可屏蔽中断方式时),还应用 STI 指令将 IF＝1(即开中断)。

5. 中断返回

通常,中断服务程序的最后一条指令是一条中断返回指令(IRET)。当 CPU 执行这条指令时,把原来程序被中断的断点地址从堆栈中弹回 CS 和 IP 中,原来的 F 弹回 F。这样,被中断的程序就可以从断点处继续执行下去。CPU 从中断服务程序又回到了被中断的主程序。

在实际应用系统中,中断可以嵌套,即可以有多重中断。所谓多重中断,就是在 CPU 执行某一中断服务程序时,又有优先级别更高的中断源申请中断,此时,CPU 应当暂时停止这个中断服务,而去处理优先级别比它高的中断申请。处理完毕再返回中断点,继续处理较低优先级别的中断。这种在低级中断中还嵌套有高级中断的多重中断方式,对实时处理系统是很有用的。

7.2 PC 的中断结构

7.2.1 中断类型

PC 中各种类型的中断共有 256 个,为便于 CPU 的识别,将它们进行了统一的编号,称为中断类型码(即 0 号中断至 255 号中断)。

1. 内中断

在 PC 中,凡主机内硬件发生异常,或 CPU 工作时遇到异常无法进行下去等情况,就会立刻产生"内中断"。

在内中断中,按中断优先级别的顺序,又分为处理器中断、不可屏蔽中断等,占据 00H～07H 中断号。

(1) 微处理器中断

① 0 号中断(除数为 0)

当 CPU 执行除法操作时,若除数为 0 或除后所得之商超出机器所表示的范围,则自动引发 0 号中断。

② 1 号中断(单步执行程序)

CPU 在执行程序时,每执行一条指令之前,均先检查标志寄存器 F 中的单步执行标志 TF 的状态,若为 1,则在该条指令执行后暂停下一条指令的执行,而自动引发 1 号中断,使程序进入单步中断服务程序。

值得注意的是,引发单步中断后,CPU 将转入单步中断服务程序去执行。该中断服务程序的执行又将由于 TF＝1 而单步执行,显然,这是我们不需要的。为此,1 号中断引发后,在程序转入单步中断服务程序之前,可将 F(以及 CS,IP)的内容保存在栈中,然后将 TF 置为 0。这样,单步中断服务程序便可连续执行。待单步中断服务程序执行完而返回时,曾压入栈中的 F(以及 CS,IP)便会由栈中弹出,CPU 又处于 TF=1 的单步方式中。当然上述安排无需由编程实现,而分别由"中断转移"和"中断返回"完成。即前者完成 F,CS,IP 的入栈及清除 TF;后者(IRET)指令完成 IP,CS,F 的出栈。

单步中断服务程序不是由 PC 系统给出的,而是由实用软件提供,因此,它随实用软件的不同而差异甚大。例如,对于 DEBUG 软件,则对应于 T 命令。该单步跟踪 T 命令的功能是:单步执行程序,并显示当前 CPU 内部寄存器组的内容及指出下一条指令(机器码形式)。

③ 4 号中断(运算溢出)

当程序在执行过程中发生溢出(OF=1)时,且又正在执行"中断溢出"指令 INTO,则引发 4 号中断。PC 系统本身不提供"溢出中断服务程序",至于溢出后应做些什么样的具体处理,则由用户自己确定,并编写进 4 号中断的中断服务程序之中。

再者,如果程序运行中确实产生了溢出(OF=1),且无 INTO 指令配合时,也是不会引发 4 号中断的。因此,在程序中若需要对某些溢出加以监测控制时,才在程序的适当位置插入中断溢出指令(INTO),以便引发溢出中断。为此,可将 INTO 指令看成 INT 04H(4 号软中断),当然应在 OF=1 的条件配合下才可如此,否则(OF=0)该 INTO 指令无效。

④ 3 号中断(断点处理)

此中断不是由 CPU 处理器内部自动引发的(试与前三种比较),而是由程序执行中断指令 INT 03H 引起的。

所谓断点处理,是指在程序的执行过程中,既不从头到尾的自动执行,也不是一条一条指令的单步执行,而是在程序中预先设置的断点地址处暂停执行。显然断点处理(执行)在调试程序的过程中有很重要的作用。

同样 PC 系统也未提供断点中断服务程序,而是由实用软件根据需要而确定。例如调试程序 DEBUG 中的 G 即为"断点执行"命令,它允许设置多达 10 个断点地址,并可对断点处的指令执行结果给出显示(CPU 寄存器的内容)。G 命令的具体做法是:将断点地址中的指令操作码(一个字节)加以保存,然后由 3 号中断指令(INT 03H)的机器码代之,当 CPU 执行到断点时,显然就是执行 INT 03H 了,于是引发 3 号中断,进入对应的 G 命令中断服务程序(完成预定的显示任务)。此后,原断点地址中被保存的指令首字节被恢复,程序仍可继续恢复执行。

(2) 不可屏蔽中断

这是由 CPU 的一个输入端 NMI(不可屏蔽中断)得到上跳边沿而引发的中断,规定中断号为 2。该边沿由内存奇偶校验错或协处理器异常而产生,如图 7.1 所示。特别说明如下:

第一,所谓不可屏蔽中断 NMI,并非真正的不可屏蔽,在图 7.1 中,该 NMI 就被一个称为 NMI 屏蔽寄存器的 Q 端输出所控制(屏蔽)。该触发器在"OUT A0H,00H"以及系统复位(RESET 有效)时,Q=0,即产生屏蔽作用。

系统复位时要进行系统硬件配置自检,待该自检完成后,才开放 NMI。

第二,这里所说的不可屏蔽中断,系指不受 F 中断标志 IF 的控制,即用关中断指令

CLI 对 NMI 无效。

第三,非屏蔽中断 NMI 在出现下列任一情况时产生(当 $Q=1$ 时):

- 系统 RAM 奇偶校验错($\overline{PCK}$有效);
- I/O 通道 RAM 奇偶校验错($\overline{I/O\ CHCK}$有效);
- 协处理器异常。

第四,NMI 端为边沿触发,当 CPU 响应 NMI 且引发 2 号中断时,锁存的 NMI 中断请求被清除,NMI 端就不会再一次引发另一次 NMI,即 NMI 端的中断请求只能被 CPU 识别一次。

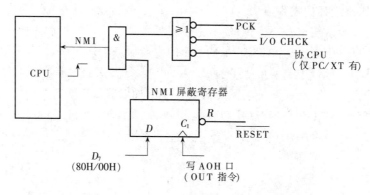

图 7.1　NMI 信号的产生

(3) 保留的微处理器中断

中断号 5~7 为未用的保留内中断号。但 ROM-BIOS 借用其中的 5 号中断,以软中断的形式为屏幕打印提供服务。

2. 外中断

外中断即由外设引发的硬件中断,由 CPU 的输入端 INTR 接收。这类中断的产生除应由外设通过接口发出中断请求信号外,F 的中断标志 IF 还必须为 1,否则 CPU 是不予响应的,而 IF 又可由指令 STI/CLI 加以置位(中断允许)或复位(禁止中断)。因此,外中断是可屏蔽中断,它们占用 08H~0FH 中断号。

对于外部中断的管理,PC 采用了专门的中断控制器 8259A。

(1) 外部中断

一个 8259A 芯片可管理 8 个外中断源。对于 PC/XT 机型,系统中使用一片 8259A 管理系统内部的 8 个外中断源;对于 PC/AT 机型,系统内部的外中断源可以多达 15 个,因此采用两片 8259A 进行级联,如图 7.2 所示。

(2) 外中断特点

外中断在各类中断中最为复杂也最具特色,现分述如下。

① INTR 为电平触发

CPU 外中断的引脚 INTR 为电平触发,不为 CPU 内部锁存。因此,当外设请求中断时,中断控制器 8259A 便发出高电平信号 INTR,在 CPU 响应中断之前,应一直保持有效高电平。

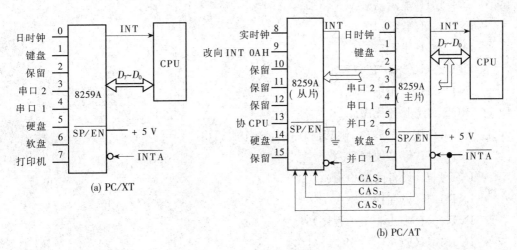

图 7.2 PC 的外中断源

② 外中断可多级排优

通过中断控制器 8259A 可将多达 64 个外中断源进行分级排优,因此可同时有多个中断源请求中断,而不会造成混乱。

③ 外中断可用指令屏蔽

只有外中断才会接受中断指令的控制,或被允许、或被禁止,有极大的可选性。

④ 外中断可以嵌套

某一外中断源请求中断被响应后在执行中断服务程序期间,还可响应比自身更高一级的外中断,从而形成中断嵌套。

⑤ 外中断响应条件的修正

在 IF=1,任何一条指令执行完时,CPU 将检测引脚 INTR,以便响应外中断。但在 CPU 执行中断服务程序时,在中断嵌套的情况下,如果执行的是 STI 或 IRET 指令,CPU 则是在下一条指令执行完时,再检测 INTR 引脚的状态,以便确定是否响应外中断。

3. 软中断

由中断指令 INTn 引发的中断称为软中断。软中断占用 10H~FFH 中断号,它们既不能被屏蔽,也不使用中断控制器,即不由任何硬件产生的信号来引发。中断指令 INTn 中的 n 即为中断号。

通常可按软中断引发后中断服务程序的驻在地的不同,将它们再分类如下。

(1) ROM-BIOS 中断

这些中断引发的中断服务程序是驻留于主机板上的 ROM 中,它们都是一些与输入/输出设备直接相关的最基本的例行程序,因此给它们命名为 ROM-BIOS 中断。

ROM-BIOS 中断占用 10H~1FH,05H,40H,41H 和 46H 等中断号。现将 ROM-BIOS 中断按其功能分类简述如下。

① 常规 I/O 设备控制程序

主要用于对系统的几个常规外设的控制,供更高一层的系统软件调用。

- INT 10H(显示器);
- INT 13H(软盘);
- INT 14H(串行口);
- INT 16H(键盘);
- INT 17H(打印机)。

② BIOS 实用服务程序

这是为系统服务的程序,供其他软件或操作所调用。

- INT 05H(屏幕硬拷贝);
- INT 11H(设备配置检测);
- INT 12H(内存检测);
- INT 15H(多功能实用程序);
- INT 18H(ROM-BASIC 入口);
- INT 19H(磁盘自举);
- INT 1AH(日时钟与实时钟管理)。

③ BIOS 特殊中断

这些中断不供用户直接调用,而是供系统内部调用,或由应用程序自行接管使用。

- INT 40H(软盘控制),该中断供软盘中断 INT 13H 调用;
- INT 1BH(键盘 Break),当键盘输入 Ctrl-Break 时,便产生该中断,使正在执行的命令(或程序)中止执行;
- INT 1CH(定时器),该中断供定时器中断 INT 08H 调用。

④ BIOS 专用参数中断

这些中断无中断服务程序,而仅指向一入口地址,内含 BIOS 某些中断程序运行时需要调用的参数。

- INT 1DH(视频显示方式参数),该参数由 INT 10H(AH=0)调用;
- INT 1EH(软盘基数表参数),该参数由 INT 13H 调用;
- INT 1FH(图形显示扩展字符点阵),该中断供 INT 10H 调用;
- INT 41H(第一台硬盘基数表参数),该参数由 INT 13H 调用;
- INT 46H(第二台硬盘基数表参数),该参数由 INT 13H 调用。

(2) DOS 中断

DOS 中断占用 20H～3FH(其中 30H～3FH 为保留号)中断号,它们提供了操作系统 DOS 的主要功能。

① 专用中断

下面的 3 个专用中断供 DOS 内部专用,用户不能在程序中直接调用。

- INT 22H(程序结束地址);
- INT 23H(Ctrl-出口地址);
- INT 24H(严重错误出口地址)。

② DOS 可调用中断

这一类中断,可供用户在程序中直接调用。

- INT 20H(程序终止退出);
- INT 25H(磁盘扇区读);
- INT 26H(磁盘扇区写);
- INT 27H(程序终止驻留处理);
- INT 2FH(多路复用中断处理)。

③ 系统功能调用

系统功能调用是以 INT 21H 指令形式出现的中断功能调用,其中包括了 100 多个子功能调用,均可供用户在程序中直接调用。

4. 保留中断

在软中断的中断号 10H～FFH 中,BIOS 中断已占用了 10H～1FH,DOS 中断又占用了 20H～3FH,余下的 40H～FFH 中断,均视为保留号,可为各方面需要占用。

5. 各类中断的优先级

上述三类中断,其优先级别可用图 7.3 加以总结,图 7.3 将三类中断按其产生的来源从另一角度给以分类。

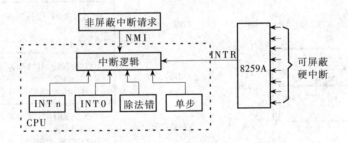

图 7.3 PC 的中断源

(1) CPU 引发的中断

包括由 0 号(除数错)、1 号(单步)、INTO(溢出指令,4 号)、5 号～10H 号(PC/AT 机定义)以及软中断 INTn 等中断源。

(2) 非 CPU 引发的中断

包括经由中断控制器 8259A 来的可屏蔽外中断(由 INTR 引脚引发)以及属于内中断范围的非屏蔽中断(由 NMI 引脚引发)。

对于图 7.3 中的各中断源,均需经过 CPU 中的中断逻辑电路共同处理,其中包括对各中断源的优先级的处理。在 PC 系统中,各中断源的优先级如下:

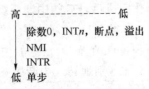

7.2.2 中断向量表

PC 系统中的中断源有多种并有许多来源,为统一起见,PC 系统对它们做统一编号(00H~FFH),每一个中断号对应一种中断,同时也对应着该中断的一个中断服务程序。因此,只要能提出一个中断号,便可得到它对应的中断服务程序。这一功能的完成十分简单,只要列一张中断号与中断服务程序入口地址对照表即可。该对照表被称为中断向量表(中断服务程序的入口地址称为中断向量)。

1. 中断向量表的安排

由于中断向量表最终应放入存储器中,而存储器的一个单元只能存放一个字节数据。因此 ,一个由段地址和偏移地址构成的中断向量将占据存储器 4 个单元。具体安排如图7.4 所示。

对于 PC 的 256 个中断向量将占据存储器的 1 KB 单元,通常将中断向量表放于最低端的 0~3FFH 存储区,如图 7.5 所示。

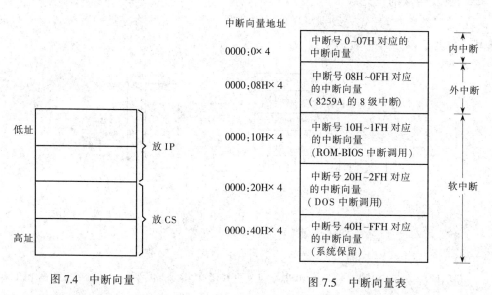

图 7.4　中断向量　　　　　　　　　　图 7.5　中断向量表

中断向量表中的各中断服务程序的地址通常是固定的,因此可将此表固化于 ROM 之中,但是考虑到:

第一,用户自定义的中断的变化性较大;

第二,已定义的各中断有时也需要进行修改;

第三,操作系统有时需要随机修改或接管某些中断。

为此,PC 将中断向量表置于 RAM 中,并在机器上电启动时进行写入,这一过程称为中断向量表的初始化。一旦初始化完成后,PC 的中断系统便可开始工作。

2. 中断服务程序的执行

当 CPU 获得中断号后,便可根据此值,转入相应的中断服务程序去执行。不管中断是由哪类中断源引发的,CPU 都不加区别地转入中断服务程序,过程如下。

第一,将标志寄存器 F 入栈;

第二,清除中断标志(IF=0)、单步标志(TF=0);

第三,将程序当前代码地址 CS 和指令偏移地址 IP 依次入栈;

第四,根据中断号 n,计算中断向量的首地址——0000:$n\times4$;

第五,根据中断向量首地址,取出 4 个字节的中断向量,并分别置入 CS 和 IP 中,CPU 便转而执行相应的中断服务程序。

上述中断处理过程如图 7.6 所示。

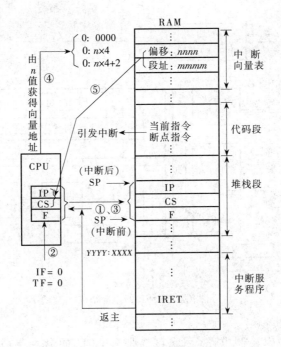

图 7.6　PC 中断处理过程

在中断服务程序中,应首先对现场进行保护,然后视情况安排开中断指令 STI,以实现中断嵌套;程序末尾应为中断返回指令 IRET,以便返回时将曾在中断时压入栈中的原 IP,CS,F 值弹出到 IP,CS,F 寄存器中。

7.3　可编程中断控制器

PC 中采用 Intel 公司生产的 8259A 来管理外中断。这是一种功能很强的可编程中断管理控制器芯片。它能辨认中断源、提供中断向量以及 8 级中断源的优先级排队处理。这些功能均可通过编程来确定。其主要特点如下:

(1) 每片芯片具有 8 级优先权控制,可连接 8 个中断源。

(2) 通过级联可扩展至 64 级优先权控制,可连接 64 个中断源。

(3) 每一级中断均可屏蔽或允许。

(4) 在中断响应周期,可提供相应的中断号。

（5）具有固定优先权、循环优先权、完全嵌套、特殊嵌套、一般屏蔽、特殊屏蔽、自动结束和非自动结束中断等多种工作方式，可通过编程进行选择。

（6）28 条引脚，+5 V 供电。

7.3.1 8259A 的内部结构

8259A 使用 NMOS 工艺制造，采用单一的 +5 V 电源，其内部结构如图 7.7 所示。

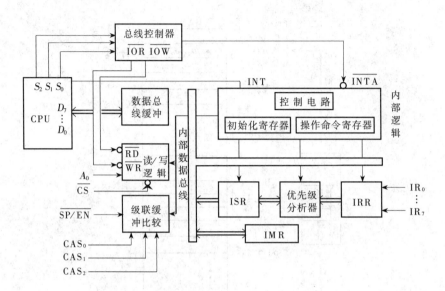

图 7.7 8259A 的内部结构

1. 命令寄存器组

这是 8259A 的逻辑控制电路，用来接受来自 CPU 的命令字（即控制字），以便对 8259A 进行编程而确定其工作模式（包括中断优先级、中断向量地址、中断屏蔽位、级联状态等具体工作的方式）。命令寄存器组按其功能可分为两类。

（1）初始化命令寄存器组

用于接受初始化命令 $ICW_1 \sim ICW_4$，使 8259A 处于可工作的状态下。

（2）操作命令寄存器组

用于接受操作命令 $OCW_1 \sim OCW_3$，使 8259A 处于动态被控状态下，以选择或改变初始化时设定的方式。

2. 中断控制逻辑

这是管理中断优先级别的电路，由下述各部件组成。

（1）中断请求寄存器（IRR）

IRR 用于锁存外设送来的中断请求 $IR_0 \sim IR_7$（高电平有效，亦可边沿触发）。外设若有中断请求送到 $IR_0 \sim IR_7$，就将其锁存于 IRR 寄存器的对应位中。当某中断请求被执行时，则中断服务寄存器 ISR 对应位置 1，与此同时，IRR 对应位被清除。

（2）中断服务寄存器（ISR）

ISR 用于存放外设中断请求 $IR_0 \sim IR_7$ 的执行状态，即其中哪个中断请求被执行，则其相应位置 1。

ISR 被清除的情况有二:

第一,当 8259A 处于自动结束方式(由 ICW$_4$ 预置)时,在收到的下一个 $\overline{\text{INTA}}$ 信号结束,ISR 被清除;

第二,当 8259A 处于非自动结束方式(亦由 ICW$_4$ 预置)时,要等到 CPU 执行完中断服务功能并发出中断结束(由 OCW$_2$ 编程),ISR 才被清除。

(3) 中断屏蔽寄存器(IMR)

IMR 用于存放设置的中断屏蔽位,即在外设的中断请求 IR$_0$~IR$_7$ 中,哪个需要屏蔽,则中断屏蔽寄存器 IMR 对应位便置成 1;反之,对于开放的中断请求,IMR 对应位应置成 0。

(4) 中断优先级分析器

中断优先级分析器即优先权判决电路,作用是用来识别和管理中断请求信号的优先级别。各中断请求信号的优先级别可以通过对 8259A 编程进行设定和修改。当几个中断请求同时出现时,由优先权判决电路,根据控制逻辑规定的优先级别和 IMR 的内容,判断哪一个信号的优先级别最高,CPU 首先响应优先级别最高的中断请求。把优先权最高的 IRR 中的置 1 位送入 ISR。当 8259A 正在为某一级中断请求服务时,若出现另一个中断请求,则由优先权判决电路判断新提出中断请求的优先级是否高于正在处理的那一级中断,若是,则进入多重中断处理。

(5) 控制电路

该电路可以根据中断优先级分析器的结果,向 CPU 输出中断请求信号 INT、接收来自 CPU 的中断响应信号 $\overline{\text{INTA}}$,使 8259A 进入中断服务状态。

(6) 数据总线缓冲器

这是一个三态双向 8 位缓冲寄存器,是 8259A 和 CPU 的数据总线 D$_7$~D$_0$ 之间的接口。8259A 通过它接受 CPU 送来的命令字,同时还可向 CPU 发出中断号代码 n 及某些状态信息。

(7) 读/写控制电路

CPU 对 8259A 的读、写是通过输入/输出指令 IN/OUT 进行的。CPU 以操作状态 S$_2$,S$_1$,S$_0$(001 或 010)输出到总线控制器,并产生相应的输出信号 $\overline{\text{IOR}}$ 或 $\overline{\text{IOW}}$ 送到 8259A 芯片的引脚 $\overline{\text{RD}}$ 或 $\overline{\text{WR}}$,对芯片进行读或写。

预置或存放各种命令字的寄存器(中断屏蔽寄存器 IMR 除外)都安排在此控制电路中。当 CPU 发 OUT 指令时,CPU 将命令字送入数据总线 D$_7$~D$_0$ 上,进而被写入相应的有关的命令寄存器中。当 CPU 发出 IN 指令时,8259A 中的中断请求寄存器 IRR、中断服务寄存器 ISR 和中断屏蔽寄存器 IMR 中所存放的中断状态信息便可读入 CPU 中。

(8) 级联缓冲器比较器

这是决定 8259A 处于级联方式的主片或从片的控制电路。

7.3.2　8259A 引脚功能

Intel 8259A 中断控制器采用 28 引脚的双列直插式封装,如图 7.8 所示。现将其引脚介绍如下。

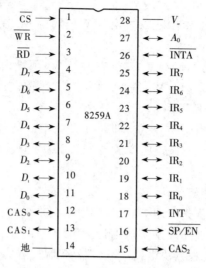

图 7.8   8259A 引脚图

(1) $IR_0 \sim IR_7$（外设的中断请求）

这是 8 个外设来的中断请示信号，IR_0 的优先级最高，IR_7 最低。

(2) INT（向 CPU 的中断请求）

这是 8259A 对外设的中断请求进行处理后向 CPU 发出的中断请求信号。

(3) $\overline{INTA}$（中断响应）

这是 CPU 响应 8259A 中断请求而发出的应答信号。

(4) $\overline{CS}$（片选）

此信号有效，8259A 被选中。

(5) $\overline{WR}$（写）

写信号有效时，允许 CPU 将命令字（ICW 和 OCW）写入相应的命令寄存器中。

(6) $\overline{RD}$（读）

读信号有效时，在 A_0 信号配合下，可将 8259A 中的中断状态寄存器 IRR，ISR 和 IMR 内容读至 CPU 中。

(7) A_0（读/写控制）

A_0 与 $\overline{WR}$，$\overline{RD}$ 信号配合，可向 8259A 写入不同的命令字寄存器和读出不同的状态寄存器。该引脚可接至地址总线的某一位。

(8) $\overline{SP/EN}$（主从片选择）

当 $\overline{SP/EN}=1$ 时，该 8259A 为主片；否则，为从片。

(9) $CAS_0 \sim CAS_2$（级联线）

当系统中有从 8259A 时，则主 8259A 的这 3 个引脚信号作为输出，从 8259A 的这 3 个引脚信号作为输入；若相互连接起来，于是在主从 8259A 之间便建立起了信息通道。

当系统无从 8259A 时，该单一的 8259A 的这 3 个引脚应无效（低电平）。

（10）$D_0 \sim D_7$（数据线）

这些线在 CPU 和 8259A 之间传送命令字、状态信息以及中断号代码。

7.3.3　8259A 的工作方式

8259A 的工作方式分为两大类：一类是在初始化芯片时确定的，在整个工作过程中保持不变，称为初始化工作方式；另一类是在 8259A 使用过程中确定的，可动态地控制中断管理，称为操作控制方式。

1. 8259A 的初始化工作方式

这是 8259A 进入工作之前，由初始化命令字（ICW）对 8259A 的工作方式的预置。

（1）初始化工作方式的种类

① 全嵌套方式

若芯片初始化后，未用操作命令字（OCW）再设定其他工作方式，则 8259A 自动进入全嵌套方式。这是一种最普通的工作方式，它按下述各项进行工作：

a. 中断优先级固定，IR_0 最高，IR_7 最低。

b. 经中断优先级分析电路选中的中断级，其对应的中断服务寄存器 ISR 位被置 1 以指明 8259A 正在为某一级中断服务，且一直保持到中断返回前发中断结束命令 EOI 时止。在此期间，对于同级或较低级中断请求一律禁止；而对于比其高的中断请求，则可开放而允许嵌入。CPU 在处理当前中断过程中，必须预先执行中断允许指令 STI。中断结束命令 EOI 并非指令，而是操作命令字 OCW_2 发出。

c. 8259A 的 8 级中断请求 $IR_0 \sim IR_7$，可由中断屏蔽寄存器 IMR 加以屏蔽（用 IMR 的每个位屏蔽相应的 $IR_0 \sim IR_7$）。

全嵌套工作方式可用图 7.9 来形象地说明。在主程序执行期间，产生了中断请求 IR_4，由于在此之前，STI 指令已将中断开放，因此 IR_4 被 CPU 响应而执行其中断服务程序。在 IR_4 中断服务程序执行期间发生的中断请求 IR_2 虽然优先级高于正在执行的中断 IR_4，但由于 IR_4 中断服务程序此时尚未开放中断，因此 IR_2 不能向 CPU 发出中断请求，于是便被挂起来。一直等到开中断指令 STI 执行后，IR_2 才被 CPU 响应而执行其中断服务程序。

② 中断结束方式

当一个中断服务程序被执行完毕后，CPU 可利用操作命令字 OCW_2 发出的中断结束命令 EOI 通知 8259A，以便清除中断服务寄存器 ISR 的相应位。EOI 有 3 种方式。

a. 自动 EOI 方式。自动 EOI 方式实际上是无 EOI 命令方式，即不需要用操作命令字 OCW_2。此方式利用 CPU 响应中断时的最后一个 $\overline{INTA}$ 脉冲的后沿来执行中断结束命令（相当于产生 EOI 命令）。显然，自动 EOI 方式不是在中断服务程序执行完后来复位中断服务寄存器 ISR 的相应位，而是在中断被 CPU 响应后，尚未开始处理中断时就将 ISR 相应位复位。因此，在中断服务程序执行期间，若出现一个中断请求，不管其优先级怎样，皆会被传送给 CPU 而随之被响应。因此，如果外设的中断请求信号再有一段时间的持续，则会出现多次响应本级中断的现象。为此，自动 EOI 方式常用于无中断嵌套，即单重中断的场合。

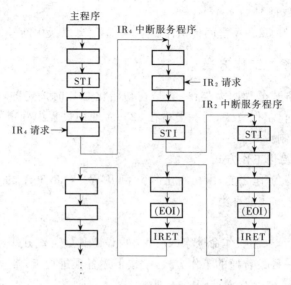

图 7.9 全嵌套工作方式示意图

b. 普通 EOI 方式。这种方式用于 CPU 发出 EOI 命令来结束中断过程。这时的 EOI 命令只是告知 8259A 有一个中断服务程序业已执行完毕,但并不具体指出它是哪一级中断。8259A 得到 EOI 命令后,便在中断服务寄存器 ISR 已置位的各位中,将其优先级最高者复位。为此,如果正在处理的中断是尚未处理完的中断中的优先级最高者时,才可以采用普通 EOI 方式。

c. 特殊 EOI 方式。和普通 EOI 方式不同,它不仅能告知 8259A 某一中断已被处理完,而且还能具体地说明该中断的优先级,从而指出应使 ISR 中哪一位复位。在执行中断服务程序优先级发生动态变化的场合,必须采用特殊 EOI 方式。

③ 中断触发方式

8259A 具有两种触发中断请求的方式(即对中断请求信号 $IRQ_0 \sim IRQ_7$ 的规定):电平触发和边沿触发。

a. 电平触发方式:采用此方式时,规定外设的中断请求信号 IRQ_i 为高电平有效并引发中断,因此,在 CPU 发出 EOI 命令之前或 CPU 再次开放中断之前,必须确保将它响应的中断请求信号 IR_i 引导为无效状态(低电平),否则可能引发二次中断。

b. 边沿触发方式:这种方式规定,外设的中断请求信号 IRQ_i 出现一个正跳变时才引发中断,因此不会引发再次中断请求。

④ 数据缓冲方式

在多片级联的系统中,各芯片的中断号都需要在接受第二个 $\overline{INTA}$ 脉冲之后发到数据总线上去。对于从片,中断号需经级联缓冲比较器再送到数据总线上,因此应在该缓冲器的$SP/\overline{EN}$端加一有效低电平以开启缓冲器。

⑤ 多片级联方式

PC 允许外中断源多达 64 个,因此可用多片 8259A 进行级联来实现。

在级联方式下,只有一个 8259A 为主片,其余的 8259A 均为从片。每个从片的中断请求线 INT 直接连到主片的一个中断请求输入端（$IR_0 \sim IR_7$），主片的级联线 $CAS_0 \sim CAS_2$ 相当于从片的片选线（前者为输出，后者为输入）。图 7.10 示出 8259A 级联方式的连接。

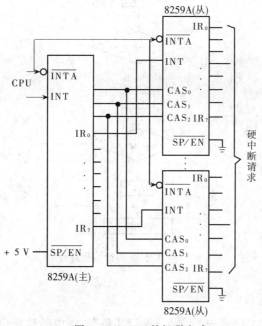

图 7.10 8259A 的级联方式

⑥ 特殊全嵌套方式

这种方式适用于多片级联系统，响应的中断优先级必须保存在各从片中。可规定主片为特殊全嵌套方式（从片不规定），与普通全嵌套方式相比，有如下特点：

a. 在为某从片的中断请求服务期间，主片仍能识别该从片的优先级最高的中断而加以接收，并可向 CPU 发出中断请求信号 INT，即主片在屏蔽从片中的同级中断。

b. 在从片中断服务程序结束时，应检测刚执行完的中断是否是该从片中唯一的中断。特殊全嵌套方式检测从片中有无其他中断请求的方法很简单，只需向从片发一非特殊 EOI 命令，将正在处理的中断服务寄存器 ISR 相应位清除，然后再读取 ISR，判断是否为 0。

（2）初始化命令字（ICW）

上述的六种初始化工作方式，均可通过初始化命令字 $ICW_1 \sim ICW_4$ 得以实现。8259A 初始化过程如图 7.11 所示。由图可知，在任何情况下，都需要用 ICW_1 和 ICW_2 对 8259A 进行预置，是否需要使用 ICW_3 和 ICW_4，则视 ICW_1 的内容而定。当 ICW_1 的 SNGL 位为 1 时，表示 8259A 单独使用，不需要 ICW_3；当 SNGL 为 0 时，表示 8259A 处于级联运用方式，需要用 ICW_3 来规定级联的具体方式。同样，当 ICW_1 的 IC_4 为 0 时，表示 8259A 用于非 8086 系统，不需要 ICW_4；当 IC_4 为 1 时，表示 8259A 用于 8086 系统，应使用 ICW_4，对芯片初始化。

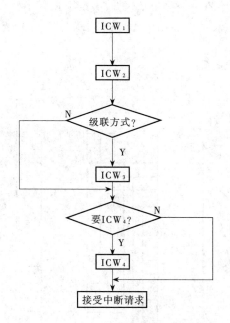

图 7.11　8259A 的初始化过程

① ICW$_1$ 命令字

ICW$_1$ 命令字可对 8259A 进行复位,规定其初态:将中断请求信号端复位至 IR$_i$ 由低变高时才能产生中断,清除中断屏蔽寄存器 IMR,使得 IR$_0$ 为最高级,IR$_7$ 为最低级;并判断系统是否为级联方式等。

ICW$_1$ 命令字格式如图 7.12 所示,其各位含义如下:

$A_0 = 0$,且 $D_4 = 1$,表示为 ICW$_1$ 命令字。

● D_0:IC$_4 = 1$,表示需要 ICW$_4$ 命令字(PC 需要);

　　　IC$_4 = 0$,表示不需要 ICW$_4$ 命令字。

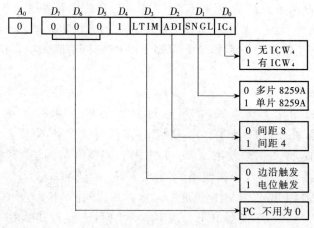

图 7.12　ICW$_1$ 格式

- D_1：SNGL＝1，表示 8259A 用于单片使用；

　　　SNGL＝0，表示 8259A 用于级联使用。

- D_2：PC 不用，可为 0。

- D_3：LTIM＝1，为电平触发方式；

　　　LTIM＝0，为边沿触发方式（PC 采用）。

- $D_5 \sim D_7$：PC 不用，可为 000。

例如，PC/XT 机的 ICW_1 为 13H；PC/AT 机的 ICW_1 为 11H。

② ICW_2 命令字

ICW_2 命令字规定中断向量的高 5 位地址（中断向量地址对应中断号），格式如图 7.13 所示。

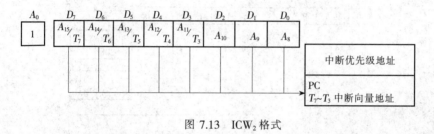

图 7.13　ICW_2 格式

ICW_2 命令字各位含义如下：

$A_0＝1$，表示为 ICW_2 命令字。

- $D_7 \sim D_0$：PC 设定 $T_7 \sim T_3$ 为中断号的高 5 位，与低 3 位的中断级共同组成 8 位中断号。

例如，PC/XT 机 $D_7 \sim D_3$ 位设定为 00001，若 ICW_2 为 08H，则对应 0 级 8 号中断。

③ ICW_3 命令字

ICW_3 命令字用于级联 8259A 系统。它分为主 ICW_3 与从 ICW_3 两种（分别写入主片与从片），其格式如图 7.14 所示。

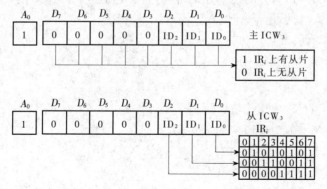

图 7.14　ICW_3 格式

a. 主 ICW_3 各位含义如下：

$A_0＝1$，且在 ICW_2 之后，表示为 ICW_3 命令字。

$D_7 \sim D_0$：对应于 $IR_7 \sim IR_0$ 位置上是否有从片。若有,则该位为1;否则为0。

b. 从 ICW_3 各位含义如下：

$A_0 = 1$,且在 ICW_2 之后,表示为 ICW_3 命令字。

$D_2 \sim D_0$：$ID_2 \sim ID_0$ 为从片的标识号(即第 n 号从片)。当由主从的级联线 $CAS_2 \sim CAS_0$ 送来的代码为该从片号时,则从片被选中,从而可发出该片当前选中的中断请求的中断号。

④ ICW_4 命令字

ICW_4 命令字规定:8259A 是否用于 8086 系统;中断服务程序是否要送出 EOI 命令,以清除中断服务寄存器 ISR,允许其他中断。其格式如图 7.15 所示：

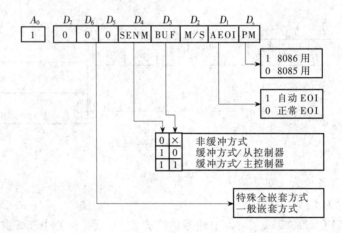

图 7.15　ICW_4 格式

ICW_4 命令字含义如下：

$A_0 = 1$,且 $D_7 \sim D_5 = 0\,0\,0$,表示为 ICW_4 命令字。

- D_0：PM＝1,用于 8086 系统;否则为 8085 系统。
- D_1：AEOI＝1,为自动结束方式;否则为非自动结束方式。
- D_2：M/S＝1,表示在数据缓冲方式下,选择主片;
  M/S＝0,选择从片。
- D_3：$\overline{BUF}$＝1,为缓冲方式,使$\overline{SP/EN}$为输出;
  BUF＝0,为非缓冲方式或为单片系统。
- D_4：SFNM＝1,为特殊全嵌套方式;
  SFNM＝0,为普通全嵌套方式。

例如,PC/XT 的 ICW_4 为 09H。

(3) 8259A 的初始化举例

【例 7.1】　在 PC/XT 系统中,8259A 以单片方式管理 8 级外中断,其硬件连接如图 7.16 所示。

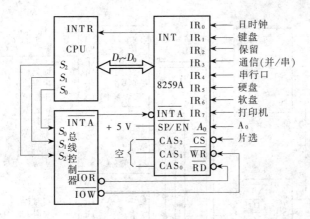

图 7.16 PC/XT 机的 8259A 连接图

简要说明如下：

① 由于是单片 8259A，因此级联线 $CAS_0 \sim CAS_2$ 不用，而 $\overline{SP/EN}$ 接高电平。

② 8259A 的 A_0 输入端接地址总线 A_0 端，当地址码为 0010000，且片选端 $\overline{CS}$ 为低电平时，8259A 的端口地址应为 20H 和 21H。由 8259A 的初始化命令字 $ICW_1 \sim ICW_4$ 知，ICW_1 应送入 20H 端口，而 $ICW_2 \sim ICW_4$ 则应送入 21H 端口。

③ 设外设中断请求信号均为边沿触发。

④ 设 8259A 工作于全嵌套方式，IR_0 为最高优先级，IR_7 为最低优先级。

⑤ 设 IR_0 的中断号为 08H，IR_7 为 0FH，其他均按序排列。

所以 8259A 的初始化程序如下：

```
PORT0 EQU 20H
PORT1 EQU 21H
          ⋮
          MOV AL,13H ;ICW₁
          OUT PORT0,AL
          MOV AL,08H ;ICW₂
          OUT PORT1,AL
          MOV AL,09H ;ICW₄
          OUT PORT1,AL
```

【例 7.2】 在 PC/AT 系统中，8259A 以两片级联方式管理 15 级外中断，其硬件连接如图 7.17 所示。

说明如下：

① 主从片的数据线 $D_7 \sim D_0$ 并联而接至系统的数据总线。采用非缓冲方式，主片的 $\overline{SP/EN}$ 端接 +5 V，从片的 $\overline{SP/EN}$ 接地。

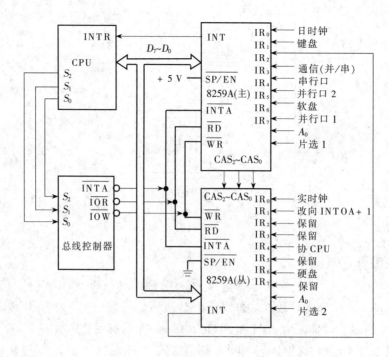

图 7.17　PC/AT 机两片 8259A 连接图

② 从片的 INT 端接至主片的 IR_2 端。

③ 主片的片选$\overline{CS}$设定当地址码为 0010000B 时有效;从片的片选$\overline{CS}$设定当地址为 1010000B 时有效。因此,主从的两个端口地址分别为 20H 和 21H;从片则为 A0H 和 A1H。

④ 主从片的外设中断请求信号均为边沿触发。

⑤ 按图 7.17 的连接方式,优先级顺序为:0 级、1 级、8~15 级、3~7 级。

⑥ 设定 0~7 级对应的中断号为 08H~0FH(其中 2 级除外),8~15 级为 70H~77HH。

在编写初始化程序时,应分别用命令字 ICW_1~ICW_4 对主从片 8259A 进行写入。由于命令字 ICW_3 有主从之分,因此应使主片接受主 ICW_3,从片接受从 ICW_3。当主片的中断请求被 CPU 响应后并接受$\overline{INTA}$脉冲时,主片把相应的 ISR 位置 1,并清除相应的 IRR 位,然后再去检查主 ICW_3 命令字,以便确定该中断请求是否来自从片。若来自从片,则将该中断级(主ICW_3的某一位)通过级联线 CAS_2~CAS_0 输出至从片。当从片的识别号(从 ICW_3 初始化的值)与 CAS_2~CAS_0 的值相等时,表示该从片被选中,接受$\overline{INTA}$脉冲,将从片的 ISR 的相应位置 1,清除从片的 IRR 相应位,将从片上请求中断的中断号(从 ICW_2 初始值加低 3 位中断级)送入数据总线。显然,主片的 ICW_2 确定的是主片上的中断请求的中断号,而从片的 ICW_2 确定从片上的中断请求的中断号,两者是不同的,因此主 ICW_2 与从 ICW_2 是不一样的。

所以 8259A 的初始化程序如下:

```
                    ;主8259A初始化
            PORTA0 EQU 20H
            PORTA1 EQU 21H
                        ⋮
                MOV AL,11H          ;ICW₁
                OUT PORTA0,AL
                NOP                 ;I/O端口延时
                MOV AL,08H          ;ICW₂
                OUT PORTA1,AL
                NOP
                MOV AL,04H          ;ICW₃
                 OUT PORTA1,AL
                 NOP
                MOV AL,01H          ;ICW₄
                OUT PORTA1,AL
                ;从8259AA初始化
            PORTB0 EQU A0H
            PORTB1 EQU A1H
                        ⋮
                MOV AL,11H
                OUT PORTB0,Al ;ICW₁
                NOP
                MOV AL,70H  ;ICW₂
                OUT PORTB1,AL
                NOP
                MOV AL,02H  ;ICW₃
                OUT PORTB1,AL
                NOP
                MOV AL,01H  ;ICW₄
                OUT PORTB1,AL
```

2. 8259A 的操作控制方式

当 CPU 对 8259A 完成初始化编程后,8259A 就处于操作就绪状态,接受外设的中断请求。此外,CPU 还可通过操作命令字(OCW)对 8259A 进行动态地控制,以选择或改变初始化时设定的工作方式。

(1)操作控制方式的种类

① 自动循环优先级方式

当8259A 管理的中断源(外设)具有相同的优先级时,可以让它们按一定的顺序循环的得到服务。即一个外设得到服务后,自动将自己的优先级降为最低,而让其他外设的优先级递升一级。显然,在极端的情况下,某中断源可能要等其他的中断源得到服务之后,才会轮到自己得到服务。

自动循环又分两种:非自动结束方式下循环;自动结束方式下循环。

② 特殊循环优先级方式

这种方式可通过操作命令字设某一级中断源为最低优先级,其他中断源的优先级也就随之而定。例如,若指定 IR_5 为最低优先级,则 IR_6 为最高优先级,其次为 IR_7,IR_0,IR_1,IR_2,IR_3,IR_4。

③ 中断屏蔽方式

每个中断源的中断请求,均可分别由中断屏蔽寄存器 IMR 进行屏蔽。其屏蔽方式有两种。

a. 正常屏蔽方式:用操作命令字 OCW_1 对 IMR 进行正常的屏蔽工作,即 IMR 的第 i 位将屏蔽对应的中断请求 IRQ_i。

b. 特殊屏蔽方式:如果在执行高级中断服务程序中,希望开放较其低的中断级,则可先利用 OCW_1 命令将正在执行的高级中断屏蔽,然后设置特殊屏蔽方式,以完成此功能。

④ 程序查询方式

在一般情况下,中断源向 CPU 请求中断,应通过 8259A 向 CPU 发中断请求信号 INT,以便 CPU 响应。但在查询方式下,8259A 不向 CPU 发 INT 信号,而是靠 CPU 不断地查询 8259A,当查询到有中断请求时,就转入该中断的中断服务程序中去。

程序查询方式按下面的步骤进行:

第一,系统先关掉中断,使 8259A 无法发 INT 信号,然后 CPU 送操作命令字 OCW_3 到 8259A,通知它系统进入查询方式。

第二,程序执行一次 IN 指令,从 8259A 读入一个查询字,其格式如下:

$$I\times\times\times\times W_2 W_1 W_0$$

其中,$I=1$,表示外设有中断请求;否则,没有中断请求。$W_2\sim W_0$ 则表示在 $I=1$ 时,请求中断的中断源优先级号(编码),进而转入该中断服务程序去执行。

⑤ 读状态方式

8259A 中有 3 个寄存器 IRR,ISR,IMR,供 CPU 读出当前的状态。

CPU 将读状态命令字 OCW_3 送给 8259A 后,再用 IN 指令便可得出相应寄存器的内容。

⑥ 结束中断方式

我们知道,利用初始化命令字 ICW_4 可设置自动结束中断或非自动结束中断方式,若选定非自动结束方式时,中断服务程序还要借助于操作命令字 OCW_2,才能发出结束中断的命令 EOI。

全嵌套方式下的结束命令为非特殊 EOI,由 OCW_2 发出。非嵌套方式下的结束命令为特殊 EOI,也由 OCW_2 发出,但必须由该命令字的低 3 位指定需复位 ISR 中的优先级。

(2) 操作命令字(OCW)

上述各种操作控制方式均靠 CPU 向 8259A 发出某种操作命令字才能实现。

① OCW_1 命令字

OCW$_1$ 通过对中断屏蔽寄存器 IMR 的设置或清除实现对中断源的屏蔽。其格式如图7.18所示。它可以通过编程,在程序的任何地方进行某些中断的屏蔽或开放,即改变中断的优先级。

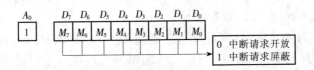

图 7.18 OCW$_1$ 格式

OCW$_1$ 的各位含义如下:

$A_0 = 1$,表示为 OCW$_1$ 命令字。

$D_7 \sim D_0$,表示 8 个中断请求的屏蔽位 $M_7 \sim M_0$,而

$M = 1$,表示该位的中断被屏蔽;

$M = 0$,表示该位的中断被允许。

在 PC/XT 中,OCW$_1$ 的端口地址的计算和初始化命令字 ICW 一样,同为 21H。因此,如仅允许时钟、键盘、主异步口开放中断,则可送入以下指令:

```
MOV AL,OECH
OUT 21H,AL
```

② OCW$_2$ 命令字

OCW$_2$ 用来设置优先级是否进行循环、循环方式以及中断结束的方式,其格式如图7.19所示。

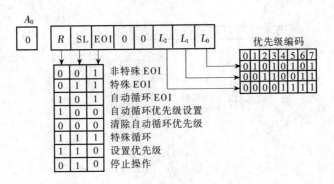

图 7.19 OCW$_2$ 格式

OCW$_2$ 各位含义如下:

$A_0 = 0$,且 $D_4 D_3 = 00$,表示为 OCW$_2$ 命令字。

• $D_7 \sim D_5$,为标志位,具体含义如下。

R:优先级循环标志,规定如下:

$R = 1$,优先级采用循环方式;

$R=0$,优先级不采用循环方式。

SL:优先级设定标志,规定如下:

SL$=1$,$L_2 L_1 L_0$ 的选择有效;

SL$=0$,$L_2 L_1 L_0$ 的选择无效(即 IR$_0$ 仍为最高,IR$_7$ 仍为最低)。

EOI:中断结束标志,规定如下:

EOI$=1$,在非自动结束时,复位现行中断级的 ISR 中的相应位,以结束此中断的处理,允许系统再为其他中断源服务,因此在中断服务程序执行返回指令 IRET 之前,必须写入一条 OCW$_2$ 命令字,以便将 EOI 标志送给 8259A;

EOI$=0$,自动结束时,无须用 EOI。

• $D_2 \sim D_0$:由 $L_2 \sim L_0$ 确定的级别号。

OCW$_2$ 有 8 种功能,如下所示:

R	SL	EOI	
0	0	1	非特殊 EOI 结束中断
0	1	1	特殊 EOI 结束中断
1	0	1	非特殊 EOI 时自动循环
1	0	0	自动循环时设置自动循环
0	0	0	自动循环时取消自动循环
1	1	1	特殊 EOI 时自动循环
1	1	0	设定最低优先级自动循环

③ OCW$_3$ 命令字

OCW$_3$ 设置查询方式和特殊屏蔽方式,以及读 8259A 中断请求寄存器 IRR、中断服务寄存器 ISR、屏蔽寄存器 IMR 的当前状态。OCW$_3$ 的格式如图 7.20 所示。

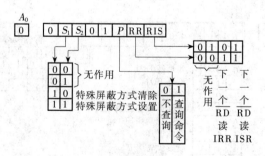

图 7.20　OCW$_3$ 格式

OCW$_3$ 其各位含义如下:

$A_0=0$,且 $D_7=0$,$D_4 D_3=1$,表示为 OCW$_3$ 命令字。

• D_6,D_5:表示特殊屏蔽方式的操作,即:

ESMM	SMM	
1	1	设置特殊屏蔽
1	0	取消特殊屏蔽

- D_2：$P=1$，发查询命令；

  $P=0$，不发查询命令。
- D_1,D_0：表示读寄存器状态，即：

RR	RIS	
1	0	在下一个 $\overline{RD}$ 的脉冲时读 IRR
1	1	在下一个 $\overline{RD}$ 的脉冲时读 ISR

(3) 8259A 操作控制举例

【例 7.3】 检测中断屏蔽寄存器 IMR 写入的正确性（用于判别 IMR 有无故障）。

程序如下：

```
PORT1 EQU 21H
    ⋮
MOV AL,00H        ;OCW₁
OUT PORT1,AL
IN AL,PORT1       ;读 IMR
OR AL,AL
JNZ ERROR         ;IMR 非全 0,出错
MOV AL,0FFH       ;IMR 写全 1
OUT PORT1,AL
IN AL,PORT1       ;读 IMR
ADD AL,01H
JNZ ERROR         ;IMR 非全 1,出错
```

【例 7.4】 判断中断请求是否为硬中断，若是，应发非特殊 EOI 命令结束中断。

判断是否为硬中断请求，可读取 8259A 的中断服务寄存器 ISR 的状态，若其值为非 0，则为硬中断；否则为非硬中断。

程序段如下：

```
PORT0 EQU 20H
PORT1 EQU 21H
EOI EQU 20H               ;非特殊结束字 OCW₂
        ⋮
        MOV AL,0BH        ;送 OCW₃ 准备读 ISR 状态
        OUT PORT0,AL
        NOP
        IN AL,PORT0       ;读 ISR 当前值
        MOV AH,AL
        OR AL,AH          ;ISR=0?
        JNZ HARD          ;不等于 0,为硬中断
        MOV AH,0FFH       ;等于 0,非硬中断
        JMP SHORT FLAG    ;中断标志为全 1
```

```
HARD:IN  AL,PORT1       ;读 IMR
        OR  AL,AH          ;屏蔽当前中断
        OUT PORT1,AL
        MOV AL,EOI         ;置非特殊结束标志,OCW₂ 为 20H
        OUT PORT0,AL
FLAG:MOV INT_FLAG,AL
        ⋮
```

程序中,单元 INT_FLAG 用来记录硬件中断的优先级(由其内容确定)。若为非硬件中断,则该单元内容为全 1。

7.3.4　8259A 的硬中断执行过程

一般来说,任何中断(00H~FFH)引发的中断请求,从开始到进入中断服务程序的全过程,是没有什么不同的。但是,硬中断涉及到中断控制器 8259A 的操作,有其特殊之处,在此加以说明。

1. 中断响应周期

由外设发出中断请求信号到 8259A 向 CPU 提出中断请求 INT,CPU 响应中断到转入中断的处理,要经历两个中断响应周期(两个 $\overline{\text{INTA}}$ 脉冲),其时序如图 7.21 所示。

在第一个中断响应周期(第一个 $\overline{\text{INTA}}$ 脉冲,由总线控制器发出),CPU 输出有效的总线锁存信号 $\overline{\text{LOCK}}$,使总线处于封锁状态(高阻悬浮态),以防止被其他设备占用(包括 CPU 及 DMA 控制器)。与此同时,8259A 将当前经判优及屏蔽逻辑选中的最高优先级置位相应的 ISR 位,而相应的 IRR 被复位。

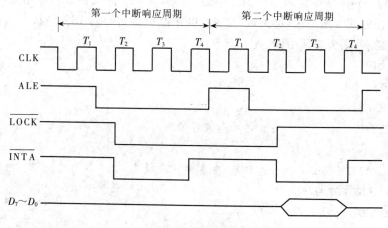

图 7.21　中断响应周期时序

在第二个中断响应周期,总线封锁信号被撤除,地址允许信号 ALE 也由 CPU 改变为低电平(无效),允许数据线工作。这时 8259A 便将中断的中断号,通过数据总线送入 CPU。

前已说明,在自动结束中断的方式下,当前的 ISR 的置 1 位要由第二个 INTA 脉冲

的后沿清除。在非自动结束中断方式下，该置 1 位要一直保持到中断服务程序结束时，才由 CPU 向 8259A 发 OCW_2 结束命令。

2. 中断等待时间

从外设发出中断请求信号到真正转入中断服务程序执行需要一段时间，这就是中断等待时间。

一般来说，中断等待时间都较短（相对于外设的工作速度而言），可以不予计较。但是，对于实时性较强的中断源，就要考虑中断等待时间了。现将影响中断等待时间的诸因素，分述如下：

（1）CPU 硬件处理时间

这段时间包括：CPU 从 8259A 接收到中断请求信号 INT 到取得该中断优先级和中断向量地址（中断号）的时间，将标志寄存器 F 及当时的 CS,IP 等压入堆栈到转入中断服务程序开始执行的时间。这段时间共约需 61 个时钟周期。若每个时钟周期以 210 ns 计，则 CPU 硬件处理时间为 12.81 μs。这段时间可称为中断隐操作时间。

（2）CPU 检测 INT 引脚时间

由于 CPU 是在把当前指令执行完，才去检测 INT 引脚有无中断请求。因此，在最极端的情况下，可能要等待一整条指令执行的时间。通常一条指令执行时间约为 $1 \sim 5$ μs。乘除指令和带前缀的指令执行时间更长。

（3）排队时间

如果当前中断请求的优先级较低，而系统又正在为高优先级中断服务时，则当前中断请求必须等待该高优先级中断处理完后，才能得到服务。这种排队等待的时间没有定数，由系统中断源的情况而定。

（4）保护现场的时间

在开始执行中断服务程序时，必须进行保护现场的处理。虽然这部分时间是属于中断服务程序的，但从效果上看，它延迟了中断源真正执行处理的时间。

3. 硬中断的执行过程

现将 PC 的外设接口从发出中断请求信号到系统转入中断服务程序的执行过程，进行系统地描述。假设该中断未被屏蔽，也没有更高级的中断请求打断它，其过程如图 7.22 所示。说明如下：

第一，PC 的外设接口卡输出中断请求信号 IRQ_i 至 8259A 中断控制器，并将其中的中断请求寄存器 IRR 的相应位 i 置 1。

第二，8259A 收到 IRQ_i 信号后，将它与同时请求中断的信号或者正挂起的中断，通过中断优先级分析器，分析比较优先级。若该中断请求是唯一的或其优先级最高，则 8259A 向 CPU 发中断请求信号 INT。

第三，CPU 响应中断，连续发生两个中断响应脉冲 $\overline{INTA}$。第一个 $\overline{INTA}$ 将中断服务器 ISR 的 i 位置 1，表示正在响应 i 级中断，同时将 IRR 的 i 位清 0，为本 i 级中断下一次的中断请求做准备；第二个 $\overline{INTA}$ 则要求 8259A 将中断源 i 的中断号 n 送至 CPU。

第四，CPU 收到 i 级中断的中断号 n 后，将其乘 4 作为中断向量地址。

第五，CPU 屏蔽中断，将中断现场信息（F,IP,CS）压入堆栈，将标志寄存器 F 中的 IF 和 TF 位清 0，同时由中断向量表取得 IP 和 CS 的值。

第六,CPU 以 CS 值为段地址、IP 值为偏移地址转入中断服务程序。

4. 中断向量地址的形成

CPU 响应中断发出第二个 $\overline{\text{INTA}}$ 脉冲后,8259A 便将中断请求源的中断号 n 送往 CPU。该中断号为 8 位数(00H~FFH),将其乘 4(即在其后补两个 0)便成为中断向量的地址,即:$A_9A_8A_7A_6A_5A_4A_3A_200$。

PC 规定 8259A 管理的 8 个硬中断源(0~7)由 $A_4A_3A_2$ 确定。至于 $A_9 \sim A_5$,PC 规定为 00001,在 PC 复位时由 BIOS 对 8259A 写入。为此,8 个硬中断的中断向量的地址(首地址)分别为 20H,24H,28H,…,3CH。

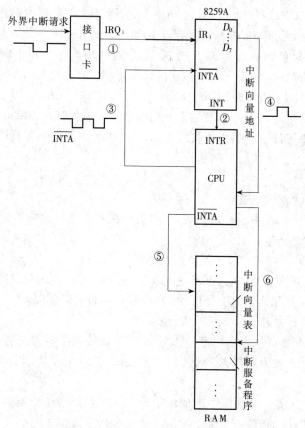

图 7.22 硬中断的执行过程

7.4 中断程序设计

7.4.1 中断服务程序编制

一个中断服务程序也是一个子程序,它与一般汇编语言子程序在形式上不同的是中断子程序返回用 IRET,而一般子程序返回用 RET。

中断服务程序的基本结构如下：

子程序名 PROC FAR

程序体

IRET

程序名 ENDP

程序体部分又分为如下几部分：

- 保护现场；
- 置状态；
- 中断服务；
- 恢复现场。

这里所谓的保护现场,是指除了 CPU 响应中断时自动保留的 IP,CS,F 外,在中断服务程序中凡用到的其他寄存器如 AX,BX 等,也压入堆栈,以便在结束中断处理后能使所有寄存器恢复中断响应前的内容,不影响原程序的继续执行。置状态指的是在 CPU 响应中断时,自动置 IF＝0,屏蔽其他外部中断,如果现在的中断服务程序允许响应更高级中断,则可以用指令 STI 将 IF 置 1,开放外部中断。中断服务是中断服务程序的执行部分,执行设计该中断时赋予它的任务。恢复现场是弹出堆栈的操作,与保护现场部分的压栈过程相反。

用户开发硬件中断服务程序时,在恢复现场前需加上如下的语句：

MOV AL,20H

OUT 20H,AL

或

MOV AL,20H

OUT 0A0H,AL

OUT 20H,AL

这几个语句是为通知 8259A 结束现行正常中断,开放硬中断而设置的,它们的具体含义可参考微机原理。前两条语句是对 $IRQ_0 \sim IRQ_7$ 说的,后三条是对 $IRQ_8 \sim IRQ_{15}$ 编程而用的。例如一个关于 IRQ_{12} 的中断子程序,响应中断后,向端口 340H,341H 送出 0 值,可编写如下：

```
PORT_INT PROC FAR
        PUSH AX              ;保护现场
        XOR AL,AL
        MOV DX,340H
        OUT DX,AL            ;中断处理
        INT DX
        OUT DX,AL
        MOV AL,20H
        OUT 0A0H,AL          ;结束中断
        OUT A0H,AL
        POP AX               ;恢复现场
```

```
        IRET
PORT_ INT ENDP
```

7.4.2 中断服务程序的加载

已经编制好了一个中断服务程序,怎样将它的入口地址写入 $4n$ 和 $4n+2$ 处,通常把这称为中断服务程序的加载,也叫中断向量表初始化。下面分几个层次来讨论。第一种方法是最直接的,将中断例程 INT_HANDLER 的起始地址的段址与偏移量放在 AX 与 BX 寄存器中,DI 存的是中断号 n,DI×4 即是 $4n$,然后将 BX 内容存于 $4n$,AX 内容存于 $4n+2$,即完成了将中断服务程序入口地址装入中断向量表的任务。

下面是这段程序:

```
    INT_ HANDLER PROC FAR
            PUSH AX
              ⋮
            MOV AL,20H
            OUT 0A0H,AL
            OUT 20H,AL
            POP AX
            IRET
    INT_ HANDLER ENDP
      INT_ INT PROC FAR
            PUSH AX
            PUSH BX
            PUSH DI
            PUSH ES
            SUB AX,AX
            MOV ES,AX
            MOV BX,OFFSET INT_HANDLER    ;送 INT_HANDLER 的偏量给 BX
            MOV AX,SEG INT_ HANDLER      ;送 INT_ HANDLER 的段址给 AX
            MOV DI,74H                   ;中断号送 DI
            SHL DI,1                     ;乘 2
            SHL DI,1                     ;乘 2
            MOV ES:[DI],BX               ;存偏移量
            MOV ES:[DI]+2,AX             ;存段址
            POP ES
            POP DI
            POP BX
            POP AX
            RET
```

```
        INT_ INT ENDP
```

另一种方法是调用 DOS 中断 21H 功能 25H,它的功能就是将中断服务程序的入口地址置于中断向量表中,格式如下:

入口参数:AH=25H

AL=中断号

DS=中断例程入口段址

DX=中断例程入口偏移地址

利用该功能调用,只需知道中断号 n,功能调用本身将会计算 $4n$ 和 $4n+2$,并将偏移和段址存入该处,比直接方法要简单一些。下面的例子说明了它的用法,这里的中断例程同上,使用 INT 21H 的功能 25H 来装载。

```
        INT_HANDLER PROC FAR
                PUSH AX
                    ⋮
                MOV AL,20H
                OUT 0A0H,AL
                OUT 20H,AL
                POP AX
                IRET
                INT_HANDLER ENDP
        INT_INT PROC FAR
                PUSH DS
                PUSH AX
                PUSH DX
                MOV DX,OFFSET INT_HANDLER
                MOV AX,SEG INT_HANDLER
                MOV DS,AX
                MOV AL,74H
                MOV AH,25H
                INT 21H
                POP DX
                POP AX
                POP DS
                RET
        INT_ INT ENDP
```

在中断向量表的装载中,还有一个问题要注意:在系统初始化时,有一部分中断例程(如 DOS 内核,常用设备驱动程序等)已经驻留在内存中,其相应的中断向量表也已经由 DOS 初始化程序装载好了。一般情况下这一部分用户不应改变,但也有例外。比如,IRQ_4(相对应中断号 0CH)是为串行口 2 所用,一般串行口 2 不被使用,假如用户接口板设计中想用该中断号,那么用户就为该中断编写自己的中断服务程序,在进入该接口板的应用程序时,就要将该中断服务程序的入口地址写入向量表中。但向量表中已经存在由DOS初始化程序将 COM$_2$ 的中断处理程序入口地址。解决的办法是先将老的入口地址读出保存在两个变量中。运行完用户接口板应用程序,再将老的入口地址写回去。将一个中断号的地址读出可以由 DOS 内核中断 21H 功能 35H 完成,它的参数表与返回值如下:

　　　入口地址:AH＝35H

　　　　　　　AL＝中断号

　　　返回值:ES＝中断例程的入口段址

　　　　　　　BX＝偏移量

下面一个例子是,由变量 KEEPCS 和 KEEPIP 保存中断号 0CH 的中断例程(服务程序)入口地址,为写入新的入口地址作准备。

```
KEEPCS DW 0
KEEPIP DW 0                              ;保存 0CH 中断的旧例程入口地址
        MOV AH,35H
        MOV AL,0CH
        INT 21H
        MOV KEEPIP,BX
        MOV KEEPCS,ES                    ;保存旧中断例程的入口地址
        CLI
        PUSH DS
        MOV DX,OFFSET NEW_INT            ;NEW_INT 为新中断例程的名字
        MOV AX,SEG NEW_INT
        MOV DS,AX
        MOV AH,25H
        MOV AL,0CH
        INT 21H
        POP DS
        STI
          ⋮                             ;在程序结尾处,恢复旧地址
        CLI
        PUSH DS
        MOV DX,KEEPIP
        MOV AX,KEEPCS
        MOV DS,AX
        MOV AH,25H
        MOV AL,0CH
        INT 21H
```

```
        POP DS
        STI
```

这最后的方法是常用的，因为即便是保留了 IRQ，有的机型也为它在初始化时设置了一个临时中断向量。所以，有时不管系统是否已经预设置，先保存后恢复，总是安全的。

小　　结

本章详细地介绍了计算机最重要的技术之一——中断系统。由于 PC 采用了以指令形式出现的软中断，因此，中断的应用已大大地超越了控制领域的界限。应用中断可以很方便地实现对某些例行程序或功能的调用，使得程序的编制工作大为简化。

首先，本章介绍了 PC 的中断类型：内中断、外中断、软中断。

PC 将各种方式引发的中断，进行统一的对待，即编制成一张从 0 号到 255 号中断顺序排列的表。其中每一个中断号代表一种确定的中断。中断号具有十分重要的意义：它一方面代表着具有某种功能的中断；另一方面还可以由它找到该中断服务程序的入口地址，进而使中断过程得以实现。不仅如此，它还是由指令引发的软中断的一个存在于指令中的一个操作数，这为实现软中断提供了极大的方便。以中断号为中介参数，将各中断服务程序（总共不超过 256 个）的入口地址（物理地址 CS/IP）顺序地放入内存最低端的 1 KB 单元之中，这就是中断向量表。由于该表是以中断号为中介参数，所以中断向量在表中是不能直接找到它的，但是，由中断号 n 却可极为简单的找到号 n 中断在内存中的地址：

$$0000:n\times4+0 - n\times4+3$$

其前两个单元存偏移地址，后两个单元存放段地址。

接着，本章介绍了对外中断实现管理的中断控制器 8259A。

8259A 的中断请求寄存器 IRR 用于存放外设送来的中断请求；中断服务寄存器 ISR 用于反映外设中断是否得到服务（即被 CPU 响应）；中断屏蔽寄存器 IMR 用于对外设中断请求权的允许或禁止。这 3 个寄存器和其他一些电路解决了由硬件实现的中断优先级的排队问题。从使用角度出发，8259A 在 PC 系统中的硬件连接十分简单，但是编写控制程序却十分复杂。

8259A 的初始化，确定的是基本工作方式，而在中断处理过程中还可有其他工作方式。前者用初始化命令字 $ICW_1 \sim ICW_4$ 解决；后者则可用操作控制命令字 $OCW_1 \sim OCW_3$ 解决。要根据系统的需要，正确地选择 8259A 的工作方式，更应选用相应的命令字来实现其工作方式，这就是 8259A 编程的基本内容。

最后本章就中断服务程序的编制做了具体地介绍；还介绍了用户在新增中断源或对 PC 系统内中断借用时，均会产生中断向量的设置问题。用 DOS 功能调用设置中断向量比一般程序方式要简单得多，也实用得多。

习　题

7.1 PC 中的中断类型有几种？各有什么特点？

7.2 CPU 响应可屏蔽中断 INTR 的条件是什么？

7.3 什么叫屏蔽中断和允许中断？怎样实现？

7.4 硬件外中断有什么特点？

7.5 PC 在 CPU 响应中断请求后,怎样找到该中断的服务程序？服务程序执行完后,又怎样返回？

7.6 外中断的中断等待时间与哪些因素有关？

7.7 8259A 的初始化命令字和操作控制命令字共有多少个？分别使用哪些端口地址？这些地址是怎样计算出来的？

7.8 请分别写出:对 8259A 开放全部中断；禁止全部中断；允许键盘和定时器中断的程序段。

7.9 请说明怎样为一个外设编写中断服务程序,并写出程序框架。

7.10 请用 DOS 功能调用,将 60H 中断的中断服务程序入口地址置于中断向量表中。

7.11 PC/XT 机在系统初始化时已经给 IRQ$_2$ 安排有临时中断服务程序,当用户自行编写相应的中断服务程序时,将用新的中断服务程序入口地址取代,并保留旧的入口地址。程序结束返回 DOS 之前再恢复原入口地址。要求编一程序段,包括:

(1) 读出旧中断向量并保存,保存单元叫 INTSAV 和 INTSAV+1；

(2) 装载新的中断向量,新的中断入口地址叫 NEW_AD_INT；

(3) 恢复旧的中断向量。

第8章 接口技术

自学指导

微机主机与外设交换信息的方式,就接口方式的不同,可分为并行传送与串行传送两大类。一般来说,主机与外设相距较远时,应采用串行方式,反之,则应采用并行方式。前者在传送速率上较慢,但较经济;后者传送的速率快但费用较高。在实际应用中,应根据具体情况具体分析来确定采用哪种方式。

本章将系统地介绍组成并行输入/输出接口的各种方法及电路实现。重点是可编程并行接口芯片 8255A,读者对其结构、功能、工作方式及实际应用等应全面掌握。

串行输入/输出也是计算机通信的基本传输方式。在本章中,将具体地介绍串行输入输出接口的电路实现和控制程序的编制。通用异步通信芯片 8250 是构成各类 PC 中串行通信接口卡(或并行/串行通信接口卡)的核心部件,为此将详细介绍其工作原理和使用方法。

定时/计数功能的应用十分广泛,这两者基本上是一致的,均是计数。因为对已知周期的脉冲进行计数,也就知道了它的时间(定时)。

8254 芯片是 PC 中通常采用的定时/计数器芯片,本章介绍了其结构、引脚功能、工作方式及应用实例。

8.1 接口设计技术概述

8.1.1 接口功能

输入/输出计算机的信息多种多样,计算机的外围设备也千差万别。要把这千差万别的外围设备与计算机有效地连接起来,并能使多种多样的信息十分方便地输入/输出,这就离不开接口电路。

因此,接口电路的作用,就是将计算机以外的信息转换成与计算机匹配的信息,使计算机能有效地传送和处理它。由于计算机的应用越来越广泛,要求与计算机接口的外围设备越来越多,信息的类型也越来越复杂,微机接口本身已不是一些逻辑电路的简单组合,而是采用硬件与软件相结合的方法,使微处理器与外部世界进行最佳耦合与匹配,以便 CPU 与外界之间实现高效、可靠的信息交换。因而接口技术是硬件和软件的综合技术。

各类外部设备和存储器,都是通过各自的接口电路连接到微机系统总线上去的,因此,用户可以根据自己的需要,选用不同类型的外设,设置相应的接口电路,把它们连接到系统总线上,构成不同用途、不同规模的系统。

CPU 与外设之间的接口,一般应具有如下功能:

1. 数据缓冲功能

该功能用以解决 CPU 工作速度高而外设工作速度低的矛盾,接口中一般都设置数据寄存器或锁存器,避免因速度不一致而丢失数据信息或状态信息。

2. 接收和执行 CPU 命令的功能

接口电路应具有接收和执行 CPU 命令的功能,以便 CPU 向 I/O 设备发出的控制命令(如开始、结束工作;设置工作方式以及各种工作参数等)得以转达并实施。

3. 信号转换功能

由于外设所需的控制信号和它所能提供的状态信号往往与微机的总线信号不匹配,信号转换就不可避免。因此,信号转换包括 CPU 的信号与外设信号的逻辑关系、时序配合以及电平匹配上的转换,它是接口设计中的一个重要内容。

4. 设备选择功能

微机系统中一般带有多种外设,同一种外设也可能配备多台,一台外设也可能包含多个 I/O 端口,这就需要接口具有设备和端口选择能力,以便 CPU 能根据需要启动其中部分设备或全部设备工作。而 CPU 在同一时间里只能选择一个端口进行数据传送。

5. 中断管理功能

当外设需要及时得到 CPU 的服务,特别是在出现故障时,在接口中设置中断控制器,为 CPU 处理有关中断事务(如发出中断请求、进行中断优先级排队、提供中断向量等),这样既做到微机系统对外界的实时响应,又使 CPU 与外设并行工作,提高了 CPU 的效率。

6. 数据宽度变换的功能

CPU 能直接处理的是并行数据(8 位、16 位或 32 位等),而有的外设(如串行通信设备、绘图仪、电传打字机等)只能处理串行数据,在这种情况下,接口就应具有数据"并→串"和"串→并"变换的能力。

7. 可编程能力

现在的接口芯片基本上都是可编程的,这样在不改动硬件的情况下,只修改相应的驱动程序就可以改变接口的工作方式,使一种接口电路能同多种类型外设连接,大大增加了接口的灵活性和可扩充性。

上述功能并非每种接口都要求具备,对不同配置和不同用途的微机系统,其接口功能不同,接口电路的复杂程度也大不一样,但前四种功能是一般接口都应具备的。

8.1.2 接口电路设计的一般方法

设计接口电路包括对已有的接口电路进行分析以及设计新的接口电路。

首先在硬件上从分析接口两侧的情况入手,在此基础上,考虑 CPU 总线与 I/O 设备之间信号的转换,合理选用 I/O 接口芯片,进行硬件连接。然后,根据硬件连接情况,进行接口驱动程序的分析与设计。详细分析如表 8.1 所示。

表 8.1 分析设计接口的基本方法

CPU 或微机	接 口	I/O 设备
① CPU 的特点(如字长、直接寻址范围等); ② 总线的情况(如系统总线的类型,AB、DB、CB 的时序及逻辑关系等); ③ 端口地址分配情况(如哪些端口地址是用户能使用的等); ④ 系统时钟频率及时序; ⑤ 中断使用情况; ⑥ 开发接口所使用的软件; ⑦ 接口驱动程序与应用程序、操作系统之间的连接。	① 根据 CPU 和 I/O 设备的特点、要求选择合适的接口电路(如选择 IC 芯片等); ② 选定适应的工作方式(如无条件、查询、中断或 DMA 传送方式等); ③ 搭配必要的辅助电路(如锁存器、缓冲器以及译码电路等); ④ 选择中断管理方式、安排优先级别及中断向量、选定或设计中断管理电路; ⑤ 合理安排端口地址; ⑥ 选定与 CPU 或微机系统匹配的时钟及时序等; ⑦ 编写驱动程序及相应软件; ⑧ 绘制电路图并作出样品; ⑨ 调试软、硬件达到要求; ⑩ 编制操作文本及使用说明。	① 任务要求(即应达到什么目的,例如,是数据采集还是过程控制等); ② I/O 设备的特点及功能; ③ 信号的特点(例如,是模拟信号还是数字信号,是并行还是串行、是输入设备还是输出设备,以及电平、逻辑关系等); ④ 信号的传送方式; ⑤ 连接总线及传送速率; ⑥ 控制信号及时序; ⑦ 开始及结束传送的方式等。

分析和设计接口电路的基本方法有以下几种:

1. 分析接口两侧的情况

凡是接口都有两侧,一侧是 CPU 或微机,另一侧是外设。对 CPU 一侧,要搞清是什么类型的 CPU,以及它提供的数据线的宽度、地址线的宽度和控制线的逻辑定义(高电平有效、低电平有效、脉冲跳变),时序关系有什么特点等问题。其中,数据与地址线比较规整,不同的 CPU 其变化不大,而控制线往往因 CPU 不同其定义与时序配合差别较大,故重点要放在控制线的分析上。外设一侧的情况较复杂,这是因为外设种类繁多,型号不一,所提供的信号线多种多样;其逻辑定义、时序关系、电平高低差异甚大。对这一侧的分析重点放在搞清被连外设的工作原理与特点上,找出需要接口为它提供哪些信号才能正常工作,它能反馈给接口哪些状态信号报告工作过程,以达到与 CPU 交换数据的目的。

2. 进行信号转换

经过对接口两侧信号的分析,找出其差别之后,需要进行信号转换与改造,使之协调。此项工作可从 CPU 一侧做起,将 CPU 的信号进行转换以达到外设的要求;也可从外设一侧做起,将外设的信号进行改造(逻辑处理),以达到 CPU 的要求。经过改造的信号线,在功能定义、逻辑关系和时序配合上,能同时满足两侧的要求,达到协调工作的目的。

3. 合理选用外围接口芯片

由于现代微电子技术的成就和集成电路的发展,目前各种功能的接口电路都已做成集成芯片,由中规模或大规模集成接口芯片代替过去的数字电路。因此,在接口设计中,通常不需要繁杂的电路参数计算,而需要熟练地掌握和深入了解各类芯片的功能、特点、工作原理、使用方法及编程技巧,以便根据设计要求和经济准则,合理选择芯片,把它们与微处理器正确地连接起来,并编写相应的驱动程序。采用集成接口芯片不仅使接口体积小、功能完善、可靠性高、易于扩充、应用极其灵活方便,而且推动了接口向智能化方向发展。所以,接口芯片在微机接口技术中,起着很重要的作用,应给予足够的重视。

外围接口芯片种类繁多,既有中规模集成电路做成的,也有用大规模集成电路做成的,还有可编程与不可编程、通用与专用之分。

4. 接口驱动程序分析

接口的硬件电路只提供了接口的工作条件,必须配备相应的驱动程序,才能使接口真正发挥作用。接口驱动程序是模块化和结构化的,一般由初始化模块和功能模块等组成。因此,只有了解外设的工作原理和接口电路的硬件结构,才能编制好接口驱动程序。

总之,分析接口问题的基本方法可归纳为:分析接口两侧的信号及其特点,找出两侧进行连接时存在的差异;针对要消除两侧的这些差异,来确定接口应完成的任务;为了实现接口的任务,要考虑做哪些信号变换,选择什么样的元器件来进行这些变换,据此,进行接口电路功能模块化总体结构设计,这样就完成了对接口硬件的分析。对接口问题,仅有硬件分析还不能真正了解,还必须对接口的软件编程进行分析,而软件编程是与硬件结构紧紧相连的,硬件发生变化,接口的驱动程序也就随之改变。

8.2 可编程并行接口

由于常用的微机系统均以并行方式处理数据,所以并行接口是最常用的接口之一。
并行接口的特点:

- 并行接口是在多根数据线上,以数据字节(字)为单位与 I/O 设备或被控对象传送信息的。实际应用中,凡在 CPU 与外设之间同时需要两位以上信息传递时,就要采用并行接口。
- 并行接口适用于近距离传递的场合。

并行接口的分类:

- 按接口实现并行传送信息的位数分类:有 4 位、8 位、16 位、32 位,甚至更宽。较为常见的是 8 位。
- 按在数据线上传送信息所用的联络线(或称应答线)的多少分类:有零线、一线、二线、三线等几类。
- 按并行接口的电路结构分类:有硬线连接接口和可编程接口之分。

8.2.1 可编程并行接口芯片 8255A

所谓可编程接口,是指接口的工作方式及其功能可通过软件编程的方法加以改变,即接口的工作具有可选择性。因此,这样的接口具有广泛的适应性及高度的灵活性,在微机系统中得到广泛的应用。

本节介绍的 Intel 8255A 就是用于 PC 的可编程并行接口芯片。

1. 8255A 的基本特点

(1) 具有两个 8 位(A 口和 B 口)和两个 4 位(C 口高/低 4 位)并行输入/输出端口,C 口可按位操作。

(2) 具有 3 种工作方式:

方式 0——基本输入/输出(A 口、B 口、C 口均有);

方式 1——选通输入/输出(A 口、B 口具有);

方式 2——双向选通输入/输出(A 口具有)。

(3) 可用程序设置各种工作方式并查询各种工作状态。

(4) 在选用方式 1 和方式 2 的工作方式时,C 口做 A 口、B 口的联络线。

(5) 内部有控制寄存器、状态寄存器和数据寄存器供 CPU 访问。

(6) 有中断申请能力,但无中断管理能力。

(7) 有 40 根引脚,+5 V 供电,与 TTL 电平兼容。

2. 8255A 的内部结构

8255A 的内部结构如图 8.1 所示。

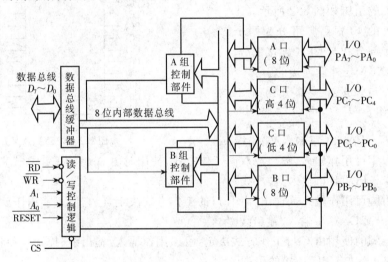

图 8.1 8255A 内部结构框图

它由以下部分组成:

(1) 数据总线缓冲器

这是一个 8 位、双向、三态的缓冲器,是 8255A 与 CPU 系统数据总线的链接。它由读/写控制逻辑实现其三态控制。CPU 向 8255A 写入控制字,输出数据,或从 8255A 读出状态信息、接收数据,通过该缓冲器传递。

(2) 读/写控制逻辑

读/写控制逻辑与 CPU 的 6 条控制线相连,控制总线的开放与关闭和信息传送的方向,实现对 8255A 内部的各种操作。

（3）端口 A,B,C

8255A 有三个 8 位输入/输出端口,即 A 口,B 口,C 口,通过它们可以实现芯片与外部的信息交换。这三个端口都可被选择用作输入端口或输出端口,但它们又各有其具体特点:

A 口具有数据输出锁存器/缓冲器和数据输入锁存器;

B 口具有数据输入/输出锁存器/缓冲器和数据输入缓冲器;

C 口具有数据输出锁存器/缓冲器和数据输入缓冲器,该口又分成高低两个 4 位的端口,分别与 A 口和 B 口配合使用,用于控制信号输出或状态信号输入。

（4）A,B 组控制部件

这是两个根据 CPU 发来的命令字确定 8255A 工作方式的部件。A 组控制部件控制 A 口和 C 口的高 4 位,B 组控制部件控制 B 口及 C 口的低 4 位。它们接受读写控制逻辑送来的命令,从数据总线接收控制字并发出适当的命令到相应的端口上,控制其动作。

3. 8255A 的引脚功能

8255A 的引脚如图 8.2 所示。

8255A 的 40 根引脚可分为两个部分:与外设连接部分和与 CPU 连接部分。

（1）8255A 与外设连接的引脚

8255A 与外设连接部分共有 24 根引脚,分为三组。

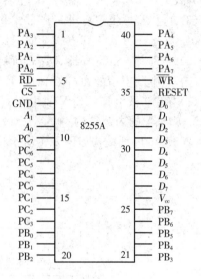

① $PA_0 \sim PA_7$（A 口输入/输出线）

图 8.2　8255A 引脚图

这些引脚可用作输入/输出或双向工作方式,使用时由 A 口的工作方式来决定。

② $PB_0 \sim PB_7$（B 口输入/输出线）

这些引脚可用作输入或输出,由 B 口的工作方式决定,但它们不能用作双向方式。

③ $PC_0 \sim PC_7$（C 口输入/输出线）

这些引脚的使用由 C 口工作方式决定,可以用作输入/输出线、控制线和状态线。

（2）8255A 与 CPU 连接的引脚

8255A 与 CPU 连接的引脚可分为两组:数据线引脚和控制线引脚。

① $D_0 \sim D_7$（数据线）

这些引脚全部为双向三态线,与系统的数据总线相连,用于读/写数据和写控制字、读状态信息。

② $\overline{CS}$（芯片选择）

输入信号,低电平有效。此信号有效时,其所在的 8255A 芯片被 CPU 选中,才能对该芯片进行操作。

③ A_1 和 A_0（口地址线）

当片选信号$\overline{CS}$有效、芯片 8255A 被选中时,A_1 和 A_0 用来确定选择 8255A 中的哪一个端口。

这样,当片选信号$\overline{CS}$与A_1和A_0相结合时,即可确定某一端口的地址。通常A_1和A_0一一对应地接到系统地址总线的最低两位(A_1和A_0)上。

④ $\overline{RD}$(读信号)

输入信号,低电平有效。此信号有效时,可将8255A的数据或状态信号送到CPU,即CPU对8255A进行读操作,$\overline{RD}$信号线通常与系统的$\overline{IOR}$信号线相连接。

⑤ $\overline{WR}$(写信号)

输入信号,低电平有效。此信号有效时,可将CPU输出的数据或命令写到8255A,即CPU对8255A进行写操作。$\overline{WR}$信号线通常与系统的$\overline{IOW}$信号线连接。

⑥ RESET(复位信号)

输入信号,高电平有效。此信号有效时,可将A口、B口、C口均设为输入口,同时各口的锁存器被清零。

8255A的基本控制及在PC/XT和扩展板上的端口地址如表8.2所示。

表8.2 8255A基本操作与口地址控制

$\overline{CS}$	$\overline{RD}$	$\overline{WR}$	A_1	A_0	操 作	内 容	PC/XT	扩展板
0	0	1	0	0	PA口→数据总线	数 据	60H	300H
0	0	1	0	1	PB口→数据总线	数 据	61H	301H
0	0	1	1	0	PC口→数据总线	数据或状态	62H	302H
0	0	1	1	1	控制寄存器不能读			
0	1	0	0	0	数据总线→PA口	数 据	60H	300H
0	1	0	0	1	数据总线→PB口	数 据	61H	301H
0	1	0	1	0	数据总线→PC口	数 据	62H	302H
0	1	0	1	1	数据总线→控制寄存器	控 制 字	63H	303H

4. 8255A的编程命令

编程命令即控制字是由CPU发出的、专门用于控制可编程芯片,使之具有某种功能或状态的"命令",通常用二进制对其编码。

8255A的编程命令包括工作方式选择控制字和对C口的按位操作控制字两个命令,它们是用户使用8255A组建各种接口电路的重要工具。由于这两个命令都是送到8255A的同一个控制端口,为了让8255A能识别是哪个命令,故采用特征位的方法:若写入的控制字的最高位$D_7=1$,则是工作方式选择控制字;若写入的控制字$D_7=0$,则是C口的按位置位/复位控制字。

(1)控制方式选择控制字

作用:确定端口(PA,PB,PC)的工作方式及数据的传送方向。格式中每位定义如图8.3所示。

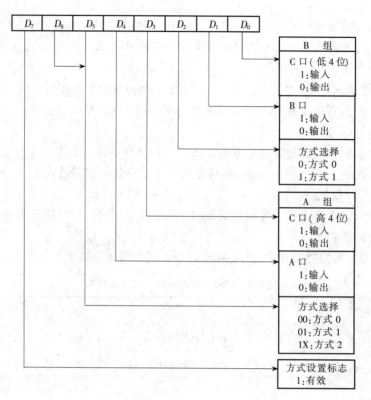

图 8.3　8255A 工作方式选择控制字

由方式字可知,A 组有三种工作方式(方式 0,1,2),B 组只有两种工作方式(方式 0,1)。端口 A 和端口 B 的 8 位必须作为一个整体来设定工作方式。但端口 C 高 4 位和低4 位可以选择不同的工作方式。利用工作方式字的不同代码组合,除可设定端口的工作方式外,还可设定是输入端口还是输出端口。由此可见,8255AI/O 结构十分灵活,可和各种各样的外部设备连接。

(2) C 口按位置位/复位控制字

作用:指定 C 口的某一位输出高电平还是输出低电平。格式及每位的定义如图 8.4所示。

端口 C 的任意一位,都可以用一条输出指令访问控制寄存器,使其置位或复位。按位置位/复位指令只影响指定位,而不发改变其他位的状态。

若将按位置位/复位控制字的三个无用位 $D_6 D_5 D_4$ 置为 000,则 C 口每一位的置位和复位控制字如表 8.3 所示。

8.2.2　8255A 的工作方式

在使用 8255A 时,除了对三个并行端口进行功能分配(设置为输入或输出)之外,还要考虑输入/输出的方式。同样是输入(或输出),若方式不同,则引脚的信号定义就不一样,工作时序也会不一样,在接口设计时,硬件连接和软件编程也不一样,所以要研究和分析 8255A 的工作方式。

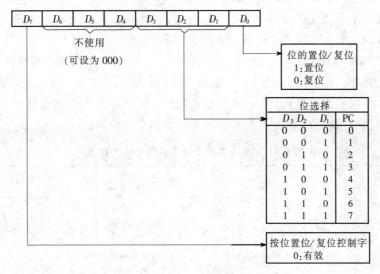

图 8.4　8255A 按位置位/复位控制字格式

表 8.3　8255A 按位置位/复位控制字

C 口各位	置位控制字(H)	复位控制字(H)
PC_0	01	00
PC_1	03	02
PC_2	05	04
PC_3	07	06
PC_4	09	08
PC_5	0B	0A
PC_6	0D	0C
PC_7	0F	0E

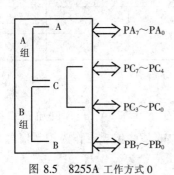

图 8.5　8255A 工作方式 0

1. 方式 0

方式 0 是一种基本的输入/输出方式。在这种工作方式下,A 口、B 口和 C 口的高 4 位、低 4 位两组可分别定义为输入口或输出口,如图 8.5 所示。

8255A 工作方式 0 的基本性能如下:

① 具有两个 8 位端口和两个 4 位端口,任何一个端口均可作为输入口或输出口。

② 输出具有锁存能力;输入只起缓冲作用。

③ 可由工作方式选择控制字设置各口为输入或输出,有 16 种不同的组合(它们是由控制字的 D_4、D_3、D_1 和 D_0 值确定),如表 8.4 所示。

④ 当 8255A 工作在方式 0 时,每个口都可由 CPU 用简单的输入或输出指令来进行读写。因而方式 0 可用于无条件输入/输出方式,而 A,B,C 三个口都可用作数据通道。

⑤ 方式 0 也可用于查询输入/输出方式,此时 A 口和 B 口可用作数据通道,而 C 口中的某些位可担任这两个数据通道的控制和状态信息的传送。

表 8.4　8255A 在方式 0 下各端口的 I/O 组合

序号	方式控制字(H)	A 组		B 组	
		A 口	C 口(高 4 位)	B 口	C 口(低 4 位)
1	80	输出	输出	输出	输出
2	81	输出	输出	输出	输入
3	82	输出	输出	输入	输出
4	83	输出	输出	输入	输入
5	88	输出	输入	输出	输出
6	89	输出	输入	输出	输入
7	8A	输出	输入	输入	输出
8	8B	输出	输入	输入	输入
9	90	输入	输出	输出	输出
10	91	输入	输出	输出	输入
11	92	输入	输出	输入	输出
12	93	输入	输出	输入	输入
13	98	输入	输入	输出	输出
14	99	输入	输入	输出	输入
15	9A	输入	输入	输入	输出
16	9B	输入	输入	输入	输入

2. 方式 1

方式 1 是一种选通的输入/输出方式。在这种工作方式下,A 口、B 口和 C 口被分为两个组。A 口和 B 口作数据的输入/输出通道,C 口中的某些位规定作为控制信息或状态信息来使用。

（1）基本功能

① 方式 1 是一种选通输入/输出方式,在面向 I/O 设备的 24 根线中,设置专用的中断请求和联络信号线。因此,这种方式通常用于查询(条件) 传送或中断传送,数据的输入/输出都有锁存能力。

② PA 和 PB 为数据口,而 PC 的大部分引脚分配作联络信号使用,用户对这些引脚不能再指定其他用途。

③ 各联络信号之间有固定的时序关系,传送数据时,要严格按照时序进行。

④ 输入/输出操作产生确定的状态字,这些状态信息可作为查询或中断请求之用。

（2）方式 1 输入

当 A 组或 B 组工作方式 1 输入时,其端口内部结构及引脚定义如图 8.6 所示。

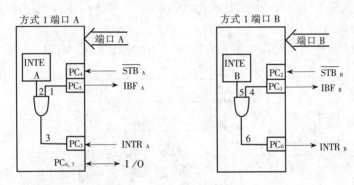

图 8.6　8255A 方式 1 输入

① 联络信号的定义

$\overline{\text{STB}}$——选通输入信号,低电平有效。此信号是由外设产生的,将数据写入端口的数据锁存器。

当 A 组用作输入时,PC_4 为 $\overline{\text{STB}_A}$ 信号线。当 B 组用作输入时,PC_2 为 $\overline{\text{STB}_B}$ 信号线。

IBF——输入缓冲器满信号,高电平有效。这是 8255A 作为对 $\overline{\text{STB}}$ 信号的应答,回送给外设的输出信号。当 IBF 有效时,表示外设应送给 CPU 的数据已进入锁存器,尚未被 CPU 取走,外设不能送新的数据。在 CPU 从 8255A 读走数据之前,IBF 始终保持有效状态。

当 A 组用作输入时,PC_5 为 IBF_A 信号线。当 B 组用作输入时,PC_1 为 IBF_B 信号线。

INTR——中断请求信号,高电平有效。当它为高电平时,请求 CPU 从 8255A 中读数。

使 INTR 变为高电平有三个条件:STB=1;IBF=1;允许中断请求。

当 A 组用作输入时,PC_3 为 $INTR_A$ 信号线。当 B 组用作输入时,PC_0 为 $INTR_B$ 信号线。

② 中断的允许与禁止

INTE——中断允许触发器。这是 8255A 为控制中断而设置的内部控制信号。当 INTE=1 时,允许中断;当 INTE=0 时,禁止中断。该信号是通过向 C 口写入按位置位/复位控制字来设置的,8255A 内部不能自动产生。

当 A 口、B 口设定为方式 1 输入时,数据"满"时能否发出中断请求信号,取决于 INTE 的状态:INTE＝1 是端口产生中断的必要条件。但对 $INTE_A$ 和 $INTE_B$ 的置 1 或清 0,是通过对 C 口的 PC_4 和 PC_2 置位/复位的操作来完成的。

使端口 A 的 INTEA 置 1 或清 0,是通过对 PC_4 置位/复位的操作而达到的。具体做法如下:

a. 通过对 PC_4 置位操作,即送置位控制字 09H,使 $INTE_A$＝1。这样在 A 口数据输入锁存器出现数据"满"时,能够发出 $INTE_A$ 高有效的中断请求信号。

b. 通过对 PC_4 复位操作,即送复位控制字 08H,使 $INTE_A$＝0。这样在 A 口数据输入锁存器出现数据"满"时,禁止发出中断请求信号。

对端口 B 的 $INTE_B$ 置 1 或清 0,是通过对 PC_2 置位/复位的操作而达到的。

上述过程属于 8255A 的内部操作。这一操作不影响 PC_4 和 PC_2 引脚的逻辑状态。

③ 方式 1 输入的工作时序

方式 1 输入时的工作时序如图 8.7 所示。

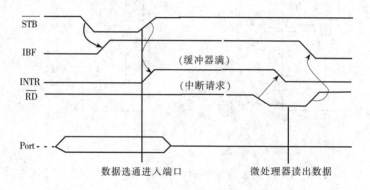

图 8.7　8255A 方式 1 输入时序

当方式 1 下,A 组或 B 组作为输入时,其工作过程如下:

• 外设送来数据,并发出选通信号$\overline{STB}$;
• 8255A 在$\overline{STB}$的下降沿将数据线的数据锁存在指定的数据锁存器中,其后将输入缓冲器满信号(IBF) 变成高电平,输出给外设,禁止外设送入新数据;
• 在开放中断(INTE＝1) 的条件下,当 IBF 有效时,在$\overline{STB}$的上升沿后,INTR 变为有效,向 CPU 发出中断请求信号,通知 CPU 输入的数据已锁存进输入缓冲器,等待取走;
• CPU 接收中断请求,发出读($\overline{RD}$) 信号,读取数据,并在$\overline{RD}$信号的下降沿后使 INTR 复位,撤消中断请求;
• CPU 读结束,在$\overline{RD}$信号的上升沿,IBF 复位,则允许外设发送下一数据。

观察时序图可以发现,8255A 方式 1 输入时使用的三个控制信号有如下特点:

$\overline{STB}$信号有三个作用:锁存数据、下降沿使 IBF 有效、上升沿使 INTR 有效(在允许中断时)。该信号由外设提供,不受 CPU 的控制。

IBF 信号受外设及 CPU 的共同控制。外设发出的$\overline{STB}$信号使其有效,CPU 的$\overline{RD}$信号使其复位。

INTR 信号也受外设及 CPU 的共同控制。只有在 CPU 允许中断,同时 INTE＝1,IBF＝1,$\overline{\text{STB}}$ 由低变高的三个条件均成立时,INTR 才有效。INTR 的复位由 $\overline{\text{RD}}$ 控制,只有当 CPU 执行输入指令,从 8255A 的输入锁存器读取数据时,INTR 才会变为无效。

（3）方式 1 输出

当 A 组或 B 组工作于方式 1 输出时,其端口的内部结构及引脚定义如图 8.8 所示。

① 联络信号的定义

$\overline{\text{OBF}}$——输出缓冲器满信号,低电平有效,是 8255A 给外设的控制信号。当 $\overline{\text{OBF}}$ 有效时,表明 CPU 已将数据写到指定输出端口,通知外设取走。CPU 的 $\overline{\text{WR}}$ 信号的上升沿使 $\overline{\text{OBF}}$ 有效,外设的 $\overline{\text{ACK}}$ 信号使其无效。

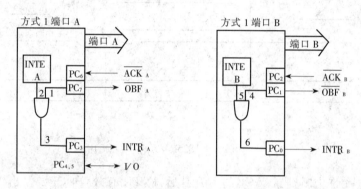

图 8.8　8255A 方式 1 输出

当 A 口用作输出时,PC_7 为 $\overline{\text{OBF}}_A$ 信号。当 B 口用作输出时,PC_1 为 $\overline{\text{OBF}}_B$ 信号。

$\overline{\text{ACK}}$——响应输出信号,低电平有效,是外设发给 8255A 的、对 $\overline{\text{OBF}}$ 信号的响应信号。表明外设已将输出线上的数据取走。

当 A 口用作输出时,PC_6 为 $\overline{\text{ACK}}_A$ 信号。当 B 口用作输出时,PC_2 为 $\overline{\text{ACK}}_B$ 信号。

INTR——中断请求信号,高电平有效。用于向 CPU 发出中断请求,通知 CPU 外设已将数据取走,可继续送出新的数据。在允许中断的条件下,当 $\overline{\text{OBF}}$ 与 $\overline{\text{ACK}}$ 都无效时,INTR 有效。CPU 发出的 $\overline{\text{WR}}$ 信号的下降沿使 INTR 复位。

② 中断的允许与禁止

当端口 A 和端口 B 设定为方式 1 输出,外设取走数据且数据缓冲器已空时,能否发出中断请求信号,还要取决于 8255A 内部的中断允许触发器是否置 1。

INTE_A（或 INTE_B）的置 1/清 0 是通过程序,向端口 C 的 PC_6（或 PC_2）送置位或复位控制字来置 1 或清 0 的。

- INTE_A 是通过对 PC_6 置位/复位操作,实现置 1/清 0。当送 PC_6 置位控制字,即送 0DH 时,使 INTE_A＝1;当送 PC_6 复位控制字,即送 0CH 时,使 INTE_A＝0。
- INTE_B 是通过对 PC_2 置位/复位操作,实现置 1/清 0。送 PC_2 置位控制字 05H 时,使 INTE_B＝1;送 PC_2 复位控制字 04H 时,使 INTE_B＝0。

③ 方式 1 输出的工作时序

方式 1 输出时的工作时序如图 8.9 所示。

在方式 1 下,A 组或 B 组作为输出时,其工作过程如下:

- CPU 响应中断请求,发出 $\overline{WR}$ 信号,将输出的数据送入指定的输出数据锁存器中锁存。$\overline{WR}$ 信号的上升沿使中请求信号 INTR 复位。
- 当 CPU 输出结束时,$\overline{WR}$ 信号的上升沿后,$\overline{OBF}$ 变为有效,表示输出缓冲器满,用以通知外设接收数据。
- 当外设开始接收数据,便发出 $\overline{ACK}$ 信号,作为响应回答信号。$\overline{ACK}$ 的下降沿后,使 $\overline{OBF}$ 无效。

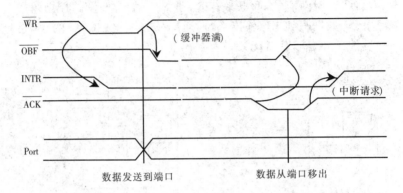

图 8.9   8255A 方式 1 输出时序

- 若 CPU 允许中断,则在 $\overline{ACK}$ 的上升沿后,INTR 有效,向 CPU 发出中断请求,通知 CPU 数据已经取走,可以输出下一数据。

由时序图可以看出:

$\overline{ACK}$ 信号有两个作用:使 $\overline{OBF}$ 信号无效;产生中断请求信号。若无 $\overline{ACK}$ 信号,数据仍然可以输出,但不会发出中断请求信号。

$\overline{OBF}$ 信号受到外设及 CPU 的控制。CPU 的输出操作使其有效,而外设的 $\overline{ACK}$ 信号使其无效。

INTR 信号同样受到外设及 CPU 的控制。在允许中断的条件下,它由外设的 $\overline{ACK}$ 信号产生,以 CPU 响应中断并进行相应的输出操作作为结束。

(4) 方式 1 的接口方法

在方式 1 下,首先根据实际应用的要求确定 A 口和 B 口是作输入还是输出,然后把 C 口中分配作联络的专用应答线与外设相应的控制或状态线相连。如果采用中断方式,则还要把中断请求线接到微处理器或中断控制器;若采用查询方式,则中断请求线可以空着不接。

由于 8255A 不能直接提供中断矢量,所以方式 1 的中断处理一般都通过系统中的中断控制器来提供寻找中断服务程序入口地址的中断类型号。当然,对于不采用矢量中断的微处理器,可以将 INTR 线直接连到 CPU 的中断线(例如,在单片机系统中)。

方式 1 下 CPU 采用查询方式时:对输入,通过 C 口查 IBF 位的状态;对输出,查 $\overline{OBF}$ 位的状态或者查 INTR 位的状态。

(5) 方式 1 的状态字

当 8255A 工作于方式 1 时,用输入指令读取 C 端口,可获得其状态字。

8255A 的状态字为查询方式提供了状态标志位,如 IBF 和 $\overline{\text{OBF}}$。由于 8255A 不能直接提供中断矢量,因此,当 8255A 采用中断方式时,CPU 也要通过读状态字来确定中断源,实现查询中断,如 INTR_A 和 INTR_B 分别表示 A 口和 B 口的中断请求。

8255A 工作于方式 1 时,状态字的定义如图 8.10 所示。

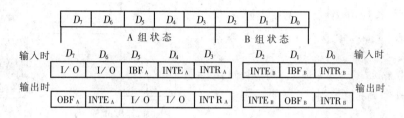

图 8.10 8255A 方式 1 的状态字格式

状态字是通过读 C 口获得的,A 组的状态位占 C 口的高 5 位,B 组的状态位占 C 口的低 3 位。要指出的是,从 C 口读出的状态字与 C 口的外部引脚无关,如在输入时,状态位 PC_4 和 PC_2 表示的是 INTE_A 和 INTE_B 的状态,而不是外部引脚 PC_4 和 PC_2 的联络信号 $\overline{\text{STB}}$ 的状态;在输出时,PC_6 和 PC_2 表示的也是 INTE_A 和 INTE_B,而不是引脚 PC_6 和 PC_2 的联络信号 $\overline{\text{ACK}}$ 的状态。

状态字中的 INTE 位是控制标志位,控制 8255A 能否提出中断请求。因此,它不是 I/O 操作过程中自动产生的状态,而是由程序通过按位置位/复位命令来设置或清除的。

(6) 应用举例

【例 8.1】 外设为一 ASCII 码键盘。键盘对按键开关进行编码,按下一个键就输出被按键的 ASCII 码数据,并提供一个数据有效信号 $\overline{\text{DAV}}$。

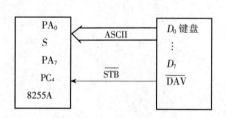

图 8.11 8255A 与 ASCII 键盘(方式 1)输入连接

接口电路如图 8.11 所示。图中 $\overline{\text{DAV}}$ 与端口 A 的 $\overline{\text{STB}}$ 输入相连,每按下一个键,$\overline{\text{DAV}}$ 输出由高到低的跳变,将数据锁存入端口 A。这样,每按下一个键,就存储在 8255A 的端口 A 中,同时激活 IBF 信号,指示数据已装入端口 A。

程序要求:从端口 A 读取按键的 ASCII 码并存于 AL。检测按键的方法是:读端口 C,测试 IBF 位(测试码为 00100000B),以判断输入缓冲器是否满。如果缓冲器满(IBF=1),则输入数据;否则,缓冲器空(IBF=0),则循环测试 IBF,等待键入一个字符。

```
;读 ASCII 字符存于 AL 中
    BIT5 EQU 20H
        ⋮
    READ PROC NEAR
    IN AL,POTRC        ;读 C 口
    TEST AL,BIT5       ;检查 IBF
    JZ READ            ;若 IBF=0,循环
```

```
        IN AL,POTRA              ;从 A 口读数据
        RET
    READ ENDP
```

【例 8.2】 设计一打印机接口。打印机接收 8 位 ASCII 码,并需要一个数据选通信号$\overline{STROBE}$;当接收到 ASCII 码字符后,将产生一个响应信号$\overline{ACK}$回送,表示已经接收。

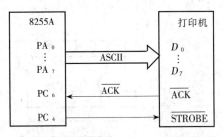

接口电路如图 8.12 所示。图中使用PC_4产生$\overline{STROBE}$信号;打印机的响应信号$\overline{ACK}$与 8255A 的$\overline{ACK}$相连接。

图 8.12   8255A 与打印机(方式 1)输出连接

程序要求:将存储在 AH 中的 ASCII 码字符送给打印机。方法是:首先测试$\overline{OBF}$以确定打印机是否已取走端口 A 以前的数据,如果没有,则等待打印机返回$\overline{ACK}$信号,以使$\overline{OBF}=1$。若$\overline{OBF}=0$,将 AH 中的数据通过端口 A 送到打印机,同时发送$\overline{STROBE}$信号。

```
    ;AH 通过 A 口发送 ASCII 字符到打印机
        BIT7 EQU 80H
            PORTC EQU 34EH
            PORTA EQU 34CH
            CMD EQU 34FH
            ⋮
    PRINT PROC NEAR
            IN AL,POTRC          ;读 C 口
            TEST AL,BIT7         ;检测 OBF
            JZ READ              ;若 OBF=0,循环
            MOV AL,AH            ;从 AH 获得数据
            OUT POTRA,AL         ;从 A 口输出
            MOV AL,08H
            OUT CWD,AL           ;复位 STROBE
            MOV AL,9;            ;置位 STROBE
            OUT CMD,AL
            RET
    READ ENDP
```

3. 方式 2

(1) 特点

方式 2 是一种选通双向输入/输出方式。只有 A 组可以工作在这种方式下,此时 A 口为双向输出口,而 C 口中的$PC_7 \sim PC_3$共 5 位作 A 口的控制口。当 8255A 工作在方式 2 时,可用程序查询方式工作,也可用中断方式工作。

(2) 联络信号

当 8255A 工作于方式 2 时,其端口的内部结构及引脚定义如图 8.13 所示。

INTR——中断请求,输出信号,用于输入和输出时中断微处理器。

$\overline{OBF}$——输出锁存缓冲器满,输出信号,指示输出锁存缓冲器已装入数据。

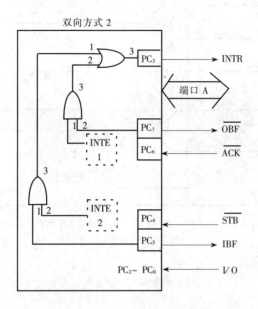

图 8.13 8225A 方式 2

$\overline{ACK}$——响应输入信号,允许 A 口三态输出锁存缓冲器使能,从而数据能输出给外设。若 $\overline{ACK}$ 为逻辑 1,端口 A 输出缓冲器则处于高阻状态。

$\overline{STB}$——选通输入信号,把来自双向端口 A 的外部数据写入端口 A 的输入锁存器。

IBF——输入锁存器满,输出信号,指示输入锁存器已装入数据。

INTE——中断允许位,是内部位(输出中断允许 $INTE_1$ 与输入中断允许 $INTE_2$),用来允许 INTR 引脚,即 INTR 的状态受端口 PC_6($INTE_1$)与 PC_4($INTE_2$)控制。

PC_2,PC_1,PC_0 此三引脚在方式 2 下可作为通用的 I/O 引脚,由置位与复位控制字控制。

(3)工作时序

在方式 2 下,A 口进行输入输出时,其时序如图 8.14 所示。由图可以看出,方式 2 实质上是方式 1 的输入与输出方式的组合。输入过程是从外设发出选通信号 $\overline{STB}$ 开始;输出过程是从 CPU 发出 $\overline{WR}$ 信号开始。输入与输出的顺序是任意的,只是要求输入时的 $\overline{STB}$ 在 $\overline{RD}$ 前发生,输出时 $\overline{WR}$ 在 $\overline{ACK}$ 前发生。

(4)方式 2 的状态字

当 8255A 工作在方式 2 时,通过读 C 口,可以测出 A 口和 B 口的状态,其格式如图 8.15 所示。当 A 口工作在方式 2 时,B 口可以工作在方式 0 或方式 1(可以作输入口,亦可以作输出口)。

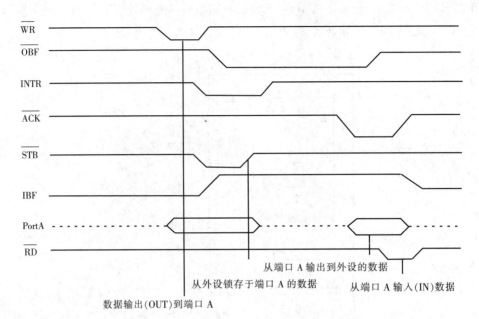

图 8.14　8255A 方式 2 时序

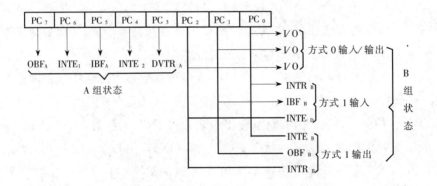

图 8.15　8255A 方式 2 的状态字

8.2.3　8255A 的应用

使用 8255A,首先要根据外设的输入/输出方式,将 8255A 同 CPU 连接起来;其次,用程序方法确定 8255A 的工作方式,既对 8255A 初始化编程;最后,在程序的控制下进行输入/输出操作,即执行控制程序。

1. 8255A 的初始化

对 8255A 初始化的内容是:写控制字到控制字寄存器,规定 8255A 的工作方式。控制字有工作方式选择控制字,C 口按位置位/复位控制字,设置中断允许标志(INTE)。

【例 8.3】 设 8255A 工作在方式 0,A 口为输入口,B 口、C 口为输出口。设片选信号 $\overline{CS}$ 由 $A_9 \sim A_2 = 10000000$ 确定。请编程对 8255A 进行初始化。

根据要求,接口电路设计如图 8.16 所示。

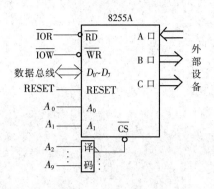

根据要求,工作方式选择控制字如下:

图 8.16 8255A 工作方式 0

初始化程序:

```
MOV AL,90H          ;方式 0,A 输入,B,C 输出
MOV DX,1000000011B  ;控制字寄存器地址→DX
OUT DX,AL           ;控制字送控制寄存器
```

【例 8.4】 设 8255A 工作在方式 1,A 口输出,B 口输入,$PC_4 \sim PC_5$ 为输入,禁止 B 口中断。设片选信号 $\overline{CS}$ 由 $A_9 \sim A_2 = 10000000$ 确定。请编程对 8255A 进行初始化。

根据要求,接口电路设计如图 8.17 所示。

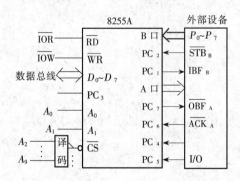

图 8.17 8255A 工作方式 1

根据要求,工作方式选择控制字如下:

初始化程序:

```
MOV AL,0AEH         ;方式 1,A 输出,B 输入
MOV DX,1000000011B  ;控制字寄存器地址→DX
```
·

```
        OUT DX,AL                   ;控制字送控制寄存器
        MOV AL,00001101B            ;A 口 INTE_A（PC_6）置 1
        OUT DX,AL
        MOV AL,00000100B            ;B 口 INTE_B（PC_2）置 0
        OUT DX,AL
```

【例 8.5】 设 8255A 的 A 口工作在方式 2，B 口工作在方式 0，且为输出，C 口低 3 位（$PC_0 \sim PC_2$）为输出。设片选信号 $\overline{CS}$ 由 $A_9 \sim A_2 = 10000000$ 确定。请编程对 8255A 进行初始化。

根据要求，接口电路设计如图 8.18 所示。

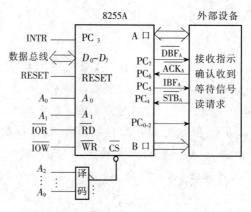

图 8.18 8225A 用于 A 口方式 2，B 口方式 0

根据要求，工作方式选择控制字如下：

初始化程序：

```
        MOV AL,0C0H                 ;方式 2，B 方式 0 输出
        MOV DX,1000000011B
        OUT DX,AL                   ;控制字送控制寄存器
```

2. 应用举例

【例 8.6】 8255A 用于 LED 显示器接口。

七段代码显示器由 8 个发光二极管构成，它们称为 a，b，c，d，e，f，g，h，如图 8.19 所示。根据其内部结构，LED 显示器有共阴极电路和共阳极电路之分。该显示器可显示十六进制数、部分英文字母及一些常用字符，其中十六进制数的七段代码见表 8.5。

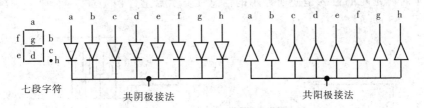

图 8.19 七段代码显示器结构图

表 8.5 十六进制数的七段代码表

十六进制数	七段代码		十六进制数	七段代码	
	共阴极	共阳极		共阴极	共阳极
0	3FH	40H	8	7FH	00H
1	06H	79H	9	67H	18H
2	5BH	24H	A	77H	08H
3	4FH	30H	B	7CH	03H
4	66H	19H	C	39H	46H
5	6DH	12H	D	5EH	21H
6	7DH	02H	E	79H	06H
7	07H	78H	F	71H	0EH

采用 8255A 作 LED 显示器接口,8255A 可工作于方式 0,不需要固定的联络信号和中断信号,A 口、B 口及 C 口均可独立作为输入口或输出口。接口电路设计如图 8.20 所示,将 A 口定为输入口,接开关电路;B 口定为输出口,接 LED 显示器。这样,A 口可将外设开关确定的二进制状态信息读入,经过程序转换为相应的七段代码后,由 B 口输出给七段代码显示器,便可显示出开关确定的二进制状态字(十六进制数)。

设置 8255A 的工作方式选择控制字如下:

```
1 0 0 1 × 0 0 ×
```

方式字　A组方式0　A口输入　B组方式0　B口输出

编写控制程序的步骤如下:
- 设置方式控制字;
- 读 A 口状态,取得有关信息;
- 将取得的信息用查表方法转换为七段代码;
- 七段代码送 B 口至 LED 显示器;

* 延时。延时的目的是使所显示的信息在显示器上保留一段时间,以便观察。

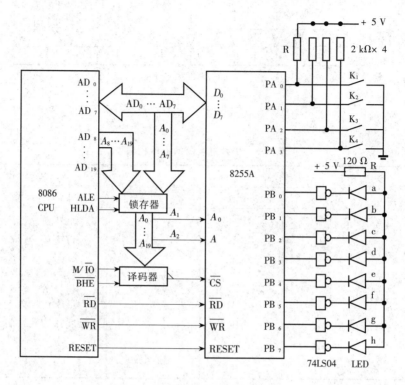

图 8.20　8255A 与 LED 显示器接口电路

源程序:

```
DATA      SEGMENT
TAB       DB 3FH,06H,5BH,4FH,66H,6DH,7DH,07H,
              7FH,67H,77H,7CH,39H,5EH,79H,71H
DATA      ENDS
CODE      SEGMENT
MAIN PROC FAR
          ASSUME CS:CODE,DS:DATA
START:PUSH DS
          SUB AX,AX
          PUSH AX
          MOV AX,DATA
          MOV DS,AX
          MOV AL,90H        ;方式 0,A 口输入,B 口输出
          MOV DX,0FFFEH
          OUT DX,AL         ;控制字送控制字寄存器
    LA:MOV DL,0F8H          ;A 口地址送 DX
```

```
        IN AL,DX            ;读 A 口状态
        AND AL,0FH          ;取低 4 位
        LEA BX,TAB          ;七段代码表首地址送 BX
        XLAT                ;查表
        MOV DL,0FAH         ;B 口地址送 DX
        OUT DX,AL           ;输出七段代码
        MOV AX,56CH         ;延时
    BB:DEC AX
        JNZ BB
        JMP LA
        RET
MAIN ENDP
CODE ENDS
    END START
```

【例 8.7】 利用 8255A 作为两机并行通信接口。

两台 PC 通过 8255A 构成的接口实现并行传送数据,A 机发送数据,B 机接收数据。A 机一侧的 8255A 工作于方式 1 输出,B 机一侧的 8255A 工作于方式 0 输入。两机的 CPU 与 8255A 之间均采用查询方式交换数据。假设两台机传送 1KB 数据,发送缓冲区为 0300:0000H,接收缓冲区为 0400:0000H。接口电路如图 8.21 所示。

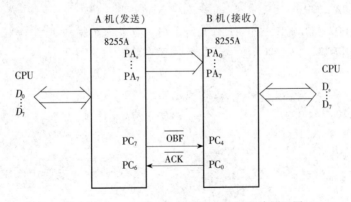

图 8.21　两台 PC 并行通信接口电路原理图

作为发送端,A 机一侧的 8255A 工作于方式 1 输出,从 $PA_0 \sim PA_7$ 引脚上发送由 CPU 写入 A 口的数据,PC_7 和 PC_6 作为联络线 $\overline{OBF}$ 和 $\overline{ACK}$。作为接收端,B 机一侧的 8255A 工作于方式 0 输入,从 $PA_0 \sim PA_7$ 引脚上接收 A 机送来的数据,PC_4 和 PC_0 作为联络线。假设 A、B 两机的通信接口 8255A 的端口地址均为 300H～303H,驱动程序如下:

```
;A 机的发送程序段:
        ⋮
    MOV AX,0300H
```

```
        MOV ES,AX              ;设 A 机发送缓冲区段地址
        MOV BX,0               ;设 A 机发送缓冲区偏移地址
        MOV CX,3FFH            ;置发送字节计数器
;对 8255A 初始化
        MOV DX,303H            ;指向 8255A 控制字寄存器
        MOV AL,10100000B       ;设 A 口为方式 1 输出
        OUT DX,AL
        MOV AL,00001101B       ;置发送中断允许 INTEA＝1
        OUT DX,AL
;发送第一个数据
        MOV DX,300H            ;向 A 口写第一个数据,产生第一个 OBF 信号
                               ;送给对方以便获取对方的 ACK 信号
        MOV AL,ES:[BX]
        OUT DX,AL
        INC BX                 ;缓冲区指针＋1
        DEC CX                 ;计数器－1
LOOP0： MOV DX,302H            ;指向 8255A 状态
LOOP1： IN AL,DX              ;查询发送中断请求 INTEA＝1?
        AND AL,08H             ;PC3＝ INTEA＝1?
        JZ LOOP1               ;若无中断请求则等待
        MOV DX,300H            ;有请求向 A 口发送数据
        MOV AL,ES:[BX]        ;从缓冲区取数据
        OUT DX,AL             ;通过 A 口送下一个数据
        INC BX                 ;缓冲区指针＋1
        LOOP LOOP0             ;字节未发送完,继续
        MOV AX,4C00H
        INT 21H               ;系统调用,返回 DOS
        ⋮
;B 机的接收程序段：
        ⋮
        MOV AX,0400H
        MOV ES,AX             ;设 B 机接收缓冲区段地址
        MOV BX,0              ;设 B 机接收缓冲区偏移地址
        MOV CX,3FFH           ;置接收字节计数器
;对 8255A 初始化
        MOV DX,303H           ;指向 8255A 控制字寄存器
        MOV AL,10011000B      ;设 A 口和 C 口高 4 位为方式 0 输入
                              ;C 口低 4 位为方式 0 输出
```

```
            OUT DX,AL
            MOV AL,00000001B      ;置 PC₀＝ACK＝1
            OUT DX,AL
LOOP0：     MOV DX,302H           ;指向 C 口
LOOP1：     IN AL,DX              ;查 A 机的OBF(PC₄)＝0?
            AND AL,10H            ;即查 A 机是否发来数据
            JNZ LOOP1             ;若未发来数据,则等待
            MOV DX,300H           ;发来数据,则从 A 口读数据
            IN AL,DX
            MOV ES:[BX],AL        ;存入接收缓冲区
            MOV DX,303H           ;产生ACK信号,并发回 A 机
            MOV AL,0              ;PC₀ 置"0"
            OUT DX,AL
            NOP                   ;ACK负脉冲宽度
            NOP
            MOV AL,01H            ;PC₀ 置"1"
            OUT DX,AL
            INC BX                ;缓冲区指针＋1
            DEC CX                ;计数器－1,不为 0,继续
            MOV AX,4C00H
            INT 21H               ;系统调用,返回 DOS
            ⋮
```

8.3 串行通信接口

在计算机领域内,数据传输方式有两种:并行传输和串行传输。串行传输又称串行通信。随着计算机网络化的发展,通信功能越来越重要。这里通信是指计算机与外界的一种信息传输,既包括计算机之间的信息传输,也包括计算机与外部设备之间的信息传输。

一般来说,串行通信有以下特点:

- 由于在一根传输线上既传输数据信息又传送控制联络信息,这就需要串行通信中的一系列约定,由此来识别在一根线上传送的信息流中,哪一部分是联络信号,哪一部分是数据信号;
- 串行通信的信息格式有异步和同步信息格式,与此对应,有异步串行通信和同步串行通信两种方式;
- 由于串行通信中的信息逻辑定义与 TTL 不兼容,故需要逻辑电平转换;
- 为降低通信线路的成本和简化通信设备,可以利用现有的信道(如电话信道等),配备以适当的通信接口,便可以在任何两点实现串行通信。

8.3.1 串行通信的基本概念

(1)串行通信的同步方式

由于串行通信采用的是:在发送端将数据由并行转换成串行后传送;在接收端再将串行数据转换成并行数据的传送方式。因此,发送端与接收端的工作必须同步。否则,可能会出现甲字符被串行传送后,在接收时其中一部分被装配到乙字符之中的现象。

串行通信中,常用的同步方式有两种:同步通信方式与异步通信方式。

① 同步通信

同步通信方式是将要传送的字符顺序连接起来,构成一个数据块。在每个数据块开始时使用同步字符,以使发送端与接收端双方取得同步,如图 8.22 所示。

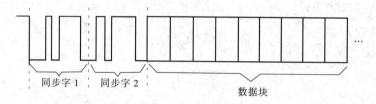

同步字 1　　同步字 2　　　　　　　　数据块

图 8.22　同步通信格式

图中,同步字符(SYN)的格式与数量可以根据需要而确定。同步字符可以使用一个特殊的 8 位二进制码(即单同步字符),亦可使用两个连续的 8 位的二进制码(双同步字符)。在进行同步通信时,接收端通过识别同步字符来确定数据字符的起始界限,即接收端只有在得到同步字符之后,才能开始组装数据。

同步通信具有以下特点:

- 以同步通信字符为传送的开始;
- 每个数据位占用相等的时间;
- 字符之间无间隔时间,当通信线路空闲或无字符发送时,发送同步字符来填充。

同步通信方式可以实现较高的信息传输速率。在传输信息量大、传输速率要求较高的场合,通常需要采用同步通信方式。

② 异步通信方式

异步通信方式要求在每一需要传输信息的数据位前加一个起始位,表示字符的开始;在信息数据位的后面加一个或多个停止位,表示字符的结束。这样,由起始位、信息数据位和停止位构成一个传输单位,称为一帧信息,如图 8.23 所示。

图中,起始位的逻辑值为"0"(空号),占用 1 位(bit),字符采用 7 位编码的 ASCII码,第 8 位为奇/偶校验位,停止位的逻辑值为"1"(传号),占 1~2 位。这样,一个传输字符将由 10 或 11 位构成。传送时,从低位到高位顺序传送。字符经如此处理后,便能一个接一个地串行传送出去了。

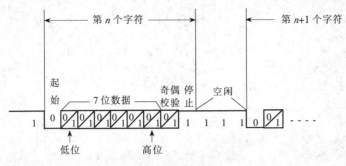

图 8.23 异步通信格式

起始位的作用是通知接收端字符已开始传送。当接收端收到起始位后,就开始装配一个字符。故此,起始位可以使接收端与发送端同步工作。

停止位的作用是保证下一个字符的起始位在通信线路上能被识别。这是因为异步通信在通信线路空闲时是处于传号状态(逻辑"1"),而传送时,每一字符都是以空号(逻辑"0")开始的缘故。

异步通信中,在两个被传送的字符之间,其间隔的时间是不固定的(间隔时间是由停止位填充的)。当然,间隔时间也不能任意长,否则,接收端将作超时故障处理。

异步通信具有如下特点:

- 每一字符前冠一起始位,表示字符的开始;在字符之后,缀有 1～2 个停止位,表示该字符的结束;
- 每一字符内部的每一位占有相同的固定时间;
- 字符间的间隔是不固定的,可用停止位填充空闲时间。

异步通信在每传送一个字符时都要附加一些信息,这些信息占用了相当多的传输时间,故异步通信的信息传输速率比同步通信低,一般适用于传输速率较慢的通信场合。

(2)信号的调制与解调

在计算机系统中,主机与外设之间所传送的是用二进制"0"和"1"表示的数字信号。数字信号的传送要求占用很宽的频带,且还具有相当大的直流成分,因此数字信号仅适于在短距离的专用传输线上传送。

在进行远距离数据传输时,一般是利用电话线作通信线路。由于电话线不具备数字信号所需的频带宽度,如果数字信号直接用电话线传输,则信号将会出现畸变,致使接收端无法从发生畸变的数字信号中识别出原来的信息。

因此,在使用电话线传送数字信号时,必须避免信号发生畸变。为此需要在发端将数字信号转换为模拟信号进行传输,而在接收端再将其转换为数字信号。实际应用中,是将数字信号调制成音频信号后再加以传输,接收时再进行解调使其还原成数字信号。调制、解调的功能称为调制解调器的设备担任。调制与解调在数据传输中的作用如图 8.24 所示。

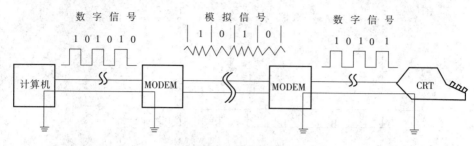

图 8.24 调制与解调的过程示意

为使不同频率的数字波形转换成在电话线上传输而不受影响的模拟波形,显然正弦波是最理想的。因为任何一个正弦波形都具有三个特性(即幅度、频率和相位),故有 3 种对应的信号调制技术和调制解调器,如幅移键控(ASK)、频移键控(FSK)和相移键控(PSK)。数字波形与三种调制载波的示意图如图 8.25 所示。

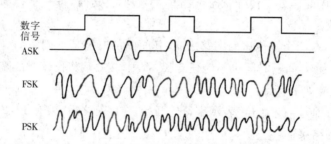

图 8.25 数字信号与常用的调制载波

(3) 线路传输方式

通过通信线路,可以将数据从一个地方传送到另一个地方。数据所在的通信线路的两端可作为两个工作站,即 A 站和 B 站。发送数据的一端称为发送端,接收数据的一端称为接收端。当 A 站作为发送端时,B 站则作为接收端;反之亦然。

按照通信方式的要求,数据传输线路可分为:单工、半双工和全双工方式。

① 单工方式

这种方式允许数据按照一个固定方向传送。通信线路的两端,一端只能为发送站,另一端只能为接收站,即只有 A 站发送到 B 站,如图 8.26(a) 所示。

② 半双工方式

这种方式只允许数据从 A 站传送到 B 站,也可以从 B 站传送到 A 站。但是每次只能有一个站发送,而不能允许 A 站和 B 站同时发送,如图 8.26(b) 所示。

③ 全双工方式

这种方式允许通信线路的两端可以同时发送和接收数据。全双工方式相当于将两个方向相反的单工方式组合在一起,使两个工作站能够同时发送和接收,数据可以同时在两根不同的传输线上向两个方向传送,如图 8.26(c) 所示。

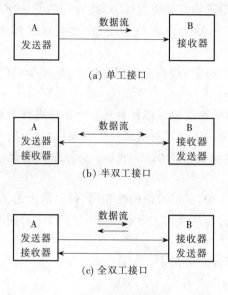

图 8.26　单工、半双工、全双工连通

（4）数据的传输速率

数据传输速率指在单位时间内传输的信息量,可用比特率（bit/s）和波特率来表示。比特率是每秒传送的二进制位数,波特率是每秒传送的离散状态的数量（每秒传送的信息位数量）。当采用调幅标准时,任何一个时刻,只能出现两种状态中的一种,则比特率和波特率是一致的。由于计算机接口只能输入或输出"1"和"0",所以,比特率和波特率的单位是完全一样的。但有些通信链路,允许在给定的时刻出现四种状态或更多状态中的一种。例如,一个相位调制信号,每一时刻可处于四种相位中的一种,每个相位代表 2 位（bit）,在这种情况下,比特率就是波特率的 2 倍了。

计算机通信中常用的波特率是:110,300,600,1 200,1 800,2 400,4 800,9 600 和 19 200 波特。通信时,是根据传送的波特率来确定发送和接收的时钟频率。时钟频率和波特率有如下关系:

$$时钟频率 = N \times 波特率$$

其中,N 可以为 1,16,32 或 64。

（5）数据的检验

数据通信系统的基本任务是实现高效率、无差错的数据传送。但在任何一条远距离通信线路中,都不可避免地会出现一定程度的噪声干扰而使数据传送出现差错。因此,对传送的数据进行校验是数字通信中必不可少的重要环节。

常用的校验方法有奇偶校验法。

奇偶校验是一种最简单的检错方法。发送数据时,在每一字符的信息位后都附加一个校验位,使整个字符（包括校验位）中 1（或 0）的个数成为奇数或偶数。

若使字符中 1 的个数为奇数,称为奇校验;反之,则称为偶校验。这种规定又称为校验的奇偶性。

在接收端,按照发送端所确定的奇偶性,对接收到的每一字符进行校验,符合奇偶校验规定则为传送正确;否则,则为奇偶校验出错,此时接收端将向 CPU 发出出错处理的请求。

遵照 CCITT 的建议,在同步通信中采用奇校验;在异步通信中,采用偶校验。

① 垂直奇偶校验(VRC)

垂直奇偶校验又称为字符校验。即针对每一个字符进行个别的校验。这种方法十分简单,只需在每一个被传送的字符之后增加一个校验位,其值的确定是以达到使整个编码中 1 的个数成为偶数(偶校验)或奇数(奇校验)为原则。因此,经此处理后,被传送的字符便具有确定的奇偶性了。

显然,在发送端和接收端,字符的奇偶性相同,则表示传送无差错;反之,则有差错。

当然,这种校验方式的查错能力十分有限,因为字符中若同时出现两个位均发生错误时,该字符的奇偶性是不会改变的。

垂直奇偶校验常用于异步通信中。

② 纵向奇偶校验(LRC)

纵向奇偶校验是针对一批字符的。即在传送完一批字符后,另外增加一个校验字符(称为块校验字符(BCC))。BCC 中各位值的确定,以达到使这一批字符(含 BCC)中的每一位 1 的个数成为偶数或奇数为准。

例如,将 6 个字符视为一批,然后在其后另加一个 BCC 字符,以使纵向奇偶性为"奇"。其安排如下所示:

字符代码	奇偶位	
1001100	0	
1000001	1	
1010010	0	
1000010	1	
1001000	1	
1010000	1	
1111010	1	检验字符

(6) 循环冗余码(CRC)检验

循环冗余码是利用编码原理,对传送的二进制码序列,按照一定的规则产生一定的校验码,并将校验码放在二进制码之后,形成符合一定规则的新的二进制码序列(称编码),并将新的二进制码序列发送出去。在接收时,就根据信息和校验码之间所符合的规则进行检测(称译码),从而测出传输过程中是否发生差错。CRC 校验是对整个数据块校验一次,所以同步串行通信都可以采用 CRC 校验。

我们知道,任何一个 n 位长的二进制数,都可以用一个 $(n-1)$ 次多项式表示。例如,二进制数 11000011 可表示成:

$$B(X) = 1 \cdot X^7 + 1 \cdot X^6 + 0 \cdot X^5 + 0 \cdot X^4 + 0 \cdot X^3 + 0 \cdot X^2 + 1 \cdot X^1 + 1 \cdot X^0$$

$$= X^7 + X^6 + X + 1$$

循环冗余码由 K 位信息码加上 Y 位校验码构成,如图 8.27 所示。在图中,信息码为

K 位,校验码为 $Y=(n-K)$ 位,这种码也被称为 (n,K) 码。其中信息码的长度可根据需要而设定,校验码的位数决定了这种校验方式的检错能力。一般校验码的位数越多,校验能力就越强。目前常用的校验码有 12 位、16 位和 32 位等。

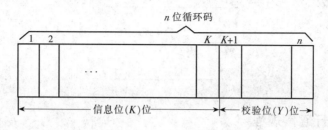

图 8.27 循环冗余码格式

循环冗余码的校验原理是:在发送端用信息码除以一个二进制常数(此常数称为生成多项式,采用的除法是模 2 的多项式除法)。相除的结果产生一个商数和一个余数,将余数随信息码之后发往信道。在接收端接收信息时,用同样的方法产生一个余数,然后与送来的余数进行比较。若两者相同,则传送正确;反之,则传送有错,请求发端重发。这样便可保证数据传输的正确性。

每一个循环冗余码都可采用不同的生成多项式,校验码中的每一位便是由生成多项式产生的。目前广泛使用的生成多项式主要有如下几个。

• 国际电报电话咨询委员会(CCITT)推荐的生成多项式 CRC-CCITT:
$$G(X)=X^{16}+X^{12}+X^5+1$$

• 8 单位同步编码系统用的生成多项式 CRC-16:
$$G(X)=X^{16}+X^{15}+X^2+1$$

• 6 单位同步编码系统用的生成多项式 CRC-12:
$$G(X)=X^{12}+X^{11}+X^3+X^2+1$$

• 局域网用的生成多项式 CRC-32:
$$G(X)=X^{31}+X^{26}+X^{23}+X^{22}+X^{16}+X^{11}+X^{10}+X^8+X^7+X^5+X^4+X+1$$

现通过一简例来说明循环冗余码校验的过程。

设生成多项式为 $G(X)=X^4+X^3+X^2+1$;要发送的信息为 101(可写成多项式 $B(X)=X^2+1$)。由于要附加 4 个校验位,因此需将 $B(X)$ 中的每一位左移 4 位,即提高四阶,为 $X^4 \cdot B(X)=X^6+X^4$。

现在进行模 2 多项式除。即:模 2 除的余数 $R(X)=X+1$;因此,整个编码多项式 $V(X)=X^6+X^4+X+1$,循环冗余码 $Y=(1010011)$。

$$X^4+X^3+X^2+1 \overline{\smash{\big)}\,X^6+X^4} \quad\quad\quad (商式)\ X^2+X+1$$

$$
\begin{array}{r}
X^6+X^5+X^4+X^2 \\ \hline
X^5+X^2 \\
X^5+X^4+X^3+X \\ \hline
X^4+X^3+X^2+X \\
X^4+X^3+X^2+1 \\ \hline
X+1 \quad\quad (余式)
\end{array}
$$

8.3.2 串行通信规程

为了使数据通信能圆满地进行,在对数据传输控制和差错检测等项工作中,需要对通信双方如何交换信息,建立一些彼此都应遵守的规定和过程。属于数据通信范畴的这种规定和过程称为传输控制规程,也称为数据通信控制规程(通信规程)。

传输控制规程一般包括数据编码、数据传输速度、通信控制字符的定义、同步方式、传输控制步骤、信息格式以及差错控制等。

目前采用的控制规程有两大类:异步通信规程和同步通信规程。

1. 异步通信规程 TTY

由于异步通信传送数据不是以连续的位流发送,而是把同步脉冲位加到要发送的每一个字符中来发送。因此对发送器和接收器的时钟脉冲之间的精度要求不是太高,允许有一定的误差。所以,异步通信规程较为简单。

(1) PC 中采用的异步通信规程为 TTY。

其内容如下:

① 它用起始位和停止位界定一字符,使之成为帧,该起始位和停止位同时也是同步信号。

② 起始位定为"0"并占 1 位。

③ 字符应采用 7 位 ASCII 码、1 位奇偶校验位。

④ 停止位为"1",可以是 1 位、1.5 位或 2 位(由软件选择确定)。

PC 中的异步通信接口卡,采用的便是 TTY 通信规程。

(2) 异步通信的一帧传输经历步骤:

① 无传输

发送方连续发送传号,处于信息 1 状态,表明通信双方无数据传输。

② 开始传输

发送方在任何时刻将传号变为空号(由 1 变为 0),并持续 1 位时间表明数据开始传输。与此同时,接收方收到空号后,开始与发送方同步,并期望收到随后的数据。

③ 数据传输

数据位的长度可由双方事先确定,可选择 5~8 位。数据传输规定最低位在前,最高位在后。

④ 奇偶校验

数据传输之后是可供选择的奇偶校验位发送和接收。奇偶位的状态取决于选择的奇偶校验类型。如果选择奇校验,则该字符数据中为 1 的位数与校验位相加,结果应为奇数。

⑤ 停止传输

在奇偶位(选择有奇偶校验)或数据位(选择无奇偶校验)之后发送或接收的停止位,其状态恒为 1。停止位的长度可在 1,1.5 或 2 位三者中选择。

由以上分析可知,在发送方发送一帧字符后,可以用下面两种方式发送下一帧字符:

(a) 连续发送

即在上一帧停止位之后立即发送下一帧的起始位。

(b) 随机发送

即在上一帧停止位之后仍然保持传号状态,直至开始发送下一帧时再变成空号。例如,我们选择数据位长度为 7 位,选择奇校验,停止位为 1 位,采用连续发送方式,则传送一个字符的 ASCII 码的波形如图 8.28 所示。传送时数据的低位在前,高位在后。

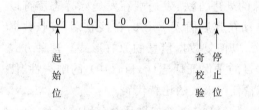

起始位　奇校验位　停止位

图 8.28　字符 E(45H)的传送波形

(3) 异步传输的错误检测

由于线路或程序出错等原因,使得通信过程中经常产生传送错误。因为异步通信的实质是字符的发送是随机的,接收方通常可检测到以下一些错误。

① 奇偶错

在通信线路上因噪声干扰而使某些数据位的改变,会引起奇偶检验错。一般接收方检测到奇偶错时,则要求发送方重新发送。

② 超越错

在上一个字符还未被处理器读出之前,本次又接受到一个字符,会引起超越错。如果处理器周期检测"接收数据就绪"的速率小于串行接口从通信线上接收字符的速率,就会引起超越错。通常,接收方检测到超越错时,可提高处理器周期检测的速率或者接收和发送双方重新修改数据的传输速率。超越错也称为溢出错。

③ 帧格式错

若接收方在停止位的位置上检测到一个空号(信息 0),会引起一个帧格式错。一般来说,帧格式错的原因较复杂,可能是双方协议的数据格式不匹配、线路噪声改变了停止位的状态、因时钟不匹配或不能按照协议装配成一个完整的字符帧等。通常,当接收方检测到一个帧格式错时,应按各种可能性作相应的处理,例如要求重发等。

2. 同步通信规程 SDLC/HDLC

由于同步通信是连续传送数据,因此其规程也比异步通信复杂得多,同步通信规程又可分为面向字符型和面向比特型两大类。面向字符型是指其数据传输单位是以字符(8比特编码信息)为基础的;而面向比特型是以一串比特流为信息传输单位的。

在面向比特型控制规程中,有两个最具代表性的规程,它们是 IBM 的同步数据链路控制规程(SDLC)和 ISO 的高级数据链路控制规程(HDLC)。下面简要介绍一下 SDLC 和 HDLC 的有关内容。

(1) 标志字符

在按比特传输中,帧是传输的基本单位。标志字符的作用是提供每一帧的边界,接收端用每一个标志字符来建立帧同步。

在 SDLC/HDLC 规程中规定所有信息的传输必须以一个标志字符作为开始,并以同一个标志字符作为结束。标志字符格式为"01111110"。以此标志字符为开始,而同样以此标志字符为结束构成的一个完整的信息组,就是一帧。

(2) 0 比特插入/删除

若在被传输的数据信息中有"01111110"字符时,为避免接收端识别时将此信息与标志字符混淆,SDLC/HDLC 采用这样一种特殊的处理方法:发送端在发送除标志字符以外的所有信息时,只要遇到连续有 5 个 1,就自动在其后插入 1 个 0;在接收端,接收数据时如连续收到 5 个 1,就自动删除其后的 1 个 0,以恢复数据信息的原有形式。这种方式称为 0 比特插入/删除技术。采用这种方法的目的是保证标志(01111110)的唯一性,使 SDLC/HDLC 具有较高的传输透明性,可以传输任何形式的比特代码。

按规程规定,采用 0 比特插入/删除技术时,插入的 0 不参加循环冗余码的校验。

(3) 帧结构

数据传输时,所有的帧都使用一种标准的帧格式:每一帧包含标准链路控制信息和数据。标准链路控制信息除开始位置和结束位置有标志字符外,还有地址段、控制段和帧校验段等,图 8.29 为 HDLC 的帧格式。

图 8.29 HDLC 的帧格式

① 地址段和控制段

地址段实际上是一个地址值。按规定该地址值描述的是接收信息一端的地址,有时也可是发送信息一端的地址。

控制段是信息传输时为指示某些动作而使用的。这些动作有:信息传送、监视命令/响应、无顺序/响应。

SDLC 规定地址段和控制段均为 8 位宽。

HDLC 规定地址段可为任意长,控制段可为 8 位宽或 16 位宽。

在接收端,要检查每一地址字节的第一位,若为 0,则后续仍为地址字节,否则该字节是最后一个地址字节。同样,若控制段字节的第一位为 0,则后续仍为控制字节,否则该字节是最后一个控制字节(即只有 8 位控制字节)。

在 SDLC/HDLC 中所有段的传送都是由最低有效位开始的。

② 信息段

信息段跟随在控制段之后,其中包含所有要传输的数据信息。在规程中对信息段的长度没有限制,可以从 0 到存储器所能处理的最大位数。在具体实现时,一般规定其长度应为 8 bit 的整数倍。

③ 帧校验段

在每帧中帧校验段紧跟在信息段之后,帧校验段共 16 位长,也可称其为校验序列。差错校验采用对整个帧的内容作循环冗余校验的方式。

(4) SDLC/HDLC 网络

所谓 SDLC/HDLC 网络是由在公共通信链路上的一个主站和一个或多个次站所组成的通信网,其控制规程则基于主站与次站之间数据交换的概念。主站的责任是进行数据传送的组织及差错处理的控制。次站的责任是执行主站指示的操作。主站与次站之间可进行通信,次站与次站之间则不能直接通信。主站与次站的分配是固定的,一经确定,不能动态改变,而成为永久性的关系。主站与次站之间存在的是一种发布命令与响应命令的关系,如图 8.30 所示。

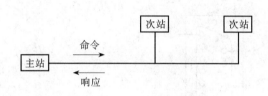

图 8.30 主次站之间的命令与响应

在通信网络中,主站传输的每一帧中的地址段,一定是次站的地址,主站通过地址段来确定与多个次站之中的某一个站进行通信。

SDLC/HDLC 网络可采用"点到点""多点"与"环形"等方式进行通信,它们分别示于图 8.31(a),(b),(c) 中。

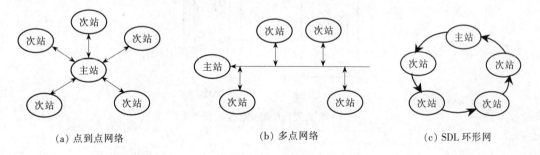

(a) 点到点网络　　　(b) 多点网络　　　(c) SDL 环形网

图 8.31 SDLC/HDLC 网络形式

(5) SDLC/HDLC 异常结束字符

SDLC/HDLC 规定,在发送过程中出现故障时,可以使用一个异常结束字符,表示本帧传送失败。

SDLC 规程中,以 8 个连续的 1 作为异常结束字符。HDLC 规程中,以 7 个连续的 1 作为异常结束字符。

在 SDLC/HDLC 规程中规定,在一帧之内不允许出现数据间隔。在帧与帧的空载期间,发送端可以连续输出标志字符。

8.3.3　串行通信接口连接标准

一般的集成串行发送器、接收器的输出信号(如 MCS51 的 TXD 线)适合远距离传输。在早期,人们为借助电话网进行远距离数据传送而设计制造了调制解调器(MODEM),为此就需要有关数据终端(如计算机)与 MODEM 之间的接口标准,EIA RS-232C 标准在当时就是为此目的而产生的。目前 RS-232C 已成为数据终端设备 DTE(如微机)与数据通信设备 DCE(如 MODEM)的接口标准,而且这个标准已集成到 PC 中。所以不仅在远距离通信,就是两台计算机近距离串行连接也需遵循 RS-232C 接口标准。

(1)接口的机械特性

EIA RS-232C(EIA 为美国电子工业协会缩写,RS 意思为推荐标准,232 是一个标识代码,字母 C 表示该标准已被修改的次数)规定了一个 25 脚针状的连接器来连接 DTE 和 DCE,插头一侧为 DTE,另一侧为 DCE。连接器的外形如图 8.32 所示,它在 25 条交换线路中,实际只用了 21 个引脚。它们分别用一指定的电路来命名,并且对各引脚皆给一序号作为标识。各个引脚的序号、符号及信号名称如表 8.6 所示。

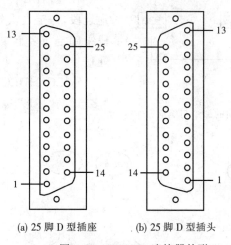

(a) 25 脚 D 型插座　　(b) 25 脚 D 型插头

图 8.32　RS-232C 连接器外形

表 8.6　RS-232C 引脚信号

引　脚	电　路	方　　向	名　　称
1	AA		保护地
2	BA	终端到 MODEM	发送数据(TXD)
3	BB	MODEM 到终端	接收数据(RXD)
4	CA	终端到 MODEM	请求发送(RTS)
5	CB	MODEM 到终端	清除发送(CTS)
6	CC	MODEM 到终端	数据设备就绪(DSR)

续 表

引 脚	电 路	方 向	名 称
7	AB		信号地(GND)
8	CF	MODEM 到终端	载波检测(DCD)
9	—		保留用于测试
10	—		保留用于测试
11	—		未 定 义
12	SCF	MODEM 到终端	反向信道载波检测
13	SCB	MODEM 到终端	反向信道清除检测
14	SBA	终端到 MODEM	反向信道发送数据
15	DA	MODEM 到终端	发送定时
16	SBB	MODEM 到终端	反向信道接收数据
17	DD	MODEM 到终端	接 收 定 时
18	—		未 定 义
19	SCA	终端到 MODEM	反向信道请求发送
20	CD	终端到 MODEM	数据终端就绪(DTR)
21	C	MODEM 到终端	信号质量检测
22	CE	MODEM 到终端	振零指示(RI)
23	CH CI	终端到 MODEM 或 MODEM 到终端	数据速率选择
24	DA	终端到 MODEM	外部发送定时
25	—		未 定 义

（2）交换线路和引脚功能

RS-232C 标准规定有 25 条交换线路,在计算机与调制解调器的连接中通常仅使用其中 9 条信号线,它们是 DTE 与 DCE 之间的传输信号。按照规定,信号名称是以 DTE 为基准而描述的。再者,对同一信号线,DTE 一侧为输出,DCE 一侧为输入。下面对它们作一简要说明。

常用的 9 个引脚分两类:一类是基本的数据传送引脚,另一类是用于调制解调器的控制和反应它的状态的引脚。

① 基本的数据传送引脚

TXD,RXD,GND(2,3,7 号引脚)是基本数据传送引脚。

- TXD 为数据发送引脚。数据传送时,发送数据由该引脚发出,送上通信线路,在不传送数据时,异步串行通信接口维持该引脚为逻辑"1"。
- RXD 为数据接收引脚。来自通信线路的数据信息由该引脚进入接收设备。
- GND 为信号地。该引脚为所有电路提供参考电位。

② MODEM 的控制和状态引脚

从计算机通过 RS-232C 接口送给 MODEM 的控制引脚有 DTR 和 RTS。

- DTR 为数据终端准备完毕引脚。用于通知 MODEM,计算机准备好了,可以通信了。
- RTS 为请求发送引脚。用于通知 MODEM,计算机请求发送数据。

从 MODEM 通过 RS-232C 接口送给计算机的状态信息引脚有 DSR,CTS,DCD 和 RI。

- DSR 为数据通信设备准备就绪引脚。用于通知计算机,MODEM 准备好了。
- CTS 为允许发送引脚。用于通知计算机,MODEM 可以接收数据了。
- DCD 为数据载波检测引脚。用于通知计算机,MODEM 与电话线另一端的 MODEM 已经建立了联系。
- RI 为振铃信号指示引脚。用于通知计算机,有来自电话网的信号。

(3) 电信号特性

RS-232C 标准定义的电信号特性主要有以下几个方面。

① 信号的逻辑电平

RS-232C 标准规定的逻辑电平如表 8.7 所示。

表 8.7 RS-232C 的逻辑电平

方　向	电　压　幅　值	数据信号状态	
输　出	$+5\,V<U_H<+15\,V$ $-15\,V<U_L<-5\,V$	空号(逻辑"0") 传号(逻辑"1")	接通(逻辑"1") 断开(逻辑"0")
输　入	$+3\,V<U_H<+15\,V$ $-15\,V<U_L<-3\,V$	空号(逻辑"0") 传号(逻辑"1")	接通(逻辑"1") 断开(逻辑"0")

由表 8.7 可知,RS-232C 的逻辑电平是电压幅值和信号极性共同描述的,实际上是定义了两个输入信号的逻辑电平和两个输出信号的逻辑电平。

② 信号电平的转换

从表 8.7 可以看出,RS-232C 与 TTL 和 MOS 的逻辑电平完全不同,对于数据信号,该标准规定"1"的逻辑电平为$-3\sim-15\,V$,"0"的逻辑电平为$+3\sim+15\,V$。高于$+15\,V$ 或低于$-15\,V$ 的电压认为无意义,同时介于$+3\sim-3\,V$ 之间的电压也无意义。这种逻辑电平简称为 EIA 电平。

显然,EIA 电平不能直接用于计算机内部电路,为此,必须进行 EIA 电平与 TTL 电平的转换。完成此项电平转换的器件称为 EIA 线路驱动器和 EIA 线路接收器。前者可实现 TTL 电平到 EIA 电平的转换,以供 DTE 输出信号使用,其常用芯片有 SN75150,MC1488 等。EIA 线路接收器用于实现 EIA 电平到 TTL 电平的转换,以供 DTE 接收信号使用,其常用芯片有 SN74154,MC1489 等。图 8.33 为常用的计算机内部异步输入/输出电路,通过电平转换芯片与 RS-232C 相连接的示意图(RS-232C 代表 DCE)。

(4) RS-232C 的连接方式

① 与微机的接口信号

RS-232C 与微型计算机的接口主要是用软件实现的。例如,微型计算机需要串行输入一个字符,首先在发出数据终端就绪(DTR)信号,然后,待检测到数据设备就绪(DSR)有效时,串行口才能读取数据。如果微型计算机需要串行输出一个字符,首先要发出请求发送(RTS)和数据终端就绪信号,待测试到清除发送(CTS)和数据设备就绪有效时,才向串行口发送数据。

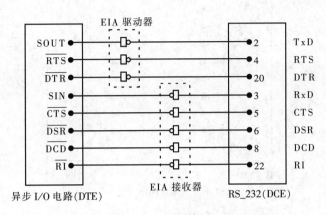

图 8.33 RS_232C 逻辑电平转换示意图

② 终端与计算机通信的互连方式

计算机和终端、计算机和计算机之间的互相通信是经常需要的。不经过调制解调器,计算机和计算机的互连也称空调制解调器连接。一般距离小于 50 英尺(即 15.24 米),不需要使用 MODEM,两个 RS-232C 接口就可以直接互连。图 8.34 示出一种互连方式。很明显,为了交换信息,TXD 和 RXD 应当交叉连接。图中 RTS,CTS 和 DCD 互接,这是用请求发送 RTS 信号来产生清除发送 CTS 和载波检测 DCD 信号,以满足全双工通信的控制逻辑。用类似的方式可将 DTR,DSR 和 RI 互连,用数据终端准备好来产生数据装置准备好和振铃指示,以满足 RS-232C 通信控制逻辑的要求。

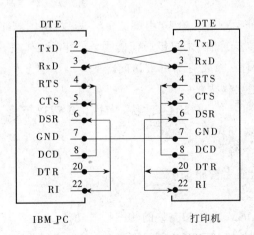

图 8.34 零 MODEM 方式的简单接法

③ 与无 MODEM 设备的连接方式

图 8.35 是 PC 与串行打印机(一种无 MODEM 的设备)间采用单工传输方式下 RS-232C 接口的连接图。

当计算机与串行打印机连接时,由于打印机处理数据的速度远不及计算机发送数据的速度,因此需要设计一个内部缓冲区,以存放打印机新近收到的打印字符。

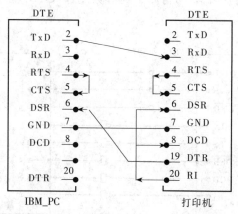

图 8.35　单工传输的 RS_232C 接口连接

在图 8.35 中的打印机一端,当 DTR 和 RTS 有效时,经自身的环路输入使 CTS,DSR 和 DCD 有效,表明打印机准备接收打印数据。当输入的打印数据已经装满缓冲区时,经反向信道请求发送(引脚 19)信号向计算机发出停止发送的信号,即 DSR 无效。从PC 一端看,只有当清除发送有效(由自身的 RTS 信号有效来保证)和数据设备就绪有效(由缓冲区未满握手信号来保证)同时成立时,才允许向打印机发送打印数据。

8.3.4　应用异步通信芯片 8250

1. 8250 的内部结构及引脚功能

(1) 8250 的特性

8250 是使用单一+5 V 电源的 40 引脚的 LSI 芯片,由国家半导体公司在 1978 年首先推出的专用于支持异步通信(无同步通信能力) 的串行接口芯片。它的突出优点是可编程能力非常强,内部有 9 个寄存器可被访问。

它的可编程能力主要体现在:

① 传输速率可在 50~9 600 bit/s(波特) 范围内编程选择。

② 传输的数据格式可选择:

• 5, 6,7 或 8 位字符;

• 奇校验、偶校验或无校验位;

• 1,1.5 或 2 位停止位。

③ 具有控制 MODEM 功能和完整的状态报告功能。

④ 具有线路隔离、故障模拟等内部诊断功能。

⑤ 具有独立的中断优先权控制能力。

另外,为解决异步通信中允许存在发收两端的时钟不精确同步问题,8250 具有双缓存能力。

（2）8250 的内部结构

8250 的内部结构如图 8.36 所示。

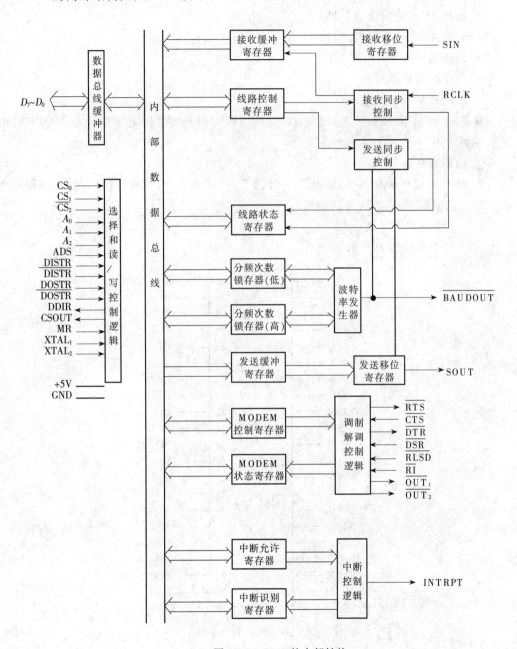

图 8.36　8250 的内部结构

① 数据总线缓冲器

这是一个 8 位寄存器,用于 CPU 与 8250 之间传送数据、控制字和状态信息。

② 读/写控制逻辑

这是 CPU 与 8250 之间的一个小接口,它的功能是:

- 使芯片 8250 复位；
- 使芯片 8250 被选中；
- 选择 8250 的内部寄存器；
- 对芯片 8250 进行读/写控制；
- 禁止数据传输；
- 发中断请求信号。

③ MODEM 控制逻辑

这是 8250 与 RS-232C 之间的小接口，用以匹配两者的逻辑电平以及对 MODEM 的某些控制作用。

④ 内部寄存器

由于 8250 是可编程器件，因此其中设置了一组（共 9 个）寄存器作为接收编程命令控制字或送出 8250 某些状态的端口。

（3）8250 的引脚功能

8250 的引脚功能如图 8.37 所示。

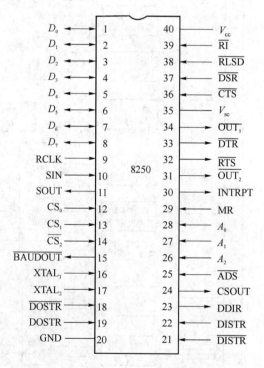

图 8.37　8250 的引脚图

8250 的引脚按其功能可分为三组：

① 输入信号引脚

- CS_0，CS_1，$\overline{CS_2}$（片选信号）

当 CS_0，CS_1 为高电平、$\overline{CS_2}$ 为低电平时，8250 芯片被选中。但只有在地址选通信号 $\overline{ADS}$ 有效将其锁存后，8250 才能够与 CPU 进行通信。

- $\overline{\text{ADS}}$（地址选通）

当$\overline{\text{ADS}}$为低电平时，可锁存片选信号和寄存器选择信号。

- DISTR，$\overline{\text{DISTR}}$（输入选通，这是两个引脚，分别为高电平有效、低电平有效）

当 DISTR 为高电平，或者$\overline{\text{DISTR}}$为低电平且该片 8250 被选中时，则可选择芯片中的某个寄存器，以使数据或控制写入成为可能。

- A_0，A_1，A_2（内部寄存器选择）

这三个信号与线路控制寄存器中的最高位 DLAB 配合，可在 8250 芯片的 10 个内部寄存器中选择其中的一个，进行读/写操作。具体的选择方法如表 8.8 所示。

表 8.8 8250 内部寄存器的选择

DLAB	A_2	A_1	A_0	内部寄存器
0	0	0	0	接收数据寄存器（读），发送保持寄存器（写）
0	0	0	1	中断允许寄存器
X	0	1	0	中断标识寄存器
X	0	1	1	线路控制寄存器
X	1	0	0	MODEM 控制寄存器
X	1	0	1	线路状态寄存器
X	1	1	0	MODEM 状态寄存器
X	1	1	1	不用
1	0	0	0	除数寄存器（LSD）
1	0	0	1	除数寄存器（MSD）

- MR（主复位信号）

该信号通常与 CPU 的总复位信号 RESET 连接。当其为高电平时，8250 芯片中除接收寄存器、发送保持寄存器和除数锁存器以外，其余寄存器与控制逻辑均被复位，同时对输出信号 SOUT，$\overline{\text{INTRPT}}$，$\overline{\text{OUT}_1}$，$\overline{\text{OUT}_2}$，RTS，DTR 等产生影响。

- RCLK（接收时钟）
- SIN（串行输入）

此信号用作外设、MODEM、数据设备发送的串行数据的接收端。

- $\overline{\text{CTS}}$（清除发送信号）

该信号用作调制解调器控制功能的输入。当 CPU 读 MODEM 状态寄存器时，可在其 D_4 位中获得此信号，D_0 位（DCTS）则用来指明上次读 MODEM 状态寄存器之后，$\overline{\text{CTS}}$信号有无状态改变。当 MODEM 状态中断被允许时，只要$\overline{\text{CTS}}$信号有改变，则立即产生中断。

- $\overline{\text{DSR}}$（数据装置准备好）

$\overline{\text{DSR}}$为低电平时，表示 MODEM 准备好与 8250 进行数据传输。该信号的状态可由 MODEM 状态寄存器的 D_5 位（DSR）检测出来，其 D_1 位则指明上次读 MODEM 状态寄存器之后，$\overline{\text{DSR}}$信号有无状态改变。若 MODEM 状态中断被允许，则只要$\overline{\text{DSR}}$信号有改变,就将引起中断。

• $\overline{RLSD}$(接收端线路信号检测)

$\overline{RLSD}$为低电平时,表示 MODEM 已检测出数据载波。该信号的状态可由 MODEM 状态寄存器的 D_7 位(RLSD) 检测出来,其 D_3 位则指明上次读 MODEM 状态寄存器之后,$\overline{RLSD}$信号有无状态改变。若 MODEM 状态中断被允许,只要$\overline{RLSD}$信号有改变,就将引起中断。

• $\overline{RI}$(振铃指示信号)

该信号为低电平时,表示 MODEM 已接收到一个电话响铃信号。$\overline{RI}$的状态可由读取 MODEM 状态寄存器的 D_6 位(RI) 检测出来,其 D_2 位则指明上次读 MODEM 状态寄存器之后,$\overline{RI}$信号有无状态改变。若 MODEM 状态中断被允许,$\overline{RI}$信号的改变,将引起中断。

• V_{cc}(电源)

接 $+5$ V。

• V_{sc}(参考地)

接 0 V。

② 输出信号引脚

• $\overline{DTR}$(数据终端准备好)

$\overline{DTR}$为低电平时,则通知 MODEM,8250 芯片准备通信。这时,可将 MODEM 控制寄存器 D_1 位(RTS) 置 1,使请求发送信号($\overline{RTS}$) 呈低电平;主复位(MR)有效(即 MR 为高电平)时,$\overline{RTS}$再被置为高电平。

• $\overline{RTS}$(请求发送信号)

$\overline{RTS}$为低电平时,则通知 MODEM,8250 芯片准备通信。将 MODEM 控制寄存器 D_0 位(DTR) 置 1 时,$\overline{RTS}$呈低电平;主复位(MR)有效时,$\overline{RTS}$置为高电平。

• $\overline{OUT_1}$(用户指定的输出端)

当 MODEM 控制寄存器的 D_2 位(OUT$_1$) 置 1 时,可使$\overline{OUT_1}$信号呈低电平;主复位($\overline{MR}$) 时,$\overline{OUT_1}$置为高电平。

• $\overline{OUT_2}$(用户指定的输出端)

当 MODEM 控制寄存器的 D_3 位(OUT$_2$) 置 1 时,可使$\overline{OUT_2}$信号呈低电平;主复位($\overline{MR}$) 时,$\overline{OUT_2}$置为高电平。

• CSOUT(片选输出信号)

在 8250 芯片已经被 CS$_0$,CS$_1$ 和$\overline{CS_2}$信号选中后,只有当 CSOUT 信号为高电平时,才能开始进行数据传送。

• DDIS(驱动器禁止信号)

当该信号为高电平时,禁止 CPU 和 8250 数据线上的收发动作。若要 CPU 从 8250 中读取数据,DDIS 信号应为低电平。

• $\overline{BAUDOUT}$(波特率输出信号)

这是为 8250 发送器提供的 16 倍时钟信号。其频率为主参考振荡率被波特率发生器的除数锁存器中的除数除后所得频率。若该信号的输出与 RCLK 引脚相连,则 BAUDOUT也可作为 8250 接收器的时钟信号。

* INTRPT(中断信号)

在 CPU 允许中断的条件下,接收器错误标志、接收数据送到、发送保持寄存器空、MODEM 状态等类型的中断信号为高电平时,使 INTRPT 呈高电平,即表示请求中断。当中断服务结束或主复位(MR)后,则 INTRPT 成为低电平而无效。

* SOUT(串行输出信号)

这是串行数据的输出端。在主复位(MR)后,SOUT 呈高电平。

③ 输入/输出信号引脚

* $D_0 \sim D_7$(8 位数据线)

这是 CPU 与 8250 进行双向通信的三态数据线,用以传送数据、控制字和状态信息。

* $XTAL_1$,$XTAL_2$(外部时钟输入/输出)

2. 8250 的内部寄存器

(1) 8250 的复位

有关 8250 复位的具体情况与影响示于表 8.9 中。

表 8.9 异步通信的复位

寄存器/信号	复 位 控 制	复位后状态
中断允许寄存器	MR	所有位为低电平
中断标识寄存器	MR	0 位为高,其余为低电平
线路控制寄存器	MR	所有位为低电平
MODEM 控制寄存器	MR	所有位为低电平
线路状态寄存器	MR	除 5,6 位外,其余为高电平
MODEM 状态寄存器	MR	$0 \sim 3$ 位为高,$4 \sim 7$ 位输入信号
SOUT	MR	高电平
INTRPT(线路状态错)	读中断标识寄存器,读线路状态寄存器/MR	高电平
INTRPT(发送保持器空)	读中断标识寄存器,写发送保持寄存器/MR	低电平
INTRPT(接收数据准备好)	读接收数据寄存器/MR	低电平
INTRPT($\overline{MODEM}$状态改变)	读 MODEM 状态寄存器/MR	低电平
$\overline{OUT_2}$,RTS,DTR	MR	低电平
$\overline{OUT_1}$	MR	高电平
		高电平

(2) 8250 的内部寄存器

① 线路控制寄存器(LCR)

线路控制寄存器的主要作用是指定异步通信的数据格式。该寄存器既可以写入,也可以读出。

LCR 各位的意义如图 8.38 所示。

- D_0，D_1：规定发送或接收的数据位数。
- D_2：规定发送或接收数据的停止位位数，它与 D_0，D_1 位所决定的数据位数配合，在发送时产生停止位数和在接收时检查停止位数。
- D_3：规定是否产生奇偶校验位(发送时)或检验奇偶校验位(接收时)。

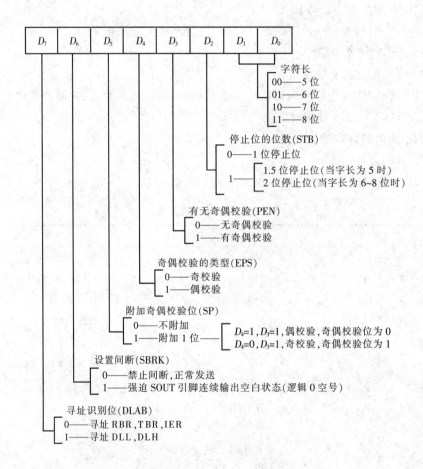

图 8.38　8250 LCR 的控制字格式

- D_4：规定奇偶校验的类型(此时 D_3 应为 1)。
- D_5：附加奇偶标志位选择位 SP(STICK PARITY)，当 PEN＝1(有奇偶校验)时，若 SP＝1，则说明在奇偶校验位和停止位之间插入了一个奇偶标志位。在这种情况下，若采用偶校验，则这个标志为逻辑 0，若采用奇校验，则这个标志位为"1"。选用这一附加位的作用是发送设备把采用何种奇偶校验方式也通过数据流通知接收设备。显然，当收发双方已约定奇偶校验方式下，就不需要这一附加位并使 SP＝0。
- D_6：设置间断或中止设定 SBRK(SET BREAK) 选择位，若 SBRK 位置 1，则发送端 SOUT 连续发送空号(逻辑"0"),当发空号的时间超过一个完整的数据字符传送时间时,接收端就视发送设备已中止发送。此时,可以让接收设备发出中断请求,由 CPU 进行中止处理。

② 线路状态寄存器(LSR)

线路状态寄存器的作用是向 CPU 提示有关数据传输的状态信息。CPU 不仅可以对 LSR 进行读出访问,还可以对其进行写入(除 D_6 外)操作。当系统进行自检时,可以利用对 LSR 的写入,人为设置错误来对各种状态进行诊断测试。

LSR 的各位的意义如图 8.39 所示。

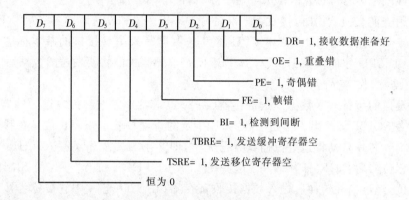

图 8.39 8250 LSR 的状态字格式

• D_0:接收器数据准备好指示位

当 $D_0=1$ 时,则表示接收器的数据寄存器已收到一个完整的数据,在 CPU 读取数据寄存器的数据时,该位立即变为 0;CPU 也可给该位直接写入 0。

• D_1:超越错误指示位

当 $D_1=1$ 时,表示接收器的数据寄存器中的数据还没有被 CPU 取走,而又有新的数据送来,致使前一数据被破坏。当 CPU 读取该寄存器后,D_1 位立即被复位($D_1=0$)。

• D_2:奇偶校验错指示位

当 $D_2=1$ 时,表示接收的数据的奇偶位值不同,因而出错。在 CPU 读该寄存器后,D_2 立即被复位($D_2=0$)。

• D_3:接收数据的停止位错指示位

当 $D_3=1$ 时,表示接收的数据没有正确的停止位,即在接收的数据位后停止位为 0 时(空状态),该位被置成 1。

• D_4:线路间断指示位

当 $D_4=1$ 时,表示接收到的数据,在大于一个完整的数据字持续时间内均为 0(空状态),实际上表示线路已间断。当 CPU 读取该寄存器时,该位被复位。

LSR 的 $D_1 \sim D_4$ 是接收过程的状态标志。若开放接收器线路的状态中断请求,一旦 D_0 置 1,就会产生接收数据中断请求。而当 $D_1 \sim D_4$ 中某一位为 1 时,就会产生一个接收出错中断请求。

• D_5:发送器缓冲寄存器空指示位

发送器缓冲寄存器的作用是保存将发送的数据。

当 $D_5 = 1$ 时,表示准备接收要求发送的数据或本次发送的数据已从缓冲寄存器送入发送移位寄存器中,缓冲寄存器已空。当接收发送的数据进入缓冲寄存器时,该位被复位。允许发送中断时,$D_5 = 1$,将产生一个发送中断请求。

- D_6:发送移位寄存器空指示位

当 $D_6 = 1$ 时,表示发送移位寄存器中无数据,当数据由缓冲寄存器移入移位寄存器时,该位被复位。

- D_7:恒为 0

CPU 和 8250 之间的数据传送可用中断法,也可用查询法。

当采用查询交换数据时,接收数据准备好 DR 状态位和发送缓冲器空 TBRE 状态位,是决定将接收数据读入 CPU 或由 CPU 将发送数据写入串行接口的基本标志位。即只有当 DR=1,CPU 才能读数据;只有当 TBRE=1,CPU 才能将要发送的数据写入接口。

③ 数据发、收寄存器

将欲发送的字符写入数据发送寄存器(在 8250 芯片中它被称为发送缓冲器 THR),然后移位由 SOUT 脚输出。起始位和 LCR 指定的奇偶校验位和停止位是在移位输出过程中,由 8250 芯片自动将这些位插入数据流中,即并不需要程序员写入 THR。THR 的内容送至移位器后 THR 变为"空"。这些使 LSR 的 THRE 置"1"。由 SIN 脚输入的串行数据位,经过串并转换后送入数据接收寄存器(在 8250 芯片中它被称为接收缓冲器 RBR)。同样,在接收过程中,由 8250 芯片校验起始位、停止位和奇偶校验位,然后将这些位从数据流中剔除,存入 RBR。接收缓冲器中已形成待读的字符时将使 LSR 的 DR 位置"1",指示接收缓冲器"满"。CPU 读取 RBR 使 DR 位复位。发送或接收都是一字节的低位在先,高位在后。

④ 分频次数锁存器

8250 内部具有可编程的波特率发生器电路。该发生器接收由 $XTAL_1$ 引脚送来的频率为 1.843 2 MHz 的基准时钟,进行 1~65 535 次分频后,由 $\overline{BAUDOUT}$ 引脚送出频率=16×波特率的时钟,这个时钟还从 8250 内部直接提供给发送器作为发送时钟。在 8250 初始化时,必须根据传送数据的波特率计算出分频次数,然后将分频次数写入分频次数锁存器。分频次数锁存器是 16 位的,即有低 8 位 DLL 和高 8 位 DLH 两个锁存器。

分频次数可以按如下公式计算:

$$分频次数 = 1.843\,2\,\text{MHz}/(16 \times 波特率)$$

若给出波特率后,就可以计算出对应的分频次数值。

PC/XT 异步通信适配器的 8250 芯片输入的基准时钟频率为 1.843 2 MHz,虽然波特率可在 50~9 600 bit/s 范围内任选;但 ROM-BIOS 中的异步通信 I/O 功能程序只使用 110~960 0 bit/s 的 8 个波特率值。其波特率和相应除数值如表 8.10 所示。这些除数值以定义字的形式固化在由 FE729H 为始地址的 16 个 ROM 单元中。

⑤ MODEM 控制寄存器(MCR)

MODEM 控制寄存器是 8 位的寄存器,其格式如图 8.40 所示。

- D_0:向 MODEM 指出异步通信控制器(8250)是否已准备好。规定为:

$D_0 = 1$，已准备好，即 8250 的 DTR 有效；

表 8.10 波特率和除数对照表

除 数		波特率/(bit·s⁻¹)
十进制数	十六进制数	
1047	417H	110
768	300H	150
384	180H	300
192	0C0H	600
96	060H	1 200
48	030H	2 400
24	018H	4 800
12	00CH	9 600

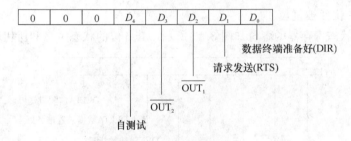

图 8.40 8250 MCR 的格式

$D_0 = 0$，8250 的 DTR 呈高电平，数据终端未准备好。

- D_1：控制请求发送信号。规定为：

  $D_1 = 1$，请求发送，即 8250 的 RTS 有效；

  $D_1 = 0$，无请求，即此时 8250 的 RTS 为高电平。

- D_2：8250 芯片的 $\overline{OUT_1}$ 引脚控制位。规定为：

  $D_2 = 1$，使 $\overline{OUT_1}$ 引脚呈低电平；

  $D_2 = 0$，使 $\overline{OUT_1}$ 引脚呈高电平。

- D_3：8250 芯片的 $\overline{OUT_2}$ 引脚控制位。规定为：

  $D_3 = 1$，使 $\overline{OUT_2}$ 脚呈低电平；

  $D_3 = 0$，使 $\overline{OUT_2}$ 脚呈高电平。

- D_4：8250 的自测试位。

当设置 $D_4 = 1$ 时，8250 工作于循环回送状态。这时，发送移位寄存器的输出，直接送到接收移位寄存器的输入，8250 的 SIN 输入引脚被断开，而 SOUT 输出为高电平。4 根输入信号引脚 $\overline{CTS}$，$\overline{DSR}$，$\overline{RLSD}$ 和 $\overline{RI}$ 同时被断开，而从内部改为与 4 根输出信号引脚 $\overline{DTR}$，$\overline{RST}$，$\overline{OUT_1}$ 和 $\overline{OUT_2}$ 相连接。这样发送器发送的数据，立即被同一芯片的接收器所接收。设置此方式，可以检查 8250 的数据发送通路和接收通路。所以，若要对 8250 进行自诊断测试时,只要将 MODEM 控制寄存器的 D_4 置 1 即可,而不必进行外部连线。在正常工作情况下,应使 $D_4=0$。

在将 MODEM 控制寄存器的 D_4 置 1 情况下,中断控制逻辑仍可以照常工作,即 8250 的发送器及接收器中断系统仍能工作。MODEM 状态中断也可以工作,但中断源改为 MODEM 控制寄存器的 $D_3 \sim D_0$,而不是 MODEM 的状态输入信号。中断信号的级别,还受到中断允许寄存器的控制,这种功能可以用来诊断测试 8250 的中断系统。测试方式是将 MODEM 状态寄存器的低 4 位写入适当的值。若中断允许的话,写入 1 表示发中断,对这些中断位的复位控制和正常工作一样。若要从循环回送的状态返回到正常工作状态,应对 8250 重新编程。

⑥ MODEM 状态寄存器(MSR)

MODEM 状态寄存器用来记录 MODEM 的 4 个信号($\overline{CTS}, \overline{DSR}, \overline{RISD}, \overline{RI}$)的当前状态及变化的信息。

描述信号线状态变化情况的方法是:每当上述信号线状态有变化(记作 DELTA)时,反映控制线变化的各位(低 4 位)被相应置成 1 态;在 CPU 读取 MODEM 状态寄存器后,这些相应的位便被复位。

MODEM 状态寄存器的各位如图 8.41 所示。其各位的状态定义和所代表的意义如下。

图 8.41 8250 MCR 的格式

- D_0:清除发送$\overline{CTS}$信号变化指示位

当 $D_0=1$ 时,则表示在 CPU 读取 MSR 后,$\overline{CTS}$输入引脚电平状态发生了变化。

- D_1:数据装置准备就绪$\overline{DSR}$信号变化指示位

当 $D_1=1$ 时,则表示在 CPU 读取 MSR 后,$\overline{DSR}$输入引脚电平状态发生了变化。

- D_2:振铃指示$\overline{RI}$电平变化指示位

当 $D_2=1$ 时,则表示在 CPU 读取 MSR 后,$\overline{RI}$输入引脚已由低电平变为高电平。

- D_3:接收线路信号检测$\overline{RLSD}$的变化指示位

当 $D_3=1$ 时,则表示在 CPU 读取 MSR 后,$\overline{RLSD}$输入引脚电平状态发生了变化。

- D_4:以反相记录$\overline{CTS}$输入引脚的状态:即若$\overline{CTS}=0$,则使 $D_4=1$;反之,若$\overline{CTS}=1$,则使 $D_4=0$。若 MCR 的 $D_4=1$,设定 8250 工作于循环回送自测试工作方式

时,本位等于 MCR 的 RTS(D_1) 位。

- D_5:以反相记录 $\overline{DSR}$ 输入引脚的状态。若 MCR 的 $D_4=1$,设定 8250 工作于循环回送自测试工作方式时,本位等于 MCR 的 DTR(D_0) 位。
- D_6:以反相记录 $\overline{RI}$ 输入引脚的状态。若 MCR 的 $D_4=1$,设定 8250 工作于循环回送自测试工作方式时,本位等于 MCR 的 OUT$_1$(D_2) 位。
- D_7:以反相记录 $\overline{RLSD}$ 输入引脚的状态。若 MCR 的 $D_4=1$,设定 8250 工作于循环回送方式,则本位等于 MCR 的 OUT$_2$(D_3) 位。

MCR 和 MSR 两个寄存器用于发送和接收时,8250 与通信设备之间的联络与控制。MCR 用于设置 MODEM 联络控制信号的电平和芯片的自检及正常工作。MSR 则用于检测和记录来自 MODEM 的联络控制信号及其状态是否改变。

⑦ 中断允许寄存器(IER)8250 芯片具有很强的中断能力,且使用很灵活。共有四级中断:接收出错中断(最高优先权);接收缓冲器"满"中断;发送缓冲器"空"中断;MODEM 输入状态改变中断(最低优先权)。

IER 是读/写寄存器,它的高 4 位为 0,低 4 位为 4 级中断源的开放或禁止控制位。其格式如图 8.42 所示。

图 8.42 8250 IER 的格式

若初始化编程时,将 IER 全置 0,则禁止产生任何一种中断;若将 IER 的 $D_3 \sim D_0$ 某些位置 1,如果有对应的中断事件出现,将使 INTRPT 引脚输出有效高电平,向 CPU 发出中断请求。所以通过有选择的设置 IER 的 $D_3 \sim D_0$ 位,可以改变其中断的优先级结构。

⑧ 中断标识寄存器(IIR)

中断标识寄存器 IIR 的各位如图 8.43 所示。

8250 共有四级中断,由于 8250 仅能对外发出一个总的中断请求信号,程序需要识别是哪个中断源引起的中断,以便转入相应的中断处理程序。为此,设计了一个中断标识寄存器来解决此问题。可从该寄存器中读出内容,判断出请求中断的中断源。中断标识寄存器的各位定义如下。

- D_0:有无中断待处理。规定为:

  $D_0=1$,无中断待处理;

  $D_0=0$,有中断待处理。

- D_1,D_2:中断源识别码。在 $D_0=0$ 时,规定为:

  D_1 D_2　中断类型

  1　1　接收器线路状态出错

1 0 接收数据准备好

0 1 发送器保持寄存器空

0 0 MODEM 状态中断

- $D_3 \sim D_7$：恒为 0。

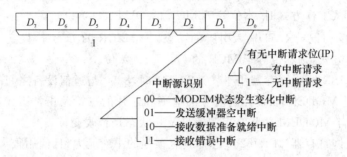

图 8.43 8250 IIR 的格式

3. 8250 的应用

利用 8250 进行通信时，首先要对其初始化，即设置波特率、通信采用的数据格式、是否使用中断、是否自测试操作等。初始化后，则可编程，采用程序查询或中断方式进行通信。现就 PC 上所用的 8250 的编程加以说明。

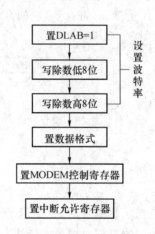

图 8.44 8250 的初始化流程图

（1）8250 的初始化

8250 初始化的流程图如图 8.44 所示。

① 设置波特率

设置波特率的控制字格式为 1 0 0 0 0 0 0 0 时，允许访问波特率发生器的除数锁存器。

设波特率为 1 200，则

除数＝1 843 200÷(1 200×16)＝96＝0060H

程序如下：

```
MOV AL,10000000B          ;使 DLAB＝1

MOV DX,3FBH

OUT DX,AL                 ;将上面的控制字写入通信线路控制寄存器

MOV AL,60H                ;产生 1 200 除数的低位

MOV DX,3F8H

OUT DX,AL                 ;写入除数锁存器的低 8 位

MOV AL,00H                ;产生除数的高位

MOV DX,3F9H

OUT DX,AL                 ;写入除数锁存器的高 8 位
```

② 设置通信所采用的数据格式

设数据格式为:数据位 7 位,停止位 1 位,采用偶校验,则数据格式控制字为 00011010。

程序如下:

```
MOV AL,00011010B        ;设置数据格式
MOV DX,3FBH
OUT DX,AL               ;写入通信线路控制寄存器
```

③ 设置操作方式

8250 的操作方式有正常工作方式下的不允许中断输出和允许中断输出,以及自测试工作方式下的不允许中断输出和允许中断输出等几种情况。

由图 8.36 可见,异步通信适配器的 8250 中断输出(INTRPT)受到信号 $\overline{OUT_2}$ 控制输出的三态门的控制。只有当 $\overline{OUT_2}$ 为低电平时,才会有 INTRPT 产生。由此可知,控制 $\overline{OUT_2}$ 的状态,便可以控制是否允许中断。

a. 不允许中断输出

此时 MODEM 控制字应为 0 0 0 0 0 0 1 1。

程序如下:

```
MOV AL,03H              ;使 OUT₂ 为高,DTE,RTS 有效
MOV DX,3FCH
OUT DX,AL               ;控制字送 MODEM 控制寄存器
```

b. 允许中断输出

此时 MODEM 控制字应为 0 0 0 0 1 0 1 1。

程序如下:

```
MOV AL,0BH              ;OUT₂ 为低,DTR,RTS 有效
MOV DX,3FCH
OUT DX,AL               ;控制字送 MODEM 控制寄存器
```

c. 自测试工作方式

此时 MODEM 控制字中 D_5 位应为 1,其余各位同非自测试工作方式。又可分为:

• 不允许中断自测试工作方式

0 0 0 1 0 0 1 1

• 允许中断自测试工作方式

0 0 0 1 1 0 1 1

程序如下:

```
MOV AL,13H
MOV DX,3FCH
OUT DX,AL
```

或:

```
MOV AL,1BH
MOV DX,3FCH
OUT DX,AL
```

④ 设置中断允许寄存器

a. 禁止中断

中断允许控制字为 0 0 0 0 0 0 0 0。

程序如下：

```
MOV AL,00H              ;禁止所有中断的控制字
MOV DX,3F9H
OUT DX,AL              ;控制字写入中断允许寄存器
```

b. 允许中断

中断允许控制字如下。

允许所有中断：0 0 0 0 1 1 1 1。

若只允许四种类型中的某几类中断时，可在相应的位中写入 1 即可。

允许除 MODEM 中断外的其余三种中断，其控制字为 0 0 0 0 0 1 1 1。

（2）通信程序的编制

① 查询通信

CPU 对 8250 初始化以后，还需要进行如下工作：

第一步，读取线路状态寄存器，通过测试其中的 D_1，D_2，D_3，D_4 位来判断线路状态是否有错。若有错，则转去执行错误处理程序，否则进行下一步。

第二步，判断线路状态寄存器的 D_0 位是否为 1，以确定 8250 是否需要向 CPU 发送数据。若 D_0 位为 0，CPU 转去执行接收数据程序段，否则再进行下一步。

第三步，判断线路状态寄存器的 D_5 位是否为 0，以确定发送缓冲寄存器空否。若空，则由 CPU 发送一个数据（字符），否则循环等待。

上述各项步骤可由程序段描述如下：

```
WAIT:MOV DX,3FDH   ;读线路状态寄存器
     IN AL,DX
     TEST AL,1EH    ;测试 D₁~D₄ 位有无出错
     JNZ ERROR      ;有错,转错误处理
     TEST AL,01H    ;测试 D₀ 位有无数据发送
     JNZ RECE       ;有数据,转接收数据处理
     TEST AL,20H    ;测试 D₅ 位发送器保持寄存器空否
     JZ WAIT        ;不空,循环等待
        ⋮
TRNAS:MOV DX 3F8H   ;发送数据
      OUT DX,AL
        ⋮
RECE:MOV DX,3F8H    ;接收数据
     IN AL,DX
        ⋮
```

为了描述利用异步通信适配器进行串行通信的全貌，现举一个在两台 PC 之间采用

半双工查询方式直接通信的例子。当两机同时运行下面的通信程序后,一方由键盘键入字符,另一方则可在屏幕上将其显示出来。若采用自测试方式,键盘键入的字符发送后,又将被自己接收回来显示在屏幕上(但程序中 MODEM 控制字应由 03H 改为 13H)。

【**例 8.8**】 设数据格式为:数据位 7 位,停止位 1 位,奇校验,波特率 1 200。

本例的接口电路十分简单,RS-232C 之间仅需三条连线即可,如图 8.45 所示。

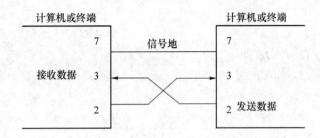

图 8.45 PC 间半双工通信连接

```
1: STACK SEGMENT PARA STSCKSTACK´
2:          DB        256DUP(0)              ;设置堆栈区
3: STACK     ENDS
4: CODE      SEGMENT PARA PUBLIC´CODE´
5: START     PROC FAR
6:           ASSUME CS:CODE
7:           PUSH DS
8:           MOV AX,0
9:           PUSH AX                          ;保存返回地址
;对 8250 初始化
10:          MOV DX,3FBH
11:          MOV AL,80H
12:          OUT DX,AL                        ;LCR 第 7 位(DLAB) 置 1
13:          MOV DX,3F8H
14:          MOV AL,60H
15:          OUT DX,AL                        ;设置除数寄存器低位
16:          MOV DX,3F9H
17:          MOV AL,00H
18:          OUT DX,AL                        ;设置除数寄存器高位
19:          MOV DX,3FBH
20:          MOV AL,0AH
21:          OUT DX,AL                        ;设置数据格式
22:          MOV DX,3FCH
23:          MOV AL,03H
24:          OUT DX,AL                        ;设置 MODEM 控制信号
```

```
25：          MOV DX,3F9H
26：          MOV AL,0
27：          OUT DX,AL                          ;禁止 4 种类型中断
```
;将 8250 接收到的数据(字符)显示出来,并将键盘键入的字符发送出去,如果接收的数据有错,则显示? 号,并继续循环上述过程。
```
28:FORE:      MOV DX,3FDH
29：          IN AL,DX                           ;读取 LSR 的内容
30：          TEST AL,1EH
31：          JNZ ERROR                          ;接收有错,转错误处理
32：          TEST AL,01H
33：          JNZ RECE                           ;接收数据准备好,转接收处理
34：          TEST AL,20H
35：          JZ FORE                            ;发送缓冲寄存器不空,循环等待
36：          MOV AH,1
37：          INT 16H                            ;检查键盘缓冲区,无字符,循环等待
38：          JZ FORE
39：          MOV AH,0
40：          INT 16H                            ;若有,取键盘字符
41：          MOV DX,3F8H
42：          OUT DX,AL                          ;向发送缓冲存寄器发送字符
43：          JMP FORE                           ;继续上述循环过程
44:RECR:      MOV DX,3F8H
45：          IN AL,DX                           ;从接收数据寄存器接收字符
46：          AND AL,7FH                         ;去掉无效位,得到数据
47：          PUSH AX
48：          MOV BX,0
49：          MOV AH,14H
50：          INT 10H                            ;功能调用,显示在 AL 中得到的数据
51：          POP AX
52：          CMP AL,0DH
53：          JNZ FOER                           ;得到的数据若不是回车符,返回
54：          MOV AL,0AH
55：          MOV BX,0
56：          MOV AH,14
57：          INT 10H                            ;功能调用,若是回车符,回车换行
58：          JMP FOER
59:ERROR:     MOV DX,3F8H                        ;从接收数据寄存器读出
60：          IN AL,DX                           ;清除得到的错误字符
```

```
61:           MOV AL,'?'
62:           MOV BX,0
63:           MOV AH,14H
64:           INT 10H                    ;功能调用,显示? 号
65:           JMP FOER                   ;继续循环
66:START     ENDP
67:CODE      ENDS
68:          END START
```

② 中断式通信

采用查询方式传送数据,大部分时间 CPU 都处于循环等待状态。有时需要采用中断方式进行通信,以便主程序可以做别的工作,当有中断请求通信时,再转入中断程序进行通信。中断初始化流程图如图 8.46 所示。

【**例 8.9**】 一个示范的接收程序段。

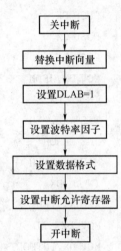

图 8.46 中断方式串行口初始化流程图

```
;初始化程序
INTI: PUSH DS
      MOV DX,OFFSET COM1_INT
;获取中断服务程序入口地址
      MOV AX,SEG COM1_INT
      MOV DS,AX
      MOV AL,0BH              ;COM1 向量号
      MOV AH,25H
      INT 21H                ;中断向量加载
      POP DS
      MOV DX,3FBH
      MOV AL,80H
      OUT DX,AL              ;置 DLAB=1
      MOV DX,3F8H
      MOV AL,0CH
      OUT DX,AL
      INC DX
      MOV AL,00H
      OUT DX,AL             ;除数＝000CH,波特率＝9 600
      MOV DX,3FBH
      MOV AL,0AH
      OUT DX,AL             ;置数据格式
      MOV DX,3FCH
```

```
        MOV AL,0BH
        OUT DX,AL                ;置 MODEM 控制寄存器
        MOV DX,3F9H
        MOV AL,01H
        OUT DX,AL                ;置中断允许
        STI                      ;CPU 开中断
;接收中断服务程序
RECVE:PUSH AX
        PUSH BX
        PUSH CX
        PUSH DX
        MOV DX,3FDH
        IN AL,DX
        TEST AL,1EH              ;错误检查
        JNZ ERROR
        MOV DX,3F8H
        IN AL,DX                 ;读取数据,放入内存缓冲区
        AND AL,7FH
        MOV[BX],AL
        MOV DX,INTPORT           ;置中断控制器端口地址
        MOV AL,20H
        OUT DX,AL                ;发中断结束命令
        POP DX
        POP CX
        POP BX
        POP AX
        STI
        IRET
```

③ BIOS 的串行异步通信

PC 系统的基本输入/输出系统(BIOS)支持异步通信,提供了用于异步串行通信的功能调用——INT 14H,即可调用 BIOS 中的异步通信例行程序。因此,用户在编制通信程序时,可以不必了解通信接口的硬件结构,只需给调用参数 AH 赋以规定值,使用软中断指令 INT 14H,就可以实现通信。在 PC 内可设有主辅两块通信接口卡,当选用主卡时,口地址为 3F8H,需令入口参数 DX=0;当选用辅卡时,口地址为 2F8H,需令 DX=1。

INT 14H 提供的软中断给高层系统软件或应用程序调用,它有四种功能。

a. 初始化串行口

功能号:AH=0

入口参数:DX=串行口号(0 或 1)

AL＝初始化参数

AL 的格式如图 8.47 所示。

D_7 D_6 D_5	D_4 D_3	D_2	D_1 D_0
波特率参数	奇偶选择	停止位	数据长度
000——110波特 001——150波特 010——300波特 011——600波特 100——1 200波特 101——2 400波特 110——4 800波特 111——9 600波特	×0——无奇偶 0 1——奇校验 1 0——偶校验	0～1位 1～2位	10～7位 11～8位

图 8.47　入口参数格式

出口参数：AH＝串行口线路状态

　　　　　AL＝MODEM 状态

AH 和 AL 的格式如图 8.48 所示。

	D_7	D_6	D_5	D_4	D_3	D_2	D_1	D_0
AH	超时错	发送器移位寄存器空	发送器保持寄存器空	间断条件	帧格式错	奇偶校验错	超越错	接收器数据寄存器就绪

	D_7	D_6	D_5	D_4	D_3	D_2	D_1	D_0
AL	载波检测	振铃指示	数据设备就绪	清除发送	DCD状态变化	RI由接通到断开	DSR状态变化	CTS状态变化

图 8.48　出口参数 AH 和 AL 的格式

b. 发送字符到串行口

功能号：AH＝1

入口参数：DX＝串行口号(0 或 1)

　　　　　AL＝发送字符

出口参数：AH＝通信线路状态(格式如图 8.48 所示)

c. 从通信线路接收字符

功能号：　AH＝2

入口参数：DX＝串行口号(0 或 1)

出口参数：AL＝接收字符

　　　　　AH＝通信线路状态(格式如图 8.48 所示)

d. 读取通信口状态

功能号：　AH＝3

入口参数：DX＝串行口号(0 或 1)
出口参数：AH ＝通信线路状态
          AL ＝MODEM 状态
AH 和 AL 的格式如图 8.48 所示。
INT 14H 功能的实现过程可用图 8.49 所示的流程图来表示。

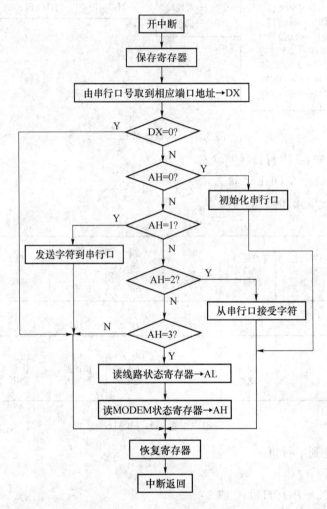

图 8.49   INT I4H 功能处理流程

【例 8.10】 将串行接口初始化为 9 600 波特,8 位数据位,1 位停止位,偶校验。

```
MOV AL,0F3H
MOV AH,0
MOV DX,0
INT 14H
```

【例 8.11】 从串行通信口读入一个字符,并存入 INPUT_CHAR 单元之中。

```
INPUT_CHAR DB 0
        ⋮
```

```
                    MOV AH,02H
                    MOV DX,0
                    INT 14H
                    MOV INPUT_CHAR,AL
```

【例 8.12】 将字符串 HELLO 输出到串行通信口。

```
        BUF DB´HELLO´
        LEN EQU 5
              ⋮
            MOV AX,SEG BUF
            MOV DS,AX
            MOV BX,OFFSET BUF
            MOV CX,LEN
    NEXT: MOV AH,01H
            MOV DX,0
            MOV AL,[BX]
            INT 14H
            INC BX
            LOOP NEXT
```

④ DOS 串行异步通信

在 DOS 功能调用 INT 21H 中,有几个功能号是有关串行异步通信的,现介绍如下。

a. 从串行口读字符

功能号: AH＝03H

出口参数：AL ＝输入的 8 位数据

此功能可从第一个串行口 COM1 读一个字符到寄存器 AL 中。

b. 输出字符到串行口

功能号：AH＝04H

入口参数：DL＝输出的 8 位数据

此功能可将 DL 寄存器中的字符传送给串行口设备,假如输出设备正忙,则该功能调用需要等待,直到设备准备好接收字符。

在 PC 系统中,串行口设备中没有缓冲寄存器和中断功能,如果串行通信口或其他辅助设备送的数据比程序处理数据快,字符可能丢失。

在 PC 系统中,第一个串行口 COM1 被初始化为 2 400 波特,8 个数据位,1 个停止位,无奇偶校位的通信格式(规程)。

c. 应用举例

为了说明 DOS 调用在串行通信中的应用,现举例如下。

【例 8.13】 若需要从通信口输入一个字符,并存入 INPUT_CHAR 单元之中,可采用下面的程序段：

```
        MOV AH,03H
```

```
        INT 21H
        MOV INPUT_CHAR,AL
            ⋮
    INPUT_CHAR DB 0
```

注意:在 DOS 功能调用中没有提供读辅助设备的状态和检测输入/输出错误的功能,不过 ROM BIOS 中断调用却提供了这些功能(INT 14H 的 3 号功能)。

8.4 可编程时间接口

在计算机系统中,定时与计数技术具有极其重要的作用。

微机系统需要为 CPU 和外设提供定时控制,或对外部事件进行计数。例如,分时系统的程序切换,向外设输出周期性定时控制信号,外部事件的发生次数达到规定值后产生中断等。因此,必须解决系统的定时问题。

为获得稳定准确的定时,必须有准确稳定的时间基准。定时的本质是计数,把若干小片的时间单元累加起来,就获得一段时间。

定时的方法有软件定时和硬件定时两种。本节将介绍的 Intel 8253/8254 定时器/计数器芯片便是实现硬件定时的一种器件。

8.4.1 8254 的内部结构和引脚功能

Intel 8254 是在 Intel 8253 的基础上稍加改进而推出的改进型产品,两者硬件组成和引脚完全相同。8254 的改进体现在两个方面:首先是计数频率更快,可达 10 MHz(8253为2 MHz);另外,8254 具有回读命令。

1. 8254 的特点
- 有 3 个独立的 16 位计数器(又称计数通道);
- 每个计数器均可按二进制或十进制(BCD 码)计数;
- 各计数器都有六种不同的工作方式;
- 24 只引脚,双列直插式,单+5 V 电源;
- 所有输入/输出都与 TTL 兼容。

2. 8254 的内部结构
8254 由数据总线缓冲器、读/写控制逻辑、控制字寄存器和 3 个计数器等组成,其结构框图如图 8.50 所示。

(1) 数据总线缓冲器

这是一个 8 位双向三态缓冲寄存器,用于与系统数据总线的连接。在 CPU 用输入/输出指令对 8254 进行读/写操作时,所有信息都要经过该缓冲器传送。这些信息包括:为确定 8254 的工作方式,CPU 向控制字寄存器写入的控制字;CPU 给计数器写入的计数初值;CPU 读计数器时的计数当前值等。

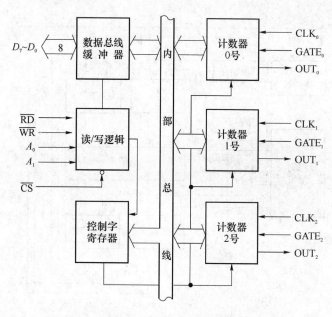

图 8.50　8254 的内部结构

（2）读/写控制逻辑

读/写控制逻辑是控制 8254 芯片内部操作的控制电路。它从系统总线上接收读/写命令及地址信息,然后再转变成 8254 内部操作所需的各种控制信号。它可决定控制字寄存器是否被选中和 3 个计数器中哪一个可以工作,并且控制着内部总线上数据传送的方向。

（3）控制字寄存器

控制字寄存器接收 CPU 送来的控制字。该控制字用以选定 8254 中的计数器及相应的工作方式。该寄存器只能写入,不能读出。

（4）计数器

8254 有 3 个计数器:计数器 0、计数器 1 和计数器 2。

这三个计数器具有相同的内部结构,如图 8.51 所示。每个计数器都是由一个 16 位计数初值寄存器 CR、一个 16 位减 1 计数单元 CE 和一个 16 位输出锁存器 OL 组成。每个计数器都有时钟输入信号 CLK 和门控输入信号 GATE,以及一个输出信号 OUT。

初始化时,送入每个计数器的计数初值首先存放在初值寄存器中。计数器启动后,经时钟脉冲 CLK 下降沿触发,将计数器初值传送给计数单元 CE。8254 采用递减方式计数,即每当时钟输入端出现一个脉冲时,计数单元 CE 的计数值减 1,直至为 0。此时,输出端 OUT 产生一个输出标志信号,表示计数到零或定时时间间隔到。

在计数过程中,CPU 随时可以用输入命令,将计数器的当前值从输出锁存器 OL 中读出。读当前计数值时,不用中断计数器的时钟输入,也不会影响计数器的继续计数。

3. 8254 的引脚功能

8254 的引脚如图 8.52 所示。

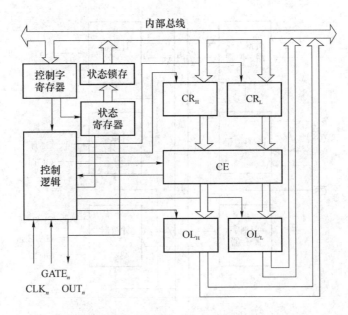

图 8.51 8254 计数器结构

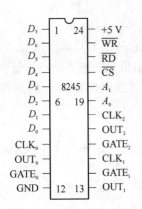

图 8.52 8254 的引脚图

（1）数据总线 $D_0 \sim D_7$：三态双向数据线。它们与系统的数据总线相连，是 8254 与 CPU 接口的数据线，供 CPU 向 8254 读写数据、命令和状态信息。

（2）片选信号$\overline{CS}$：输入信号，低电平有效。由 CPU 输出的地址经译码产生。

（3）读信号$\overline{RD}$：输入信号，低电平有效。它由 CPU 发出，用于对 8254 选中的寄存器进行读操作。

（4）写信号$\overline{WR}$：输入信号，低电平有效。它由 CPU 发出，用于对 8254 选中的寄存器进行写操作。

（5）地址线 A_1，A_0：这两根线接到系统地址总线的 A_1，A_0 上，当$\overline{CS}=0$，8254 被选中时，用它们来选择 8254 内部的寄存器。

片选信号$\overline{CS}$、读信号$\overline{RD}$、写信号$\overline{WR}$和地址信号 A_1，A_0 的配合使用所实现的功能如表 8.11 所示。

表 8.11 8254 的读/写操作

$\overline{CS}$	$\overline{RD}$	$\overline{WR}$	A_1	A_0	功能含义
0	1	0	0	0	写计数器 0
0	1	0	0	1	写计数器 1
0	1	0	1	0	写计数器 2
0	1	0	1	1	写控制字寄存器
0	0	1	0	0	读计数器 0

$\overline{CS}$	$\overline{RD}$	$\overline{WR}$	A_1	A_0	功能含义
0	0	1	0	1	读计数器1
0	0	1	1	0	读计数器2
0	0	1	1	1	无操作(三态)
1	X	X	X	X	禁 止(三态)
0	1	1	X	X	无操作(三态)

(6) 时钟脉冲信号 CLK_0,CLK_1,CLK_2:输入信号,其脚标对应于同号的计数器的脚标。

三个独立的计数器各自具有一个独立的时钟输入信号 CLK。

CLK 是计量的基本时钟,由 CLK 引脚输入的脉冲可以是系统时钟(或是由系统对时钟分频的脉冲)或其他任何脉冲源所提供的脉冲。该输入脉冲可以是均匀的、连续的并具有精确周期的,也可以是不均匀的、断续的、周期不确定的脉冲。时钟信号的作用是在8254 进行定时或计数工作时,每输入一个时钟信号 CLK,便使计数值减 1。

(7) 门控脉冲信号 $GATE_0$,$GATE_1$,$GATE_2$:输入信号,其脚标对应于相同号的计数器的脚标。

三个独立的计数器各自具有一个独立的门控脉冲信号 GATE。

GATE 是外部控制计数器工作的脉冲输入端。GATE 信号的作用是控制启动定时器/计数器工作。

(8) 计数的输出信号 OUT_0,OUT_1,OUT_2:"计数到 0/定时时间到"脉冲,输出信号。脚标对应于同号的计数器的脚标。当计数单元 CE 计数到 0 时,该端输出一标志信号。

8.4.2 8254 的工作方式

8254 定时器/计数器的每个计数器都有六种可编程选择的工作方式。对于每一种工作方式,由时钟输入信号 CLK 确定计数器递减的速率。门控信号 GATE 用于允许或禁止 CLK 信号进入计数器,或者根据工作方式用作计数器的启动信号。计数结束时,在输出线 OUT 上产生一个标志信号,该信号可编程定义为脉冲、恒定电位或周期信号。

区分六种工作方式的主要标志有三点:一是输出波形不同;二是启动的触发方式不同;三是计数过程中门控信号 GATE 对计数操作的影响不同。现在分别讨论不同工作方式的特点。

1. 方式 0 ——计数结束时中断

方式 0 的工作时序如图 8.53 所示。

确定方式 0 后,输出 OUT 为低电平。

当向计数器写入计数初值后,在第一个 CLK 下降沿,将计数初值装入 CE 中,开始计数。当计数器减到 0 时,OUT 立即输出高电平。

方式 0 的计数过程可由信号 GATE 控制而暂停。当 GATE=0 时,计数器暂停计数,直至 GATE=1 时,计数器才恢复继续计数。在这个过程中,输出 OUT 的状态不受

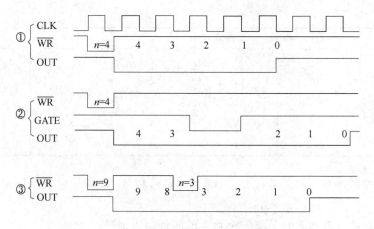

图 8.53   8254 方式 0 的时序图

影响。

在计数过程中,如果重新写入新的计数初值,则计数器将立即按新的计数初值开始工作。

2. 方式 1——可编程单稳

方式 1 的工作时序如图 8.54 所示。

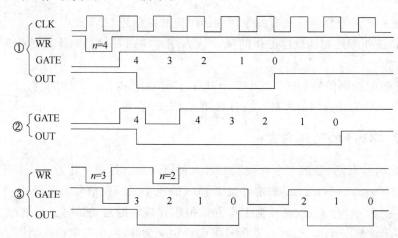

图 8.54   8254 方式 1 的时序图

此方式又称为硬件触发单拍脉冲方式,即由外部硬件产生的门控信号 GATE 触发 8254,而输出单稳脉冲。

设定方式 1 后,输出 OUT 就变成高电平。

当装入计数初值后,在门控信号 GATE 由低电平变为高电平并保持时,输出端 OUT 变成低电平,计数器计数,开始了单稳过程。

当计数结束时,输出端 OUT 转变成高电平,单稳过程结束,因而在 OUT 端输出了一个单脉冲。

当硬件再次触发,OUT 端可再输出一个同样的单稳脉冲。显然,单稳脉冲的宽度由装入计数器的计数初值而决定。

计数过程中,硬件可发出门控信号 GATE,进行多次触发;CPU 可改变计数初值,而不影响此时的计数过程,当计数到 0 时,输出端 OUT 才变为高电平。由图 8.54 可知,改变计数值将在下次门控信号 GATE 到来之后才有效。

3. 方式 2——频率发生器

此方式的功能如同一个 N 分频计数器。其输出是将输入时钟按照 N 计数值分频后得到的一个连续脉冲。该方式又称脉冲信号发生器方式。

这种方式产生连续的负脉冲信号,OUT 输出负脉冲宽度等于一个输入时钟周期。脉冲的重复周期等于写入计数器的计数初值。因此,输出的脉冲周期可以由编程设定。

方式 2 的工作时序如图 8.55 所示。

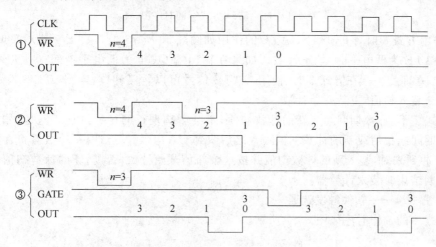

图 8.55　8254 方式 2 的时序图

写入方式字后,OUT 将变为高电平。

在把计数初值 N 写入计数寄存器之后的第一个 CLK 脉冲的下降沿,CR 的内容装入 CE,并开始计数。在 CE 减到 1 时,OUT 立即变为低电平,持续一个时钟周期的时间,OUT 恢复为高电平。CR 的内容再次装入 CE,重新开始计数。这样,每隔 N 个时钟周期的间隔,在输出端 OUT 上出现一个宽度等于 CLK 周期时间的负脉冲。

在方式 2 下,计数过程中可用门控脉冲 GATE 重新启动计数;计数过程中改变计数初值,并不影响正在进行的计数工作。

4. 方式 3——方波频率发生器

方式 3 的工作时序如图 8.56 所示。

工作方式 3 与工作方式 2 基本相同,也具有自动装入时间常数的能力,其特点如下:

工作在方式 3 时,OUT 引脚输出的不是一个时钟周期的低电平,而是占空比为 1∶1 或近似 1∶1 的方波。

当计数初值为偶数时,输出在前一半的计数过程中为高电平,在后一半的计数过程中为低电平。

当计数初值为奇数时,在前一半加 1 的计数过程中,输出为高电平,后一半减 1 的计数过程中为低电平。例如,若计数初值设为 5,则在前 3 个时钟周期中,引脚 OUT 输出高电平,而在后 2 个时钟周期中则输出低电平。8254 的方式 2 和方式 3 都是最为常用的工作方式。

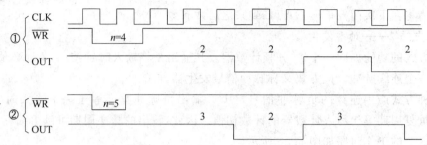

图 8.56　8254 方式 3 的时序图

采用方式 3 时,门控脉冲 GATE 的作用如图 8.56 所示:当 GATE 为高电平时,允许计数;GATE 为低电平时,禁止计数。如果在输出端 OUT 为低电平期间,GATE=0,将使 OUT 立即变高。在方式 3 时,使用 GATE 信号可以暂停计数,当 GATE=1 后,计数器将重新装入初值,重新开始计数。

方式 3 下,计数期间写入新的计数初值,不会影响现行的计数过程。但是,如果在方波半周期间结束后或新的计数初值写入之后收到 GATE 触发脉冲,则计数器将在下一个 CLK 脉冲到来时,装入新的计数初值并按这个新值开始计数;否则,新的计数初值将在现行半周期结束时装入计数器。

5. 方式 4——软件触发选通

方式 4 的工作时序如图 8.57 所示。

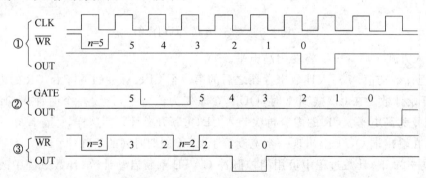

图 8.57　8254 方式 4 的时序图

方式 4 是一种由软件启动的闸门式计数方式,即由写入计数值触发工作。其特点是:

方式 4 设定后,输出 OUT 就开始变成高电平;写完计数初值后,计数器开始计数;计数完毕,计数回零结束时,输出 OUT 变成低电平;低电平维持一个时钟周期后,输出 OUT 又恢复高电平,但计数器不再计数,输出也一直保持高电平不变。

门控信号 GATE 为高电平时,允许计数器工作;为低电平时,计数器停止计数。GATE 的电平变低不会影响 OUT 引脚输出的状态。在其恢复高电平时,计数器重新开始计数。

在方式 4,计数过程中改变计数初值,将立即按新的计数值开始计数。

6. 方式 5——硬件触发选通

方式 5 的工作时序如图 8.58 所示。

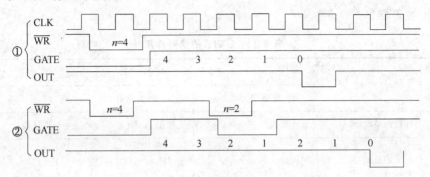

图 8.58　8254 方式 5 的时序图

方式 5 的工作特点在于外部脉冲上升沿触发计数器,即:写入计数初值后,计数器并不立即开始计数,而要由门控信号 GATE 的上升沿启动计数。计数器计数回零后,将在输出一个时钟周期的低电平后恢复高电平。

在方式 5 的计数过程中,写入新计数值,只要不出现 GATE 的正跳变信号,则对当前的计数过程无影响。必须等到减 1 计数到 0 之后,再次出现 GATE 的正跳变信号时,才按新的计数值计数。但若在计数器减 1 到 0 之前,出现了 GATE 触发脉冲,计数器会立即按新的计数值计数。

7. 8254 工作方式小结

(1) 输出端 OUT 的初始状态

方式 0 在 CPU 写完控制字后,OUT 立即变为低电平。

方式 1~5 在 CPU 写完控制字后,OUT 立即是高电平,并保持。

当控制字写入计数器后,全部控制逻辑电路立即复位,输出 OUT 成为确定状态。

(2) 计数初值与 CLK,OUT 的关系

在不同方式下,计数初值 N 与 CLK 脉冲及输出端 OUT 的关系是不同的,如表 8.12 所示。

表 8.12　计数初值与 CLK,OUT 的关系

方　式	功　能	N 与 CLK,OUT 的关系
0	计数结束时中断	输入 N 后,经过 $N+1$ 个 CLK,OUT 变高
1	可编程单稳	单稳脉冲宽度为 N 个 CLK
2	频率发生器	每 N 个 CLK,输出一个 CLK 宽度的脉冲
3	方波频率发生器	写入偶 N 后,$1/2N$ 个 CLK 高,$1/2N$ 个 CLK 低。 写入奇 N 后,$(N+1)/2$ 个 CLK 高,$(N-1)/2$ 个 CLK 低。
4	软件触发选通	写入 N 后,过 $N+1$ 个 CLK,输出一个 CLK 宽的脉冲
5	硬件触发选通	GATE 触发后,过 $N+1$ 个 CLK,输出一个 CLK 宽的脉冲

（3）门控脉冲的作用

在六种方式中,GATE 均发生作用,如表 8.13 所示,GATE 脉冲输入是在 CLK 脉冲的上升沿被采样。

表 8.13　GATE 的信号作用

方　式	功　能	GATE		
		低或变为低	上升沿	高
0	计数结束时中断	禁止计数	无作用	允许计数
1	可编程单稳	无作用	① 启动计数 ② 下一个 CLK 后输出低	无作用
2	频率发生器	① 禁止计数 ② 立即使输出为高	① 重新装入计数器 ② 启动计数	允许计数
3	方波频率发生器	① 禁止计数 ② 立即使输出为高	启动计数	允许计数
4	软件触发选通	禁止计数	无作用	允许计数
5	硬件触发选通	无作用	启动计数	无作用

（4）启动计数和重复计数的条件

所有的工作方式都必须设置计数初值才能工件。但这些方式中有些是一经设置计数初值后就立即启动计数;而有一些则需要满足一定的条件才能启动工作;有些工作方式的计数器一经启动便无休止地工作下去;而有一些工作方式计数器只计数一次,重复计数需要某些条件,有关上述内容如表 8.14 所示。

表 8.14　启动计数与重复计数的条件

方　式	功　能	启动条件	重复条件
0	计数结束时中断	—	写计数值
1	可编程单稳	外部触发	外部触发
2	频率发生器		
3	方波频率发生器		
4	软件触发选通	—	写计数值
5	硬件触发选通	外部触发	外部触发

（5）在计数过程中改变计数初值

各种方式都可在计数过程中改变计数初值。新的计数初值何时开始起作用,则在不同的方式下各有不同,如表 8.15 所示。

表 8.15 计数过程中改变计数初值的结果

方 式	功 能	改变计数初值
0	计数结束时中断	立即有效
1	可编程单稳	外部触发后有效
2	频率发生器	计数到 0 后有效
3	方波频率发生器	① 外部触发后有效 ② 计数到 0 后有效
4	软件触发选通	立即有效
5	硬件触发选通	外部触发后有效

8.4.3 8254 的编程

1. 工作方式控制字

8254 是一个通用可编程的芯片,它在使用之前,需先将控制字写入其控制字寄存器中。

8254 控制字的主要功能有:选择计数器 0,1 或 2;确定向计数器写或从计数器读计数值;确定计数器的工作方式;确定计数器计数的数制等。

控制字格式如图 8.59 所示。

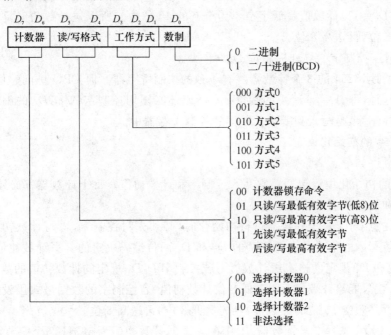

图 8.59 8254 控制字格式

（1）设定计数制的标志 D_0。

D_0 位用于设定是按二进制还是按十进制计数。

若 $D_0 = 0$,则计数器按二进制计数,计数范围是 16 位二进制数。其最小值是 0001H,

最大值是 0000H,即 $2^{16}=65\ 536$。

若 $D_0=1$,则计数器按十进制计数,其计数范围是 4 位十进制数,其最小值是 1,其最大值为 0000,即 $10^4=10\ 000$。

(2) 设定工作方式标志位 $D_3D_2D_1$

每个计数器都可以选择六种工作方式之一进行工作。这由 $D_3D_2D_1$ 三个标志位的编码决定。

(3) 设定计数值读/写格式标志位 D_5D_4

CPU 对某个计数器写入计数初值或读出当前计数值,是通过端口地址访问计数器的。但计数初值有 8 位和 16 位两种,对于 16 位计数值又有低 8 位是 0 或非 0 的情况。在读计数值时,是直接读取还是先将计数值锁存入 OL 锁存器后再读取,由控制字的 D_5D_4 位编码决定。

若读计数值时,打算先将它锁存入 OL 锁存器,然后再读,就必须令控制字的 $D_5D_4=00$,这是一条计数值的锁存命令。

D_5D_4 的其他三种编码用于设置计数初值时的写入格式。

若 $D_5D_4=01$,则计数初值只有 8 位,即只使低 8 位计数值进入 CR 的低字节(CRL),CR 的高字节(CRH)会自动清零。

若 $D_5D_4=10$,则计数初值是低字节为全 0 的 16 位数。这种情况只要送计数值的高字节进入 CR 的高字节(CRH),CR 的低字节(CRL)就会自动清零。

若 $D_5D_4=11$,计数值是低字节不为全 0 的 16 位数。所以送计数值时,要送两字节,且先送低 8 位,再送高 8 位。

(4) 通道控制字的寻址标志位 D_7D_6

如前所述,8254 的 3 个计数器各有单独的控制寄存器。但 CPU 访问它们时,只占用一个端口地址(即 $A_1=A_0=1$ 的端口)。所以还必须用控制字的 D_7D_6 的编码来指明这次送来的控制字,是写入到哪个计数器的控制寄存器中。

2. 8254 的初始化设定

编程顺序如下。

8254 的初始化编程包括对它写入控制字和计数初值。每个计数器都必须由 CPU 写入控制字和计数初值后才能工作。

需要注意:对于每个计数器进行初始化时,必须先写控制字,再写计数初值。这是因为计数初值写入的格式是由控制字的 D_5 和 D_4 两位编码决定的。写计数初值时,必须按控制字 D_5 和 D_4 规定的格式送计数值。若控制字 D_5D_4 规定的计数初值的数据格式段只写低 8 位,就只能给计数器 CR 送低 8 位计数初值;若控制字的数据格式段设定计数初值是 16 位,就必须送 16 位的计数值,且先送低 8 位,再送高 8 位。

【例 8.14】 选择 2 号计数器,工作在方式 2,计数初值为 533H(2 个字节),采用二进制计数,其程序段如下:

```
TIMER EQU 40H          ;0 号计数器端口地址
    MOV AL,10110100B   ;2 号计数器的方式控制字
    OUT TOMER+3,AL     ;写入控制寄存器
```

```
        MOV AX,533H          ;计数初值
        OUT TIMER+2,AL       ;先送低字节到2号计数器
        MOV AL,AH            ;取高字节
        OUT TIMER+2,AL       ;后送高字节到2号计数器
```

【例 8.15】 使计数器 1 工作在方式 4,进行 16 位二进制计数,并且只装入高 8 位值,其程序段如下:

```
        MOV DX,307H          ;命令口
        MOV AL,0110100B      ;方式字
        OUT DX,AL
        MOV DX 305H          ;计数器1数据口
        MOV AL,BYTEH         ;高8位计数值
        OUT DX,AL
```

【例 8.16】 计数器 0 产生 10 kHz 方波,计数器 1 产生 200 kHz 连续脉冲;计数器 0 输出的 10 kHz 信号,又作为计数器 2 时钟输入,要求计数器 2 产生实时时钟的秒信号;秒信号作为中断请求信号送系统总线的中断输入引脚,通过中断程序产生秒、分、时的计时。计数器 0 和计数器 1 的输入时钟是 8 MHz,译码器提供 8254 的地址为 34CH~34FH,要求编写 8254 的初始化程序。

解 计数器 0 工作于方式 3,计数初值:8 MHz÷10 kHz=800

计数器 1 工作于方式 2,计数初值:8 MHz÷200 kHz=40

计数器 2 工作于方式 3,计数初值:10 Hz÷1 Hz=10 000

初始化程序:

```
TIME PROC NEAR
        PUSH AX              ;保护现场
        PUSH DX
        MOV DX,34FH          ;控制字寄存器地址
        MOV AL,00100111B     ;编程计数器0
        OUT DX,AL
        MOV AL,01110100B     ;编程计数器1
        OUT DX,AL
        MOV AL,10110111B     ;编程计数器2
        OUT DX,AL
        MOV DX,34CH          ;计数器0地址
        MOV AL,08H           ;设置计数器初值高字节为08H
        OUT DX,AL
        MOV DX,34DH          ;计数器1地址
        MOV AL,40            ;设置计数器初值为40
        OUT DX,AL
        XOR AL,AL
```

```
            OUT DX,AL
            MOV DX,34EH          ;计数器 2 地址
            MOV AL,00H           ;设置计数器初值低字节为 00H
            OUT DX,AL
            MOV AL,00H           ;设置计数器初值高字节为 00H
            OUT DX,AL
            PUSH DX              ;恢复现场
            PUSH AX
            RET
  TIME      ENDP
```

3. 8254 的读控制

8254 为用户提供了两种读计数器的锁存命令。

(1) 锁存命令

先发锁存命令,将当前的 CE 值锁存于 OL 中,然后再读取。锁存命令字包含在图 8.59中。

(2) 读回命令

8254 比 8253 增加了一条读回命令。它的格式如图 8.60 所示。

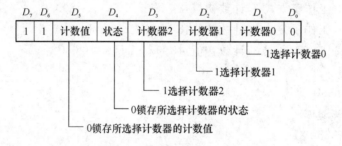

图 8.60　8254 读回命令格式

8254 的读回命令是以 $D_7 D_6 = 11$ 和 $D_0 = 0$ 为寻址标志写入控制字寄存器的,即 $A_1 A_0 = 11, \overline{CS} = 0, \overline{RD} = 1, \overline{WR} = 0$。

当命令的 $D_5 = 0$ 时,8254 将使命令的 $D_3 \sim D_1$ 中设置为“1”所对应的计数器输出锁存。这样就可以用一个命令使 3 个计数器同时锁存,以供“读回”计数值。

读回命令还可以在计数器输出锁存的同时,通过使命令 $D_4 = 0$ 将所选择的计数器的状态信息锁存。计数器的状态可以从该计数器的通道地址读出。计数器的状态字格式如图 8.61 所示。

D_7	D_6	D_5	D_4	D_3	D_2	D_1	D_0
输出	无效计数值	RW_1	RW_0	M_2	M_1	M_0	BCD

图 8.61　8254 计数器状态格式

状态字的 $D_5 \sim D_0$ 是最后写入该计数器的方式控制字的 $D_5 \sim D_0$ 位。最高位 D_7 是

该计数器输出引脚 OUT 的状态位。输出引脚为高电平，$D_7=1$；输出引脚为低电平，$D_7=1$。即 D_7 这位完全反映 OUT 引脚的状态。

无效计数值位 D_6 表示最后写入计数寄存器 CRR 的计数值是否已装入 8254 的计数单元 CE 中。当控制字写入控制寄存器时，$D_6=1$；计数值写入计数寄存器 CR 时，也使 $D_6=1$。只有当新的计数值装入计数单元(CR-CE) 时，$D_6=0$。在 $D_6=0$ 以前，锁存或读到的计数值，将不是刚写入的新的计数值。

【例 8.17】 要求读出并检查 1 号计数器的当前计数值是否是全"1"（假定计数值只有低 8 位），其程序段如下：

```
   L：MOV AL,01000000B          ;1 号计数器的锁存命令
      OUT TIMER＋3,AL           ;写入控制寄存器
      IN AL,TIMER＋1            ;读 1 号计数器的当前计数值
      CMP AL,0FFH              ;比较
      JNE L                    ;非全"1",再读
      HLT                      ;是全"1",暂停
```

【例 8.18】 编写读取计数器 1 当前值的程序段。

```
      MOV DX,34FH
      MOV AL,01000000B
      OUT DX,AL
      IN AL,DX
      MOV AH,AL
      IN AL,DX
      XCHG AH,AL
```

8.4.4 8254 在 PC 定时系统中的应用

PC 采用 8254 作为定时系统的核心部件，三个计数器分别用于系统的时钟定时、动态存储器刷新定时和为扬声器提供音频信号。虽然 8254 中的全部计数器均为 PC 系统占用，但是用户尚可对计数器 0 及计数器 2 加以利用。

8254 芯片的 3 个计数器都在 PC 系统中被使用，它们所用的时钟频率均为系统时钟经二分频后的 1.193 181 6 MHz。8254 在 PC 中的使用方式如图 8.62 所示。

各计数器的工作情况如下。

1. 计数器 0

计数器 0 用作系统的定时器。对其编程设定工作方式 3，OUT_0 引脚输出方波，作为系统时钟的定时基准。门控脉冲 $GATE_0$ 恒接 +5 V，始终处于选通状态。输出端 OUT_0 接 8259A 的 IRQ_0 端，为最高级别的可屏蔽中断。计数器预置初值为 0（相当于 65 536），输出端 OUT_0 以 18.2 Hz(1.193 181 6 MHz÷65 536)的频率输出一方波序列，即每秒钟将产生 18.2 次 0 级中断，也就是说，每隔约 55 ms 产生一次 0 级中断。

这种周期性中断，被 BIOS 用做工作日的计时钟。INT 08H 中断程序以 55 ms 为计时间隔计量工作日时间，并将工作日时钟的实时值存入 BIOS 数据区的 TIME_LOW 和

TIME_HIG 共 4 个单元(始地址为 0040:006CH)中。由 INT 1AH 程序可调用日历时钟管理程序,读出或设置时钟时刻值。

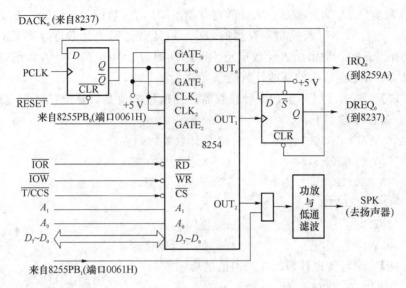

图 8.62 8254 在 PC 系统中的应用

当产生 0 级中断时,系统将进入 BIOS 的日时钟中断服务程序,产生日时钟计数,更新日期以校准系统时间。

此外,BIOS 服务程序还利用计数器中断来控制磁盘驱动器的电机转动时间。

在 0 级中断服务程序中,还有一条软中断指令 INT 1CH,其服务程序可由用户提供。这样用户可以将这个周期性定时中断引入应用程序,如巡回检测接口等。用户只需将自己的应用程序的入口地址放入中断向量表中(中断号为 1CH 处),就能保证每隔 55 ms,由 BIOS 启动执行该应用程序一次。

2. 计数器 1

计数器 1 用于定时向 DMA 控制器 8237 发出请求,以刷新动态存储器。计数器 1 工作于方式 2,门控脉冲 $GATE_1$ 恒接 $+5$ V,始终处于选通状态。输出端 OUT_1 通过 D 触发器产生 DMA 控制器通道 0 的请求输入信号 DRQ_0,由 DMAC 的通道 0 控制对动态存储器的刷新操作。计数器预置初值为 18,输出端 OUT_1 以 66.287 kHz(1.193 181 6 MHz÷18)的频率输出一系列负脉冲,即每隔约 15.1 μs 向 DMAC 输出一请求,使存储器进行一次刷新操作。

3. 计数器 2

计数器 2 用于为系统提供扬声器发声的音频信号,与 8255A 的 B 口 PB_1 位共同控制扬声器发声。计数器 2 工作于方式 3,计数初值预置为 533H(1331)。$GATE_2$ 由 8255A 的 PB_0 位控制,所以它可用软件来进行控制:当该位被置 1,允许时钟输入;否则,禁止时钟信号输入。OUT_2 引脚的输出频率为 896 Hz,它同 PB1(SPKDATA 信号)相与后经放大送扬声器。

8.4.5 应用举例

【例 8.19】 8254 在发声系统中的应用

利用 8254 的定时/计数特性来控制扬声器的发声频率和发声长短。接口电路如图8.63所示。

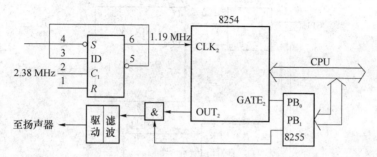

图 8.63 8254 在发声系统中的应用

接口中选择计数器 2 的输出 OUT_2 发送 600 Hz 方波,经过滤波器滤掉高频分量后送到扬声器。启动计数器工作由门控信号 $GATE_2$ 控制,$GATE_2$ 由 8255A 的 PB_0 位控制。为控制发声的长短,在方波送去滤波之前,设了一个"与"门,由 8255A 的 PB_1 位控制。这样,可用 PB_0 和 PB_1 同时为高电平的时间来控制发长声(3 s)还是发短声(0.5 s)。8254的口地址为 040H~043H。8255A 的口地址为 60H~63H。

程序如下:

```
SSP PROC NEAR
        MOV AL,10110110B    ;计数器2,初值为16位,方式3,二进制格式
        OUT 43H,AL          ;工作方式控制字送控制字寄存器
        MOV AX,1983         ;1.193 181 6 MHz÷600 Hz=1 983,计数初值
OUT 42H,AL                  ;发送低字节
        MOV AL,AH
        OUT 42H,AL          ;发送高字节
        IN AL,61H           ;读 8255A 的 PB 口原输出值
        MOV AH,AL           ;将原输出值保留于 AH 中
        OR AL,03H           ;使 PB₁ 与 PB₀ 均为 1
        OUT 61H,AL          ;打开 GATE₂ 门,输出方波到扬声器
        SUB CX,CX           ;CX 为循环计数
L:      LOOP L              ;延时循环
        DEC BL              ;BL 为子程序入口条件
        JNZ L               ;BL=6,发长声(3 s);BL=1,发短声(0.5 s)
        MOV AL,AH           ;取回 AH 中 8255APB 口的原输出值
        OUT 61H,AL          ;恢复 8255APB 口。
```

PB₁ 和 PB₀ 不同时为高电平,停止发声

```
            RET                          ;返回
        SSP ENDP
```

【例8.20】 8254在数据采集系统中的应用。

用8254来控制数据采样频率和采样的持续时间。接口电路如图8.64所示。

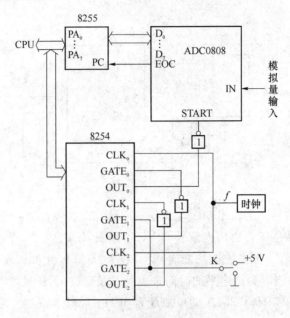

图8.64 8254在数据采集系统中的应用

图中选择计数器0的OUT_0引脚输出负脉冲,反相后,送到A/D转换器作为A/D转换的启动信号(脉冲启动)。采样开始的同步信号由$GATE_0$的上升沿确定(由OUT_1反相后得到),采样时间由计数器1的OUT_1决定,是OUT_1输出单脉冲的宽度。计数器1的CLK_1引脚的输入来自计数器2的OUT_2输出。

为此,将8254的3个计数器的工作方式设置如下:

计数器0工作于方式2,自动重装初值,作频率发生器,计数初值为L;

计数器1工作于方式1,作可控单稳,计数初值为M;

计数器2工作于方式3,作方波频率发生器,计数初值为N。

设CLK_0和CLK_2的时钟频率为F,则采样的持续时间为$M \cdot N/F$。

假定8254的地址为304H~307H,计数初值L小于256,M,N均大于256。

对8254的初始化程序如下:

```
        MOV DX,307H
        MOV AL,00010100B              ;计数器0,只写低8位,方式2,二进制
        OUT DX,AL
        MOV DX,304H                   ;指向计数器0
        MOV AL,LCNT                   ;计数初值L
        OUT DX,AL                     ;计数初值写入计数器0
        MOV DX,307H
```

```
        MOV AL,01110010B          ;计数器 1,送低/高字节,方式 1,二进制
        OUT DX,AL
        MOV DX,305H
        MOV AX,MCNT               ;计数初值 M 送 AX
        OUT DX,AL                 ;写计数初值低字节
        MOV AL,AH
        OUT DX,AL                 ;写计数初值高字节
        MOV DX,307H
        MOV AL,10110110B          ;计数器 2,送低/高字节,方式 3,二进制
        OUT DX,AL
        MOV DX,306H
        MOV AX,NCNT               ;计数初值 N 送 AX
        OUT DX,AL
        MOV AL,AH
        OUT DX,AL
```

小　　结

　　本章的主要内容介绍了设计接口的一般方法,并较为详细地介绍了并行接口芯片 8255A、串行接口芯片 8250 及定时/计数芯片 8254。

　　8.2 节对常用的可编程并行接口芯片 8255A 的结构、引脚功能、工作方式等做了详细的介绍。特别是 8255A 的工作方式,是掌握该芯片性能的关键,对 8255A 的一切应用,均由此出发。8255A 具有三种工作方式(0,1,2)和五种具体应用(基本输入、基本输出、选通输入、选通输出、选通双向输入/输出)。

　　对 8255A 功能的选择,采用了用控制字对其编程的方法来实现。8255A 共有两个控制字(工作方式选择、按位置位复位)。在编写控制程序之前,应使用控制字对 8255A 进行初始化(即确定是 8255A 的工作方式等基本状态)。

　　在计算机远程数据传送(通信)中,采用的是串行工作方式。虽然串行接口技术较为复杂,但它却被广泛使用,因此是本章内容的重点之一。

　　数据的串行传送,涉及数据通信方面的许多知识。本章就数据通信的有关内容做了简单的讨论。

　　在 PC 的通信方面,广泛采用异步通信方式。为实现异步串行通信,目前有各种可编程的通用芯片供选择使用。在 PC 中,采用的是美国国家半导体公司生产的通用异步接收发送器 INS 8250(或与之兼容的 NS16450 芯片)。

　　8250 芯片内部有数据出入的缓冲寄存器、芯片的控制电路以及供编程使用的内部寄存器(端口)组等部件。

　　对于 8250 芯片,掌握其引脚功能(即芯片的外特性)十分重要,这是应用该芯片的基础。

怎样使用 8250 芯片,即它有什么样的功能,是掌握该芯片应用的重点。通常,在计算机技术中,以由 CPU 向芯片"打入"控制字(也是一种命令)的方法,确定通用器件在某种应用中到底完成些什么样的功能。8250 芯片也不例外,它采用数据格式控制字以确定数据传输的具体格式;采用中断控制字来规定芯片的中断功能;采用 MODEM 控制字以便配合 MODEM 工作等。

在 8250 芯片中的一组内部寄存器其作用多种多样:有的是作为接受各种控制字的端口使用;有的是作为反映传输过程中的某些情况以便供 CPU 测试使用;有的是作为存放数据之用,等等。这一组寄存器均有其自身的地址号,以便在编写通用程序时使用。

通用异步通信芯片 8250 在 PC 系列中作为异步通信接口卡(适配器)的核心部件,怎样对其使用,是最为重要的。该接口卡就是该芯片的具体应用实例。

在对该接口卡的硬件结构有所了解的基础上,更为重要的是对接口卡的软件编程。编程的第一部分是对通用芯片的初始化,即用程序的方法,确定 8250 在该控制程序中具体的用法,其中包括数据传输的格式、速率等项内容的选择。

在对 8250 初始化后,便应编写通信程序。一般来说,该程序的结构由通信方式(单工或双工)、数据传送方式(查询或中断)等决定。为了让读者掌握通信程序的全貌,我们分别举了查询传送与中断传送两个实例。这两个通信程序也是学习芯片 8250 的总结。

在微机与数据设备或微机与微机之间的通信(包括计算机网络)中,通常采用串行方式,因此一个串行通信的标准(即约定)便显得非常有必要了。在上述领域,目前采用的是 RS-232C 标准。这是一个用于数字通信的老标准,包括机械的、电气的和功能几项约定。PC 中的异步通信使用了其中的一部分内容,作为数据终端设备(DTC)和数据通信设备(DCE)之间通信的标准。

作为通用的可编程定时芯片 8254,其性能较为全面,它的三个计数器通道的使用非常灵活。该器件的核心电路就是计数器,它对确定的已知的脉冲进行的计数,实际上就是计时;当它对外部事件(即外设)送的脉冲进行计数时,它便是计数器。

上述内容只是 8254 的两项最基本的功能。在掌握它之后,还应了解围绕其基本功能而展开的许多极为有用的功能:产生中断请求信号;产生单稳脉冲;频率发生器;方波发生器等。不仅如此,这些功能还可有多种触发方式,这更加有利于实时控制系统的应用。

可编程,就是可以用"软"的而不是"硬"的办法去改变一个硬器件的功能。通用多功能的器件或设备(包括机械的、电气的等)并不少见,然而并非都可以用软方法改变其功能。可编程器件就是智能器件,它们不仅在使用上灵活方便,而且体积也较小。

8254 芯片可用于任何智能场合,它不仅能用于 PC 系统,还可用于其他计算机领域,甚至可以用于单片机系统中。

习　　题

8.1　8255A 芯片有什么特点,能完成什么样的任务?

8.2　8255A 的输出端口是怎样按工作方式 0,1,2 分配的?请用图示意出来。

8.3　设某系统中共使用了两片 8255A,现要求这两片 8255A 的端口地址为 F7H～FBH,

画出 CPU 与 8255A 之间的接线图。

8.4 用 8255A 为打印机、纸带机设计一接口及编写控制程序,设控制程序采用查询工作方式(无中断功能)。

8.5 用 8255A 设计一接口电路,外设为 8 位 D/A 转换器和 8 位 A/D 转换器(不要求控制程序)。

8.6 设有 24 只 LED,要求其轮流不断地显示。请用 8255A 设计一接口,并编写控制程序。

8.7 要求用 8255A 实现用 8 个 LED 显示 8 个开关状态的目的,设计电路图并编写 IBM PC 汇编语言程序。

8.8 上题的电路,加电复位后,若不执行程序,LED 会亮吗? 为什么?

8.9 串行通信与并行通信的特点是什么? 它们分别用于哪些场合?

8.10 串行通信可分为哪两大类? 各自的特点是什么? 分别用于哪种场合?

8.11 数据传送的方向有几个?

8.12 数据传送的速率指的是什么? 其单位又是什么?

8.13 对于利用公用电话线远距离通信,对信号应采取什么样的措施?

8.14 请说明奇偶校验有几种,它们的校验正确性如何?

8.15 通信规程在微机通信中有什么意义?

8.16 8250 芯片是什么样的器件,其主要功能是什么?

8.17 已知某机的异步通信适配器(COM1:)的地址为 3F8H～3FFH,替代适配器(COM2:)的地址为 2F8H～2FFH,请为该适配器的 8250 芯片设计地址译码电路。

8.18 请对 8250 编程,确定其速率为 1 800 波特。

8.19 请对 8250 编程,确定其数据位为 7 位,停止位为 2 位,偶校验。

8.20 按下述要求编写以 8250 为异步通信芯片的发送程序:CPU 向发送寄存器输出一字符。

8.21 同上,由接收数据寄存器将一字符送往 CPU。

8.22 什么叫通用芯片的初始化? 对 8250 芯片进行初始化,需要做哪些具体工作?

8.23 RS-232C 是什么意思?

8.24 在 PC 的异步通信中,采用了哪些 RS-232C 的信号?

8.26 请简述采用查询方式进行串行异步通信的编程步骤。

8.27 请简述采用 BIOS 调用进行异步通信的编程步骤。

8.28 请简述采用 DOS 功能调用进行串行异步通信的编程步骤。

8.29 简述 8254 的组成及其计数器逻辑结构。

8.30 8254 的最基本的功能及其工作原理是什么?

8.31 8254 有几种控制字? 控制字能控制什么?

8.32 何谓给 8254 赋初值? 怎样具体实现?

8.33 试总结 GATE 信号在 8254 的六种方式中的作用。

8.34 试总结对比 8254 六种工作方式的主要不同点。

8.35 对 8254 进行"写"是什么意思? 写的具体东西为何物? 同样,对于"读",又是怎样的呢?

8.36 用表格形式列出 PC 中怎样使用 8254。

8.37 设计数器 0 工作于方式 3,并置计数初值为 0,请编程。

8.38 设计数器 1 工作于方式 3,并置计数初值为 18,请编程。

8.39 设计数器 2 工作于方式 3,并置计数初值为 533H,请编程。

8.40 计数器 0 和计数器 1 的输入时钟是 8 MHz,译码器提供 8254 的地址为 34CH～34FH,要求计数器 0 输出 20 kHz 方波,计数器 1 输出 100 kHz 重复脉冲,编写 8254 的初始化程序。

附录 A 实　　验

一、课程名称：微机原理与接口技术

二、实验教学目的

加深学生对本课程的掌握和理解。

三、实验题目与要求（附在文后）

四、实验教学形式

1. 实验前讲解汇编语言的使用方法；

2. 学生调试程序；

3. 提交实验报告。

五、实验时间

与理论课程同学期组织实施。

六、实验报告内容

1. 运行程序的结果；

2. 程序的功能分析。

实验一　简单程序的调试与运行

一、实验目的

掌握汇编语言程序的调试方法及步骤。

二、实验内容

1. 程序 1

```
program segment
        assume cs:program
        mov dl,1
        add dl,30h
        mov ah,2
        int 21h
        mov ah,4ch
        int 21h
program ends
```

```
                end
```

2. 程序 2

```
data segment
    table dw 0001h,0008h,0027h,0064h,0025h,0021h
    num   dw 6
    result dw ?
data ends
stack1 segment
    db 50 dup(?)
stack1 ends
coseg segment
    assume cs:coseg,ds:data,ss:stack1
    main proc far
        start: push ds
                mov ax,0
                push ax
                mov ax,data
                mov ds,ax
                mov bx,offset table
                mov ax,num
                add bx,ax
                mov ax,[bx]
                mov result,ax
                mov bx,ax
                mov ch,4
        rota:  mov cl,4
                rol bx,cl
                mov al,bl
                and al,0fh
                cmp al,0ah
                jl print
                add al,07h
        print: mov dl,al
                add dl,30h
                mov ah,2
                int 21h
                dec ch
                jnz rota
```

```
            ret
    main endp
    coseg ends
          end start
```

实验二　分支程序的调试与运行

一、实验目的

掌握调试分支程序的方法。

二、实验内容

1. 程序 1

```
data    segment
  n1    db    12
  n2    db    15
  n3    db    ?
data    ends
stack1    segment
    db    100    dup(?)
stack1    ends
code segment
main    proc    far
        assume cs:code,ds:data,ss:stack1
        start：push ds
            sub ax,ax
            push ax
            mov ax,data
            mov ds,ax
            mov al,n1
            add al,n2
            jns store
            neg al
store： mov n3 ,al
            mov dl,al
            mov ah,2
            int 21h
            ret
```

```
    main endp
code ends
    end start
```

2. 程序 2

```
data segment
    num db - 5
    result db ?
data ends
stack1 segment
    db 100 dup(?)
stack1 ends
code segment
    main proc far
        assume cs:code,ds:data,ss:stack1
        start: push ds
                sub ax,ax
                mov ax,data
                mov ds,ax
                mov al,num
                cmp al,0
                jge big
                mov al,0ffh
                mov result,al
                jmp disp
        big:   je equl
                mov al,1
                mov result,al
                jmp disp
        equl:  mov result,al
        disp:  mov dl,al
                mov ah,2
                int 21h
                ret
    main endp
code ends
        end start
```

实验三 循环程序的调试与运行

一、实验目的

掌握循环程序的调试运行方法。

二、实验内容

1. 程序 1

```
data segment
d1 db -1,-3,5,6,9,18,-29,-72,8,122,-31,95,76,91,-2
rs db ?
data ends
stack1 segment
  db 100 dup(?)
stack1 ends
code segment
  main proc far
  assume cs:code,ds:data,ss:stack1
  start: push ds
         sub ax,ax
         push ax
         mov ax,data
         mov ds,ax
         mov bx,offset d1
         mov cx,15
         mov dl,0
  lop1:  mov al,[bx]
         cmp al,0
         jge jus
         inc dl
  jus:   inc bx
         dec cx
         jnz lop1
         mov rs,dl
         mov ah,2
         add dl,30h
         int 21h
```

```
                ret
main endp
code ends
            end start
```

2. 程序 2

```
data segment
  num dw 6789h
data ends
stack1 segment
  db 100 dup(?)
stack1 ends
code segment
  main proc far
    assume cs:code,ds:data,ss:stack1
    start: push ds
           sub ax,ax
           push ax
           mov ax,data
           mov ds,ax
           mov bx,num
           mov ch,4
    rota:  mov cl,4
           rol bx,cl
           mov al,bl
           and al,0fh
           cmp al,0ah
           jl print
           add al,07h
    print: mov dl,al
           add dl,30h
           mov ah,2
           int 21h
           dec ch
           jnz rota
           ret
    main    endp
code   ends
        end start
```

实验四　PC 串行接口实验

一、实验目的

熟悉 PC 串行口的基本连接方法,掌握 PC 的基本串行通信。

二、实验任务

(1) 编写 PC 直接互连串行通信程序;要求程序由 PC 串口实现 PC 间通信,使甲机键盘键入的字符经串口发送给乙机,再由乙机串口接收,并显示在乙机的屏幕上。当键入感叹号"!",结束发送过程。

(2) 按 PCRS-232 串口直接互连的方法连接两台 PC。

(3) 上机调试通过并运行自己编写的程序。

三、参考程序

```
DATA SEGMENT
FLAG DB 0
INFO DB 13,10
    DB ´Please select (s = Sending or r = Receiving)´
    DB ´$´
SENDINFO DB 13,10
    DB ´Sending....´
    DB 13,10
    DB ´$´
RECEIVEINFO DB 13,10
    DB ´Receiving....´
    DB 13,10
    DB ´$´
DATA ENDS
STACK SEGMENT PARA STACK´STACK´
    DB   256   DUP(0)
STACK ENDS
CODE SEGMENT
START PROC FAR
    ASSUME CS:CODE,DS:DATA
    PUSH   DS
    MOV    AX,0
    PUSH   AX
```

```
MOV AX,DATA
MOV DS,AX

MOV AL,0h
OUT 21H,AL
MOV DX,2FBH
MOV AL,80H
OUT DX,AL
MOV DX,2FBH
MOV AL,060H
OUT DX,AL
MOV DX,2F9X
MOV AL,0
OUT DX,AL
MOV DX,2FBH
MOV AL,0AH
OUT DX,AL
MOV DX,2FCH
MOV AL,0BH
OUT DX,AL
MOV DX,2F9H
MOV AL,01H
OUT DX,AL

STI
;
PUSH DS
MOV DX,OFFSET IRECVE
MOV AX,SEG IRECVE
MOV DS,AX
MOV AL,0BH
MOV AH,25H
INT 21H
POP DS

MOV DX,OFFSET INFO
MOV AH,9
INT 21H
```

```
        MOV AH,1
        INT 21H

        CMP AL,´s´
        JE SENDING
        CMP AL,´S´
        JNE NEXT
SENDING：
        CALL SEND
        RET
NEXT：CMP AL,´r´
        JE RECEIVING
        CMP AL,´R´
        JNE QUIT
RECEIVING：
        CALL RECEIVE
QUIT：RET
START ENDP

RECEIVE PROC
MOV DX,OFFSET RECEIVEINFO
MOV AH,9
INT 21H

REFORE：
        CMP FLAG,´!´
        JZ REQUIT
        JMP REFORE
REQUIT：RET
RECEIVE ENDP
SEND PROC
        MOV DX,OFFSET SENDINFO
        MOV AH,9
        INT 21H

SEFORE：CMP FLAG,´!´
        JZ SEQUIT
```

```
        MOV DX,2FDH
        IN AL,DX
        TEST AL,20H
        JZ SEFORE
        MOV AH,0
        INT 16H
        MOV FLAG,AL
        MOV DX,2F8H
        OUT DX,AL
        JMP SEFORE
SEQUIT:RET
SEND ENDP

IRECVE PROC
        PUSH AX
        PUSH BX
        PUSH DX
        PUSH DS
        MOV DX,2FDH
        IN AL,DX
        TEST AL,1EH
        JNZ ERROR
        MOV DX,2FBH
        IN AL,DX
        MOV FLAG,AL
        AND AL,7FH
        MOV BX,0
        MOV AH,14
        INT 10H
        JMP EXIT
ERROR:
        MOV DX,2F8H
        IN AL,DX
        MOV AL,´?´
        MOV BX,0
        MOV AH,14
        INT 10H
```

```
EXIT:
    MOV AL,20H
    OUT 20H,AL
    POP DS
    POP DX
    POP BX
    POP AX
    STI
    IRET
IRECVE ENDP
CODE ENDS
    END START
```

附录 B　宏汇编 MASM 和连接器 LINK 的使用

一、汇编器 MASM 的使用

要建立和运行汇编语言程序，必须用到如下软件：

EDLIN. COM(或 EDIT. EXE 或 PCED. EXE)　　编辑程序

MASM. EXE(或 ASM. EXE)　　汇编程序

LINK. EXE　　链接程序

DEBUG. COM　　调试程序

上面的软件中 ASM. EXE 是普通汇编程序，它不支持宏汇编，MASM. EXE 是宏汇编程序，支持宏汇编。所谓宏汇编，就是除了基本汇编功能外，还允许源程序中有宏指令。宏指令是程序员定义的，一条宏指令对应一个基本的指令序列。

1. 用 EDLIN 命令建立汇编语言源程序(ASM 文件)

汇编语言源程序就是用汇编语言的语句编写的程序，它不能被机器识别。源程序必须以 ASM 为附加文件名。

例如，输入命令：

A> EDLIN ABC. ASM ✓(每个命令后面应输入回车，以下均如此)

此时用户可以通过编辑程序的插入命令编写用户程序 ABC. ASM。

2. 用 MASM(或者 ASM)命令产生目标文件(OBJ 文件)

源程序建立以后，就可以用汇编程序 MASM. EXE(或者 ASM. EXE)进行汇编。所谓汇编，实际上就是把以 ASM 为附加名的源文件转换成用二进制代码表示的目标文件，目标文件以. OBJ 作为附加名。汇编过程中，汇编程序对源文件进行二次扫描，如果源程序中有语法错误，则汇编过程结束后，汇编程序会指出源程序中的错误，这时，用户可以再用编辑程序来修改源程序中的错误，最后得到没有语法错误的 OBJ 文件。

例如，对 ABC. ASM 的汇编过程如下：

A> MASM ABC. ASM ✓

此时，汇编程序给出如下回答：

Microsoft (R) Macro Assembler Version 6.00

Copyright(C) Microsoft Corp 1999. ALL rights reserved.

Object filename [ABC. OB]] ✓

Source listing [NUL. LST]: ABC ✓

Cross reference [NUL. CRF]: ABC ✓

如果被汇编的程序没有语法错误，则屏幕上给出如下信息：

Warning Errors 0

Severe Errors 0

从上面的操作过程中可以见到,汇编程序的输入文件就是用户编写的汇编语言源程序,它必须以 ASM 为文件扩展名。汇编程序的输出文件有三个,第一个是目标文件,它以 OBJ 为扩展名,产生 OBJ 文件是进行汇编操作的主要目的,所以这个文件是一定要产生,也一定会产生的,操作时,这一步只要打入回车就行了;第二个是列表文件,它以 LST 为扩展名,列表文件同时给出源程序和机器语言程序,从而可使调试变得方便,列表文件是可有可无的,如果不需要,则在屏幕上出现提示信息"[NUL. LST]:"时打入回车即可,如果需要,则打入文件名和回车;第三个是交叉符号表,此表给出了用户定义的所有符号,对每个符号都列出了将其定义的所在行号和引用的行号,并在定义行号上加上"♯"号。同列表文件一样,交叉符号表也是为了便于调试而设置的,对于一些规模较大的程序,交叉符号表为调试工作带来很大方便。当然,交叉符号表也是可有可无的,如果不需要,那么,在屏幕上出现提示信息"[NUL. CRF]:"时,打入回车即可。

汇编过程结束时,会给出源程序中的警告性错误[Warning Errors]和严重错误[Severe Errors],前者指一般性错误,后者指语法性错误,当存在这两类错误时,屏幕上除指出错误个数外,还给出错误信息代号,程序员可以通过查找手册弄清错误的性质。

如果汇编过程中发现有错误,则程序员应该重新用编辑命令修改错误,再进行汇编,最终直到汇编正确通过。要指出的是,汇编过程只能指出源程序中的语法错误,并不能指出算法错误和其他错误。

二、连接器 LINK 的使用

汇编过程根据源程序产生二进制的目标文件(OBJ 文件),但 OBJ 文件用的是浮动地址,它不能直接上机执行,所以还必须使用链接程序(LINK)将 OBJ 文件转换成可执行的 EXE 文件。LINK 命令还可以将某一个目标文件和其他多个模块(这些模块可以是由用户编写的,也可以是某个程序库中存在的)链接起来。

具体操作如下(以对 ABC. OBJ 进行链接为例):

A>LINK ABC↙

此时,在屏幕上见到如下回答信息:

MicrosoftCR) Overlay Linker Version 5.5

CopyrightCC) Microsoft 1999. ALL rights reserved.

Run File [ABC. EXE]:↙

List File [NUL. MAP]:↙

Libraries [. LIB]↙

LINK 命令有一个输入文件,即 OBJ 文件,有时,用户程序用到库函数,此时,对于提示信息 Libraries [. LIB],要输入库名。

LINK 过程产生两个输出文件,一个是扩展名为 EXE 的执行文件,产生此文件当然是 LINK 过程的主要目的,另一个是扩展名为 MAP 的列表分配文件,有人也称它为映像文件,它给出每个段在内存中的分配情况。比如某一个列表分配文件为如下内容:

```
Warning:  No  Stack  Segment
Start  Stop  Length  NameClass
0000H  0015H  0016H  CODE
0020H  0045H  0026H  DATA
0050H  0061H  0012H  EXTRA
Origin  Group
Program entry point at 0000：0000
```

MAP 文件也是可有可无的。

从 LINK 过程的提示信息中，可看到最后给出了一个"无堆栈段"的警告性错误，这并不影响程序的执行。当然，如果源程序中设置了堆找段，则无此提示信息。

三、程序的执行和调试器 DEBUG 的使用

有了 EXE 文件后，就可以执行程序了，此时，只要打入文件名即可。仍以 ABC 为例：

A＞ABC↙

A＞

实际上，大部分程序必须经过调试阶段才能纠正程序设计中的错误，从而得到正确的结果。所谓调试阶段，就是用调试程序（DEBUG 程序）发现错误，再经过编辑、汇编、链接纠正错误。关于 DEBUG 程序中的各种命令，可参阅 DOS 手册，下面给出最常用的几个命令。

先进入 DEBUG 程序并装入要调试的程序 ABC. EXE，操作命令如下：

A＞ DEBUG ABC. EXE. ↙ ；进入 DEBUG，并装配 ABC. EXE

此时，屏幕上出现一个短画线。为了查看程序运行情况，常常要分段运行程序，为此，要设立"断点"，即让程序运行到某处自动停下，并把所有寄存器的内容显示出来。为了确定我们所要设定的断点地址，常常用到反汇编命令，反汇编命令格式如下：

－U↙

；从当前地址开始反汇编

也可以从某个地址处开始反汇编，如下所示：

－U200. ↙ ；从 CS：200 处开始反汇编

程序员心中确定了断点地址后，就可以用 G 命令来设置断点。比如，想把断点设置在 0120H 处，则输入如下命令：

－G 120. ↙

此时，程序在 0120H 处停下，并显示出所有寄存器以及各标志位的当前值，在最后一行还给出下一条将要执行的指令的地址、机器语言和汇编语言，程序员可以从显示的寄存器的内容来了解程序运行是否正确。

对于某些程序段，单从寄存器的内容看不到程序运行的结果，而需要观察数据段的内容，此时可用 d命令，使用格式如下：

－d DS：0000 ； ↙ ；从数据段的 0 单元开始显示 128 个字节

在有些情况下，为了确定错误到底由哪条指令的执行所引起，要用跟踪命令。跟踪命

令也叫单步执行命令,此命令使程序每执行一条指令,便给出所有寄存器的内容。

比如:

一 T3 ↙ ;从当前地址往下执行三条指令

此命令使得从当前地址往下执行三条指令,每执行一条,便给出各寄存器内容。最后,给出下一条要执行的指令的地址、机器语言和汇编语言。

从 DEBUG 退出时,使用如下命令:

- Q ↙

每一个有经验的程序员都必定熟练掌握调试程序的各主要命令。为此,初学者要花一些时间查阅、掌握 DOS 手册中有关 DEBUG 程序的说明。

附录 C ASCII 字符代码表

低四位 \ 高四位	0000 (0) 字符	^ctrl	代码	字符解释	十进制	0001 (1) ctrl	代码	字符解释	十进制	字符	0010 (2) 十进制	字符	0011 (3) 十进制	字符	0100 (4) 十进制	字符	0101 (5) 十进制	字符	0110 (6) 十进制	字符	0111 (7) 十进制	字符	ctrl
0000	BLANK NULL	^@	NUL	空	0	^P	DLE	数据链路转意	16	▲	32		48	0	64	@	80	P	96	`	112	p	
0001	☺	^A	SOH	头标开始	1	^Q	DC1	设备控制1	17	▼	33	!	49	1	65	A	81	Q	97	a	113	q	
0010	☻	^B	STX	正文开始	2	^R	DC2	设备控制2	18	↕	34	"	50	2	66	B	82	R	98	b	114	r	
0011	♥	^C	ETX	正文结束	3	^S	DC3	设备控制3	19	‼	35	#	51	3	67	C	83	S	99	c	115	s	
0100	♦	^D	EOT	传输结束	4	^T	DC4	设备控制4	20	¶	36	$	52	4	68	D	84	T	100	d	116	t	
0101	♣	^E	ENQ	查询	5	^U	NAK	反确认	21	§	37	%	53	5	69	E	85	U	101	e	117	u	
0110	♠	^F	ACK	确认	6	^V	SYN	同步空闲	22	▬	38	&	54	6	70	F	86	V	102	f	118	v	
0111	•	^G	BEL	震铃	7	^W	ETB	传输块结束	23	↨	39	'	55	7	71	G	87	W	103	g	119	w	
1000	◘	^H	BS	退格	8	^X	CAN	取消	24	↑	40	(	56	8	72	H	88	X	104	h	120	x	
1001	○	^I	TAB	水平制表符	9	^Y	EM	媒体结束	25	↓	41	)	57	9	73	I	89	Y	105	i	121	y	
1010	◙	^J	LF	换行/新行	10	^Z	SUB	替换	26	→	42	*	58	:	74	J	90	Z	106	j	122	z	
1011	♂	^K	VT	竖直制表符	11	^[	ESC	转义	27	←	43	+	59	;	75	K	91	[	107	k	123	{	
1100	♀	^L	FF	换页/新页	12	^\	FS	文件分隔符	28	∟	44	,	60	<	76	L	92	\	108	l	124	|	
1101	♪	^M	CR	回车	13	^]	GS	组分隔符	29	↔	45	-	61	=	77	M	93	]	109	m	125	}	
1110	♫	^N	SO	移出	14	^^	RS	记录分隔符	30	◄	46	.	62	>	78	N	94	^	110	n	126	~	
1111	☼	^O	SI	移入	15	^_	US	单元分隔符	31	►	47	/	63	?	79	O	95	_	111	o	127	△	Back space

ASCII 非打印控制字符 · ASCII 打印字符

注：表中的 ASCII 字符可以用：ALT+"小键盘上的数字键"输入

参 考 文 献

[1]　徐雅娜.微机原理、汇编语言与接口技术[M].北京:中国水利水电出版社,2003.

[2]　郑学坚,周斌.微型计算机原理及应用[M].3版.北京:清华大学出版社,2001.

[3]　王正红,朱正伟,马正华.微机接口与应用[M].北京:清华大学出版社,2006.

[4]　牟琦,聂建萍.微机原理与接口技术[M].北京:清华大学出版社,2007.

[5]　颜志英.微机系统与汇编语言[M].北京:机械工业出版社,2007.

[6]　刘永华,王成端.微机原理与接口技术[M].北京:清华大学出版社,2006.

[7]　姚俊婷,张青.微型计算机原理及应用[M].北京:清华大学出版社,2006.

[8]　冯博琴,吴宁.微型计算机原理与接口技术[M].3版.北京:清华大学出版社,2007.

[9]　沈美明,温冬蝉.汇编语言程序设计[M].北京:清华大学出版社,2001.

[10]　潘峰.微型计算机原理与汇编语言[M].北京:电子工业出版社,1997.

[11]　叶继华.汇编语言与接口技术[M].北京:机械工业出版社,2005.

[12]　王晓军,徐志宏.微机原理与接口技术[M].北京:邮电大学出版社,2001.

[13]　唐国良.微机原理与接口技术[M].北京:清华大学出版社,2013.

[14]　李永忠.微机原理与接口技术[M].北京:电子工业出版社,2013.

[15]　孙立坤.微机原理与接口技术[M].北京:机械工业出版社,2010.

[16]　郑初华,等.微机原理与接口技术[M].北京:电子工业出版社,2014.

[17]　李继灿.微机原理与接口技术[M].北京:清华大学出版社,2011.

[18]　杨杰,王亭岭.微机原理及应用[M].北京:电子工业出版社,2013.